朝倉数学講座 ❻

函数論

小松勇作 著

朝倉書店

小松　勇作
能代　清
矢野　健太郎
編　集

ま え が き

本書は，大学の理工科専門課程にある学生諸君の教科書または参考書として，また数学愛好者のための独習書として，一般函数論についての一通りの概念を与えることを目標としたものである．したがって，予備知識としては，大学教養過程で習得されるはずの微分積分学の基本的な事項が要求されるにすぎない．

数学の学習を効果的にするためには，理論の解説を理解するとともに，その裏づけをなす意味を知りさらに活用をはかるための演習による訓練が必要である．この趣旨にもとづいて企画された本講座の一巻として，本書もまたその姉妹編である続巻「函数論演習」と一対をなすものである．

はなやかな現代数学の多くの部門の中で，比較的歴史の古い函数論もまた，たえずその進歩を続けてきている．そして，その発展過程を通じて，数学自身におけるばかりでなく，自然科学の諸分野へも多くの有力な手段を提供してきたし将来もたえず提供し続けてゆくであろう．一般に，数学の全般にわたって，その基礎をなす定義や推論におけるあいまいさは，きびしく排斥されねばならない．他方において，入門書ではとくに理解が容易であることが望まれるし，本書の執筆にあたってもまた平易に解説しようとつとめた．しかしながら，平易ということを論旨をあいまいにする不徹底ということからは識別したつもりである．ことに，初めて函数論を学ぼうとする読者を困惑させがちな基礎概念については，その重要さにかんがみて，できるだけ厳密に解説するようにつとめた．

本書の内容については，予定のページ数と見合って，材料の選択と配列の点でとくに意を用いた．そして，一般函数論において基本的であり，また種々な特殊函数の理論ならびに最近の函数論へのつながりにおいて根抵をなすと考えられる主要な事項を，おおむね収録したつもりである．「演習」巻とあわせて，さらにその方面へ深く進まれる読者にとって，手頃な階梯書として役立つことを秘かに期待している次第である．

本書ができあがるまでに，多くの方々から有益な援助を受けた．ことに，全編を通読して貴重な助言を与えられた能代清教授，問題の吟味選択，原稿の精読，また入念な校正にあたられた及川広太郎，辻良平，西宮範，水本久夫の諸君，さらに組版上の体裁を整えることに尽力された朝倉書店編集部工藤健二，秦晟，粟野恭弘の三氏に，心から御礼を申しあげたい．

1960年 9 月

著者しるす

目　　次

第1章　複　素　数

§1. 実数の体系

数学における種々な演算が行なわれる場としての数の範囲は，個々の場合に応じて適当に規定される．例えば，加法と減法と乗法だけを考えるならば，整数の範囲に限定することができようし，四則演算だけに関するならば，有理数の範囲に限定することができよう．しかし，極限の概念を取り扱う解析学では，理論を満足すべき程度に展開するために，数の範囲は少なくとも実数の範囲にまで拡められる．じっさい，解析学全般の基礎をなす微分積分学では，ほとんどもっぱらこの実数の場の上で種々な極限演算が論ぜられるのである．

本書の主題をなす「函数論」は，解析学の主要な部門の一つである．そのいちじるしい特性は，演算が行なわれる場としていわゆる「複素数」の体系がとられることである．

さて，数の体系を構成するさいに，その礎石をなすものは自然数である．自然数の範囲では，加法と乗法が自由に行なわれる．すなわち，任意な二つの自然数にこれらの演算をほどこした結果として，それぞれ和および積が自然数として一意的に確定する．しかし，減法の普遍性をも保つためには，零および負の整数を導入して，整数の範囲にまで拡大する必要がある．ついで，除法の普遍性をも保つためには，さらに分数を添加して有理数の範囲にまで拡大しなければならない．この範囲では，加減乗除の四則演算が自由に行なわれる．すなわち，この範囲は，四則演算に関して一つの閉じた体系である．もっとも，零による除法だけは，規約的につねに排斥される．したがって，例えば a, b を有理数として

(1.1) $$bx=a$$

という形に表わされる一次方程式は，$b\neq 0$ である限り，つねにただ一つの有理数の解 $x=a/b$ をもつ．

しかし，極限の演算が関与してくると，有理数の範囲はせますぎる．例えば

(1.2) $$a_1=1, \qquad a_{n+1}=\frac{3a_n+2}{a_n+3} \qquad (n=1, 2, \cdots)$$

によって，おのおのの自然数 n に対して一つの正の有理数 a_n を対応させる規則が定められ，それによって有理数列 $\{a_n\}$ が定義されている．これに対しては

$$2-a_{n+1}{}^2=\frac{7(2-a_n{}^2)}{(a_n+3)^2}, \qquad a_{n+1}-a_n=\frac{2-a_n{}^2}{a_n+3}.$$

この第一の関係から $2-a_n{}^2$ はことごとく $2-a_1{}^2=1$ と同符号，すなわち $a_n{}^2<2$．したがって，第二の関係からつねに $a_{n+1}>a_n$．いいかえれば，正の有理数 a_n は n とともに単調に増加するが，その平方は決して 2 をこえない．それに基いて，n が増すにつれて a_n はある「極限値」に近づくことを結論したい(下記の定理 1.2 参照)けれども，実は有理数の極限値は存在しないのである．なぜなら，かような極限値があったとすれば，それは定義の関係 (1.2) によって方程式

$$x=\frac{3x+2}{x+3}$$

の根でなければならない．ところで，この方程式を書きかえると，

$$x^2=2 \tag{1.3}$$

となるが，これは有理数の根をもたない．じっさい，かりに有理数の根をもったとすれば，それを既約分数の形で p/q とするとき，$(p/q)^2=2$ したがって $p^2=2q^2$ となるはずである．これからまず p が偶数であること，したがってそれと素な q は奇数であることがわかる．しかし，このとき p^2 は 4 で整除されるにかかわらず，$2q^2$ は 4 で整除されない．ゆえに，(1.3) は有理数の根をもち得ない．

すでにみたように，有理係数の一次方程式 (1.1) は $b\neq 0$ である限り，有理数の範囲で解ける．ところが，すぐ上に示したように，特殊な(有理係数の)二次方程式 (1.3) がすでに有理数の範囲では解けない．この二次方程式は，幾何学的には単位の長さをもつ正方形の対角線の長さを求めるという問題としても現われる．かような代数方程式を解くという観点からも，数の範囲をさらに拡大する必要にせまられる．

さて，極限の行なわれる場としての実数の範囲にまで到達するには，有理数系へさらに無理数が添加される．無理数を導入する方法については，前世紀の後半に種々の(同値な)理論が展開された．特に，メレー(1869)-カントル(1872)，デデキント(1872)，バッハマン(1892)によるそれぞれ基本列，切断，縮小区間列を基礎概念とする無理数論が有名である．しかしながら，ここでそれらの詳細にわたってのべる余裕はない．むしろ，実数についての一般的な事項に対する読者の予備知識を仮定しなければならない．ここでは，**実数**に関してその基礎的な性質を列挙するに止めておきたい．以下しばらくは，単に数といえば実数を指すものとし，したがって数を表わす文字 a, b, c などはことごとく実数に関するものとする．

I. 相等と順序.

〔1〕 数は順序集合をつくる; すなわち, 任意な二数 a, b の間に三つの関係 $a<b$, $a=b$, $a>b$ のどれか一つだけが必ず成り立つ.

〔2〕 つねに $a=a$ (反射法則).

〔3〕 $a=b$ ならば, $b=a$ (対称法則).

〔4〕 $a=b$, $b=c$ ならば, $a=c$ (推移法則).

〔5〕 $a>b$ ならば, $b<a$.

〔6〕 $a<b$, $b<c$ ならば, $a<c$ (推移法則).

II. 加法.

〔7〕 二数 a, b のおのおのの対に対して $a+b$ で表わされる一つの数が和として定まる.

〔8〕 $a=a'$, $b=b'$ ならば, $a+b=a'+b'$ (単独法則).

〔9〕 $a+b=b+a$ (交換法則).

〔10〕 $a+(b+c)=(a+b)+c$ (結合法則).

〔11〕 $a<b$ ならば, $a+c<b+c$ (単調法則).

III. 減法.

〔12〕 二数 a, b のおのおのの対に対して $a-b$ で表わされる一つの数が差として定まる.

〔13〕 $b+(a-b)=a$.

IV. 乗法.

〔14〕 二数 a, b のおのおのの対に対して ab (または $a\cdot b$ または $a\times b$) で表わされる一つの数が積として定まる.

〔15〕 $a=a'$, $b=b'$ ならば, $ab=a'b'$ (単独法則).

〔16〕 $ab=ba$ (交換法則).

〔17〕 $a(bc)=(ab)c$ (結合法則).

〔18〕 $a(b+c)=ab+ac$ (分配法則).

〔19〕 $a<b$, $c>0$ ならば, $ac<bc$ (単調法則).

V. 除法.

〔20〕 $b\neq 0$ なる限り, a, b 二数のおのおのの対に対して $\dfrac{a}{b}$ (または $a:b$ ま

たは a/b または $a \div b$）で表わされる一つの数が商として定まる.

〔21〕 $b\dfrac{a}{b}=a.$

Ⅵ. アルキメデスの原理.

〔22〕 任意に与えられた数 a に対して $n>a$ なる自然数 n が存在する.

以上の基礎法則は，逆にそれらを実数の体系の**公理**として採用することもできるものである. そのさいには，この範囲にすべての自然数が含まれていることを保証するために，**完全帰納法**(数学的帰納法)すなわち「n から $n+1$ への論法」による自然数の生成過程が追加される. 実数の体系に含まれるものとしての自然数の全体は，つぎのようにして生成される:

1°. 1 は自然数である; n が自然数ならば，$n+1$ も自然数である.

2°. 1 を含みしかも n と同時に $n+1$ をも含むような自然数から成る集合は，自然数の全体と一致する.

実数系について列挙した以上の諸性質は，有理数系についてすでにみられるものである. 実数系を有理数系から区別する特性は，そのいわゆる**連続性**である. これはデデキントにしたがって，つぎのように述べられる:

すべての実数を二つのいずれも空でない組 A と A' に分け，組 A のおのおのの数が組 A' のおのおのの数より小さくなっているとき，この分類 $(A|A')$ を実数の一つの**切断**という. 実数の任意な切断 $(A|A')$ に対して，一つの実数 a が定まり，a より小さいおのおのの数は組 A に，a より大きいおのおのの数は組 A' に属する. a 自身は A または A' に属する. それに応じて，a は A の最大数または A' の最小数である.

さて，実数を構成要素とする一つの集合 E について，E のいかなる数 x に対してもつねに $x \geqq k_1$ $(x \leqq k_2)$ なる数 k_1 (k_2) が存在するとき，E は**下**(**上**)**に有界**であるといい，k_1 (k_2) をその一つの**下**(**上**)**界**という. 下にも上にも有界な集合を単に**有界**という. E が有界であることは，そのいかなる数 x に対しても $|x| \leqq k$ なる数 k が存在することと同値である. すぐ上にあげた実数の連続性を用いて，二つの基本的な定理を示しておこう.

定理 1.1. 実数を構成要素とする集合 E が下(上)に有界ならば，そのすべての下(上)界のうちで最大(小)なものが存在する.

証明. E の下(上)界であるすべての実数から成る集合を M，残りのすべての実数から成る集合を N とすれば，$(M|N)$ $((N|M))$ は実数の一つの切断をつくる．この切断によって定められる実数を a とすれば，a は M の最大(小)数かまたは N の最小(大)数である．仮に a が N の最小(大)数であったとすれば，a は E の下(上)界でないから，$x<a$ $(x>a)$ なる E の数 x が存在する．$y=(x+a)/2$ とおけば，$x<y<a$ $(x>y>a)$ だから，y は E の下(上)界でなくてしかも a より小(大)である．これは a が N の最小(大)数であることに反する．ゆえに，a は M の最大(小)数である．

この定理でその存在をたしかめられた下または上に有界な集合の最大下界または最小上界を，それぞれ集合の**下限**または**上限**という．

定理 1.2. 単調に減少(増加)する数列が下(上)に有界ならば，それは有限な極限値をもつ．

証明. $\{a_n\}_{n=1}^{\infty}$ を下(上)に有界な減少(増加)数列とする．定理1.1によって，数列のすべての項から成る集合は下(上)限 a をもつ．ε を任意な正数とするとき，少なくとも一つの自然数 N に対して $a_N<a+\varepsilon$ $(a_N>a-\varepsilon)$．また，すべての n に対して $a_n \geqq a$ $(a_n \leqq a)$．$\{a_n\}$ は減少(増加)列だから，$n \geqq N$ なるすべての n に対して $a \leqq a_n < a+\varepsilon$ $(a-\varepsilon<a_n \leqq a)$，したがって $|a_n-a|<\varepsilon$. ゆえに，極限の定義によって，数列 $\{a_n\}$ は a を極限値としてもつ．

さて，実数の体系は，連続性とともに，つぎの意味で**完全性**をそなえている．すなわち，上に列挙した基本性質をすべて保存して実数の体系をさらに拡大することは不可能である．したがって，実数の範囲をさらに拡大しようと試みるには，必然的に基本性質のどれかを捨てなければならない．すでに述べたように，本書で論じようとする函数論では，複素数系が演算の場としてとられる．そして，次節でみるように，実数系から複素数系への拡大にさいしては，順序(大小)に関する性質が取り除かれる．すなわち，基礎法則〔1〕は，その三つの関係「$a<b$, $a=b$, $a>b$」の代りに二つの関係「$a=b$ または $a\neq b$」によっておきかえられ，基礎法則〔5〕,〔6〕,〔11〕,〔19〕,〔22〕が捨て去られる．

一般に，数の範囲を拡大するさいに，拡大された範囲が単にもとの範囲をその部分として含むだけでなく，もとの範囲における基本的な諸性質がなるべくそのままの形で保たれることが望まれる．この指導原理は，**形式不易の原理**と呼ばれている．上に実数系の基礎法則を列挙したのも，実は次節で複素数を公理的に導入するさいに，この観点からの規準としようとしたためである．すでにことわっておいたように，実数についての一般的な事項はもとより，実変数の実函数に関して微分積分学でよく知られているとみなされることがらについては，読者の知識を予定して論を進めることにしたい．

問 1. つぎの等式が成り立つ:

(i) $(a+b)^2=a^2+2ab+b^2$; (ii) $(a-b)(a+b)=a^2-b^2$.

問 2. (i) $(p/q)^2=d+1$ ならば，$n\neq p/q$ のとき，$((dq-np)/(p-nq))^2=d$.

(ii) d が完全平方でない自然数ならば，$\sqrt{d}$ は有理数でない． [練 1.1]*)

問 3. $a_1=1$, $a_{n+1}=(3a_n+4)/(2a_n+3)$ $(n=1,2,\cdots)$ で定義される有理数列 $\{a_n\}$ は，増加数列であって，つねに $a_n^2<2$ をみたし，しかも $a_n^2\to 2$ $(n\to\infty)$. [練 1.3]

問 4. a, b を与えられた正数とするとき， $a_0=a$, $b_0=b$, $a_n=(a_{n-1}+b_{n-1})/2$, $b_n=\sqrt{a_{n-1}b_{n-1}}$ $(n\geqq 1)$ で定義される二つの数列 $\{a_n\}$, $\{b_n\}$ は共通な極限値に収束する．

[例題 4]**)

§2. 複素数の定義

実数系の基礎をなす無理数論は，前世紀末にいたって完成した．しかし，複素数の導入のいとぐちは，歴史的には代数方程式を解く問題と関連してそれ以前に見出される; そこには，実数についての性質はよく知られたものとして利用されていたわけである．

前節で，有理係数の一次方程式は有理数の範囲で解けることを注意した．同様に，実係数の一次方程式 $bx=a$ もまた，$b\neq 0$ である限り，実数の範囲で一意的に解けて根 $x=a/b$ を与える．ところが，二次方程式となると，それが実係数であっても，さらに整係数であってすら，実数の範囲で解けるとは限らない．いま，実係数の二次方程式

$$ax^2+2bx+c=0 \qquad (a\neq 0) \tag{2.1}$$

を考える．これを書きかえると，$(ax+b)^2=b^2-ac$ となる．したがって，もし $b^2-ac\geqq 0$ ならば，この方程式の実数の根は

$$x=\frac{1}{a}(-b\pm\sqrt{b^2-ac}) \tag{2.2}$$

---

*) [練 $m.n$] は演習編の練習問題 m の問題 n に再録されていることを示す．

**) [例題 n] は演習編の同番号の節の例題 n に再録されていることを示す．

で与えられる．しかし，もし $b^2-ac<0$ ならば，この二次方程式は実数の範囲では根をもたない；じっさい，実数の平方は決して負とならない．したがって，$b^2-ac<0$ の場合にも (2.1) が根をもつようにするためには，実数の範囲を拡大する必要が起るわけである．このような事情は，特殊な二次方程式

$$x^2+1=0 \tag{2.3}$$

ですでに現われる．ここでは，平方が負数 -1 に等しいような数 x が問題となっている．したがって，形式的には $\sqrt{-1}$ または $-\sqrt{-1}$ と書かれるはずのものであろうが，これはもはや実数ではない．

複素数の使用は，すでにカルダノにみられる．初期にはむしろ形式的に取り扱われるにすぎない奇妙ないわば架空の数と考えられていたが，ウェッセル，アルガン，ガウスなどによって複素数の幾何学的な表示法が発見され，ついでその実用化がなされるにいたって，日常親しみ深く，しかも数学上重要なものとしての複素数の活舞台がひらけてきたのである．しかし，ここでは史的な発展過程はしばらくおき，複素数をいきなり公理的に導入しよう．

複素数を順序のついた二つの実数の対として定義する．すなわち，a, b を実数とするとき，$\alpha\equiv(a, b)$ を新たに数とみなして，それを**複素数**という．その相等および四則演算について，つぎの規約をおく．

$\alpha=(a, b)$，$\alpha'=(a', b')$ を複素数とするとき，$a=a'$ かつ $b=b'$ の場合，しかもこの場合に限って $\alpha=\alpha'$ と規約する；$\alpha=\alpha'$ でないことを $\alpha\neq\alpha'$ で表わす．さらに，複素数の四則演算をつぎのように定義する：$\alpha=(a, b)$, $\alpha'=(a', b')$ を複素数とするとき，

$$\begin{aligned}
&\alpha+\alpha'=(a+a', b+b'), \qquad \alpha-\alpha'=(a-a', b-b'),\\
&\alpha\alpha'=(aa'-bb', ab'+a'b),\\
&\frac{\alpha}{\alpha'}=\left(\frac{aa'+bb'}{a'^2+b'^2}, \frac{-ab'+a'b}{a'^2+b'^2}\right);
\end{aligned} \tag{2.4}$$

ただし，除法については $\alpha'\neq(0, 0)$ すなわち $a'^2+b'^2\neq0$ と仮定する．

このように定義された複素数の全体が，順序に関するものを除いて，実数の体系の基礎法則として前節にあげた計算規則にしたがうことは，直接にたしかめられる．複素数の間では順序(大小)は考えない！

複素数のうちで，特に $(a, 0)$ という形をもつものだけを考えると，それら

の四則演算については

$$(a,\ 0)+(a',\ 0)=(a+a',\ 0),\qquad (a,\ 0)-(a',\ 0)=(a-a',\ 0),$$

$$(a,\ 0)(a',\ 0)=(aa',\ 0),\qquad \frac{(a,\ 0)}{(a',\ 0)}=\left(\frac{a}{a'},\ 0\right);$$

除法においては $a'\neq 0$ と仮定される．この結果からわかるように，この特殊な形の複素数 $(a,\ 0)$ は四則演算に関して実数 a と全く同じ計算規則にしたがう．本来，複素数 $(a,\ 0)$ は概念的には実数 a 自身とは相異なるものである．しかし，すぐ上に述べた事情に基いて，これを実数と混同しても不都合が起らないばかりでなく，むしろそれによって用語や記法上の簡便化が得られるであろう．このような事情は，数の範囲を拡大するさいに，拡大された体系内に含まれる旧体系の一対一な像についてつねにみられるところである．

特に，複素数 $(0,\ 0)$ は実数 0 と同一視される．したがって，除法 α/α' における制限 $\alpha'\neq(0,\ 0)$ は単に $\alpha'\neq 0$ によって表わされる．複素数 $\alpha=(a,\ b)$ に対して，$0-\alpha=(-a,\ -b)$ を単に $-\alpha$ で表わし，これを α の**反数**という．また，$\alpha\neq 0$ のとき，$1/\alpha$ のことを α^{-1} とも書き，これを α の**逆数**という．

さて，複素数の加法と乗法の定義によって，

$$(a,\ b)=(a,\ 0)+(0,\ b)=(a,\ 0)+(0,\ 1)(b,\ 0).$$

$(a,\ 0)$, $(b,\ 0)$ は上の規約によりそれぞれ実数 $a,\ b$ と同一視される．したがって，ここで新たに

(2.5) $$i=(0,\ 1)$$

という記号を導入すれば，すぐ上の関係は

(2.6) $$(a,\ b)=a+ib$$

と書けるわけである．(2.5) によって定められた複素数 i を**虚数単位**という．そして，$(0,\ b)=0+ib\equiv ib$ という形の複素数を特に**純虚数**という．$i0=0$ だから，0 は純虚数と実数との二重性格をそなえている．実数は $1a$ という形に表わされ，純虚数は ib という形をもつ．そして，複素数は二つの単位 $1,\ i$ をもって $1a+ib$ という形に表わされる．これが複素数という名称のゆえんである．

実数でない複素数を**虚数**ということがある．

複素数 $\alpha=a+ib$ に対して，一意的に定まる実数 $a,\ b$ をそれぞれ α の**実部**,

虚部といい，記号的に

$$a=\Re\alpha,\quad b=\Im\alpha\qquad \text{または}\qquad a=\mathrm{Re}\,\alpha,\quad b=\mathrm{Im}\,\alpha.$$

複素数 $a-ib\equiv a+i(-b)$ を $\alpha=a+ib$ に**共役**な複素数といい，$\bar{\alpha}$ で表わす．したがって，

$$\Re\bar{\alpha}=\Re\alpha,\qquad \Im\bar{\alpha}=-\Im\alpha$$

が成り立つ．また，このとき逆に α は $\bar{\alpha}$ に共役である；すなわち，$\bar{\bar{\alpha}}=\alpha$. ゆえに，$\alpha$ と $\bar{\alpha}$ とは互に共役であるともいわれる．四則演算の定義から容易にたしかめられるように，

$$(2.7)\qquad \overline{\alpha+\alpha'}=\bar{\alpha}+\bar{\alpha}',\quad \overline{\alpha-\alpha'}=\bar{\alpha}-\bar{\alpha}',\quad \overline{\alpha\alpha'}=\bar{\alpha}\bar{\alpha}',\quad \overline{\left(\frac{\alpha}{\alpha'}\right)}=\frac{\bar{\alpha}}{\bar{\alpha}'}.$$

さて，虚数単位(2.5)に対しては，乗法の定義によって

$$(2.8)\qquad i^2\equiv ii=(0,1)(0,1)=(0\cdot 0-1\cdot 1,\ 0\cdot 1+0\cdot 1)=(-1,0)=-1.$$

すなわち，この複素数 i は二次方程式(2.3)の一つの根である；他の一根は $-i$ である．さらに，実係数の二次方程式(2.1)において $b^2-ac<0$ のとき，$\sqrt{b^2-ac}=i\sqrt{ac-b^2}$ と解すれば，(2.2)が(2.1)の根となっていることがわかる．しかし，ここで一歩を進めて，二次方程式(2.1)の係数 $a(\neq 0), b, c$ をあらためて任意な複素数とするときにも，特殊な方程式(2.3)の根である虚数単位 i をもって構成される複素数の範囲でそれが解けることが示される．

それではつぎに，三次ないしはそれより高次の代数方程式に対しても解をもたせるために，さらに数の範囲を拡大する必要が起らないであろうか．しかし，幸いなことには，代数方程式を解くことに関する限り，複素数は一つの閉じた体系をなしているのである．すなわち，複素係数の代数方程式は，複素数の範囲でつねに(次数と同じ個数の)根をもつことが示される．このいわゆる代数方程式論の基本定理の証明は，有名なガウスの学位論文(1799)ではじめて与えられたものである．これについては，後に定理17.6でふれるであろう．

問 1. 複素数 α, α' に対して $\alpha\alpha'=0$ ならば，$\alpha=0$ または $\alpha'=0$.

問 2. $\Re\alpha=(\alpha+\bar{\alpha})/2,\ \Im\alpha=(\alpha-\bar{\alpha})/2i.$

問 3. (i) 複素数 α が実数であるための条件は $\bar{\alpha}=\alpha$. (ii) 複素数 α が純虚数であるための条件は $\bar{\alpha}=-\alpha$.

問 4. 実係数の代数方程式が虚根 α をもつならば，$\bar{\alpha}$ もその根である．

問 5. $(1+i)x^2-2x-(1-i)=0$ の判別式は正だが，この方程式は実根をもたない．

問 6. 複素数 α, β の間に $\Re\alpha<\Re\beta$ または $\Re\alpha=\Re\beta$, $\Im\alpha<\Im\beta$ ならば $\alpha<\beta$ とすることによって定められた順序については，乗法の単調法則(§1 基本法則〔19〕)が一般には成り立たない.

§3. 複素平面

複素数 $z=x+iy$ と平面上で直角座標 (x, y) をもつ点とを対応させれば，それによって複素数の全体と平面上の点の全体との間に一対一の対応がつけられる．このように複素数を表示するために用いられた平面を，**複素平面**または**ガウス平面**または**ガウス・アルガンの平面**という．そのとき，座標系の横軸，縦軸の上の点はそれぞれ実数，純虚数に対応することから，これらの軸をそれぞれ複素平面の**実軸**，**虚軸**と名づける．一対一の対応に基いて，これからは複素数とそれを表わす点とを混称し，数 z を表わす点を単に点 z と呼ぶことにする.

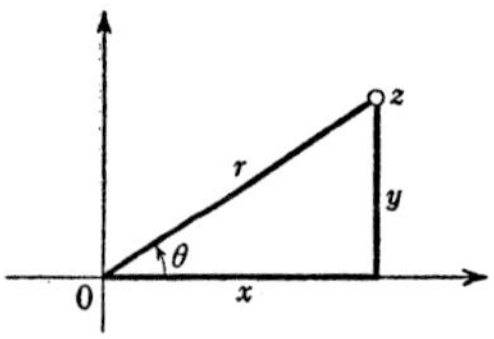

図　1

xy 平面上　原点を極とし，　正の x 軸を首線とする極座標系をとる．点 $z=x+iy$ の極座標を (r, θ) で表わせば，

(3.1)
$$x=r\cos\theta, \qquad y=r\sin\theta \qquad (r\geqq 0);$$

(3.2)
$$z=r(\cos\theta+i\sin\theta).$$

これが複素数 z のいわゆる**極形式**による表示である，r, θ をそれぞれ z の**絶対値**，**偏角**といい，それぞれ

$$r=|z|, \qquad \theta=\arg z$$

で表わす．偏角は時には $\operatorname{amp} z$，まれには $\operatorname{arc} z$ なども記される.

$z=x+iy$ の絶対値は (3.1) に基いて一意的に定まる:

(3.3)
$$|z|=\sqrt{x^2+y^2}.$$

しかし，z の偏角は一意的ではなくて，2π の整数倍を除いて定まるにすぎない．すなわち，$\arg z$ の可能な値の任意な一つを θ_0 とすれば，それのすべての可能な値は

(3.4)
$$\arg z\equiv\theta_0+2n\pi \qquad (n=0, \pm 1, \cdots)$$

で与えられる．この不確定さを，偏角は 2π を法として，すなわち $\bmod 2\pi$ をもって定まるという．特に，$-\pi<\theta\leqq\pi$（時には $0\leqq\theta<2\pi$）なる範囲に限定された偏角の値をその**主値**ということがある．ここで偏角を考えるさいに，暗に $z\neq 0$ と仮定してきた．$z=0$ すなわち $r=|z|=0$ のときには，(3.1) をみたす θ の値は全く任意(不定)である．それだから，$\arg 0$ は定義しないでおく；個々の場合に，事情に応じてたとえば $\arg 0=0$ と規約されることもあるが，一般に $\arg z$ と記したときには，$z\neq 0$ であると約束する．なお，$z\neq 0$ の極形式(3.2)において，$\cos\theta+i\sin\theta$ を z の**方向因子**という．その絶対値はつねに1に等しい：

$$|\cos\theta+i\sin\theta|=\sqrt{\cos^2\theta+\sin^2\theta}=1.$$

微分法で知られているように，t が実数のとき，e^t の冪級数展開は

$$e^t=\sum_{n=0}^{\infty}\frac{t^n}{n!}$$

で与えられる．ここで t の代りに形式的に $i\theta$ とおくことによって，$e^{i\theta}$ をつぎのように定義する((10.13) 参照)：

$$(3.5)\qquad \begin{aligned} e^{i\theta}&=\sum_{n=0}^{\infty}\frac{(i\theta)^n}{n!}=\sum_{\nu=0}^{\infty}\frac{(i\theta)^{2\nu}}{(2\nu)!}+\sum_{\nu=0}^{\infty}\frac{(i\theta)^{2\nu+1}}{(2\nu+1)!}\\ &=\sum_{\nu=0}^{\infty}\frac{(-1)^{\nu}\theta^{2\nu}}{(2\nu)!}+i\sum_{\nu=0}^{\infty}\frac{(-1)^{\nu}\theta^{2\nu+1}}{(2\nu+1)!}=\cos\theta+i\sin\theta.\end{aligned}$$

このいわゆる**オイレルの等式**を用いると，極形式は簡単な形に書ける：

$$(3.6)\qquad z=re^{i\theta}\qquad (r=|z|,\ \theta=\arg z);$$

$e^{i\theta}$ が z の方向因子にほかならない．$|e^{i\theta}|=1$ だから，特に $e^{i\theta}\neq 0$．**ドゥモアブルの公式**

$$(\cos\theta_1+i\sin\theta_1)(\cos\theta_2+i\sin\theta_2)^{\pm 1}=\cos(\theta_1\pm\theta_2)+i\sin(\theta_1\pm\theta_2)$$

をオイレルの等式 (3.5) を用いて指数の形に書きなおせば，

$$e^{i\theta_1}\cdot e^{i\theta_2}=e^{i(\theta_1+\theta_2)},\qquad e^{i\theta_1}/e^{i\theta_2}=e^{i(\theta_1-\theta_2)}.$$

したがって，二つの複素数 $z_1=r_1e^{i\theta_1}$，$z_2=r_2e^{i\theta_2}$ に対して

$$z_1z_2=r_1r_2e^{i(\theta_1+\theta_2)},\qquad \frac{z_1}{z_2}=\frac{r_1}{r_2}e^{i(\theta_1-\theta_2)}\qquad (z_2\neq 0).$$

これらの式で，両辺の絶対値と偏角とを比較することによって，

$$(3.7)\qquad \begin{aligned} &|z_1z_2|=|z_1||z_2|, &&\arg(z_1z_2)=\arg z_1+\arg z_2,\\ &\left|\frac{z_1}{z_2}\right|=\frac{|z_1|}{|z_2|}, &&\arg\frac{z_1}{z_2}=\arg z_1-\arg z_2. \end{aligned}$$

ここに偏角についての等式は，くわしくはむしろ $\arg(z_1z_2)\equiv\arg z_1+\arg z_2$ $(\bmod 2\pi)$ などと書かれるべきものである．

さて，複素数の極形式による表示 (3.2) または (3.6) において，$r=|z|$ は点 0から点 z にいたる動径の長さを表わし，$\theta=\arg z$ は 0 から z にいたる方向が実軸の正の向きに対してなす傾角を表わす．したがって，点0から点 z にいたるベクトル，あるいはもっと一般に，それから任意な一つの平行移動によって生ずるベクトルで複素数 z を表示することもできる．これに基いて，複素数の四則演算が複素平面上でどのように図示されるかをしらべることができる．

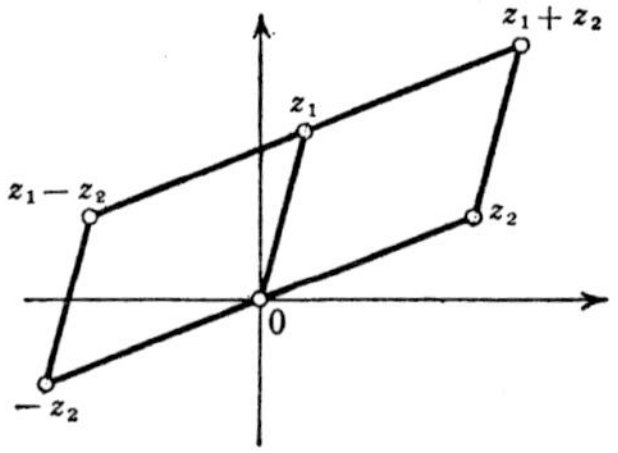

図　2

まず，二つの複素数　$z_1=x_1+iy_1$，$z_2=x_2+iy_2$ の和は

$$z_1+z_2=(x_1+x_2)+i(y_1+y_2)$$

で与えられる．ゆえに，複素数の加法はベクトルの加法と全く同様にして得られる．すなわち，点0から点 z_1 にいたる線分 $\overrightarrow{0z_1}$ と 0 から z_2 にいたる線分 $\overrightarrow{0z_2}$ とを隣辺とする平行四辺形の第四頂点が点 z_1+z_2 を与える．上記の両線分が同じ向きをもつときには，平行四辺形は退化する．加法の逆演算としての減法についても，同様である．あるいは，点 $-z_2$ が z_2 の原点に関する対称点であることに注意すれば，減法 z_1-z_2 は加法 $z_1+(-z_2)$ に帰着される．

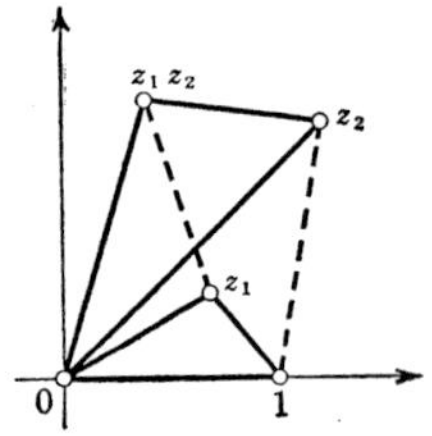

図　3

つぎに，乗法を考える．$z_1z_2\neq0$ と仮定してよいであろう．このとき，(3.7) の関係によって，三点 0, 1, z_1 を頂点とする三角形と三点 0, z_2, z_1z_2 を頂点とする三角形とが同じ向きに相似である．あるいは，z_1 と z_2 との順序を交換して，三点 0, 1, z_2 を頂点とする三角形と三点 0, z_1, z_1z_2 を頂点とする三角形も同じ向きに相似である．それに基いて，複素平面上で与えられた z_1, z_2 から積 z_1z_2 を作図

することができる．三角形が退化するときには，簡単な修正をすればよい．最後に，除法においては，分母は無論 0 でないとする．商については $z_1/z_2=z_1z_2^{-1}$ だから，一般に逆数 $z^{-1}=1/z$ $(z\neq 0)$ が求まれば，乗法の場合へ帰着される．ところで，(3.7) において z_1, z_2 の代りにそれぞれ z^{-1}, z を入れれば，$z^{-1}z=1$ だから，

$$1=|z^{-1}z|=|z^{-1}||z|, \qquad 0=\arg(z^{-1}z)=\arg z^{-1}+\arg z;$$

(3.8) $$|z^{-1}|=|z|^{-1}, \qquad \arg z^{-1}=-\arg z.$$

偏角については，mod 2π で考える．この関係によって，$0, z, 1$ を頂点とする三角形と $0, 1, z^{-1}$ を頂点とする三角形とは同じ向きに相似である．それに基いて，逆数の作図ができる．三角形が退化する場合には，簡単な修正をすればよい．一般な除法 z_1/z_2 はこれによって乗法 $z_1z_2^{-1}$ に帰着されるわけだが，商 z_1/z_2 を直接に作図することも容易である．すなわち，$z_2(z_1/z_2)=z_1$ だから，乗法の場合に述べたことにより，$0, z_2, z_1$ を頂点とする三角形と $0, 1, z_1/z_2$ を頂点とする三角形とが，また $0, z_2, 1$ を頂点とする三角形と $0, z_1, z_1/z_2$ を頂点とする三角形とが，それぞれ同じ向きに相似となっている．

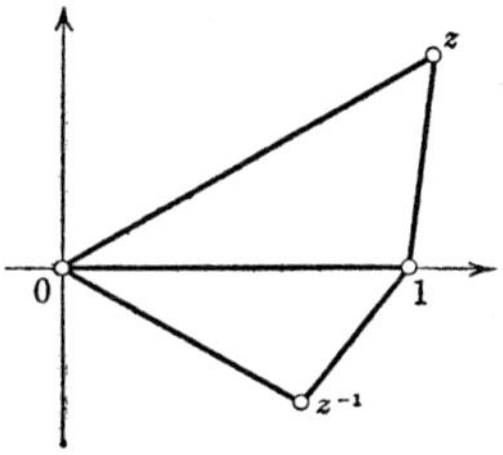

図　4

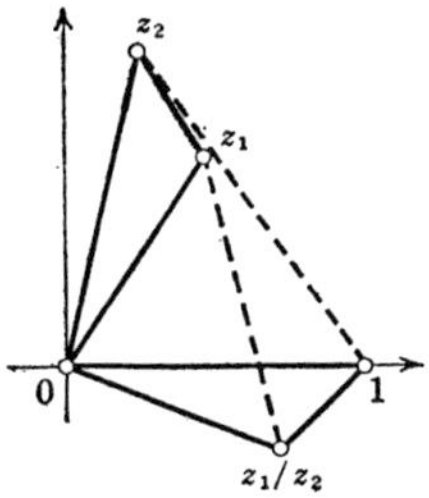

図　5

さて，任意な複素数 z に対して

$$|z|^2=(\Re z)^2+(\Im z)^2=z\bar{z}$$

となり，これから容易につぎの関係がみちびかれる：

(3.9) $$\left.\begin{array}{l}\dfrac{1}{\sqrt{2}}(|\Re z|+|\Im z|)\\ \max(|\Re z|, |\Im z|)\end{array}\right\}\leqq|z|\leqq|\Re z|+|\Im z|.$$

さきに，加法を図示するさいに述べたように，和 z_1+z_2 は線分 $\overrightarrow{0z_1}$ と $\overrightarrow{0z_2}$ とを隣辺とする平行四辺形の第四頂点であるから，不等式

(3.10) $$|z_1+z_2|\leqq|z_1|+|z_2|$$

が成り立つ．ここで等号が実現されるのは，$\overrightarrow{0z_1}$ と $\overrightarrow{0z_2}$ とが同じ向きをもつと

き，すなわち z_1 と z_2 が原点から出る同じ半直線上にあるときで，しかもそのときに限る；この条件は $\arg z_1=\arg z_2$ と書ける．ただし，z_1 と z_2 の少なくとも一方が 0 に等しいときには，(3.10) でつねに等号が現われる．この不等式 (3.10) はきわめて有用だから，その代表的な証明を追記しておこう．まず，

$$|z_1+z_2|^2=(z_1+z_2)(\bar{z}_1+\bar{z}_2)$$
$$=z_1\bar{z}_1+z_2\bar{z}_2+z_1\bar{z}_2+\bar{z}_1z_2=|z_1|^2+|z_2|^2+2\Re(z_1\bar{z}_2)$$

となる．ここで $\Re(z_1\bar{z}_2)\leqq|z_1\bar{z}_2|=|z_1||z_2|$ であることに注意すれば，

$$|z_1+z_2|^2\leqq|z_1|^2+|z_2|^2+2|z_1||z_2|=(|z_1|+|z_2|)^2,$$

すなわち (3.10) を得る．そこで等号が成り立つための条件は，$\Re(z_1\bar{z}_2)=|z_1\bar{z}_2|$ で与えられる．これはさらに $z_1\bar{z}_2=|z_1\bar{z}_2|$ すなわち $z_1|z_2|^2=|z_1\bar{z}_2|z_2$ と同値である．そして，最後の条件は z_1 と z_2 の少なくとも一方が 0 に等しいかまたは $\arg z_1=\arg z_2$ であることを表わしている．

問 1. $|z_1z_2\cdots z_n|=|z_1||z_2|\cdots|z_n|$.

問 2. $(x_1x_2-y_1y_2)^2+(x_1y_2+x_2y_1)^2=(x_1{}^2+y_1{}^2)(x_2{}^2+y_2{}^2)$.

問 3. $z_1+z_2+z_3=0$, $|z_1|=|z_2|=|z_3|\neq0$ ならば，z_1, z_2, z_3 は正三角形の頂点をなす． [練 1.17]

問 4. $x_n+iy_n=(1-i\sqrt{3})^n$ (x_n, y_n は実数; $n=0, \pm1, \cdots$) ならば，$x_ny_{n-1}-x_{n-1}y_n=4^{n-1}\sqrt{3}$. [練 1.22]

問 5. n 次の代数方程式 $(1+z)^n+z^n=0$ の根の実部はことごとく $-1/2$ に等しい．

問 6. 二点 α, β を通る直線と二点 γ, δ とを通る直線とが，平行であるための条件は $\Im((\alpha-\beta)/(\gamma-\delta))=0$，垂直であるための条件は $\Re((\alpha-\beta)/(\gamma-\delta))=0$. [例題 8]

問 7. 三点 α, β, γ が共線であるための条件は $\Im((\alpha-\beta)/(\alpha-\gamma))=0$. [例題 9]

問 8. 点 1 を頂点とし，単位円 $|z|<1$ の直径に関して対称であって，頂角 2α ($0<\alpha<\pi/2$) をもつ単位円内にある扇形 W: $|z-1|\leqq\cos\alpha$, $|\arg(z-1)-\pi|<\alpha$ に属する点 z に対して $|1-z|/(1-|z|)<K=2\sec\alpha$. [例題 12]

問 9. $c_0>c_1>\cdots>c_n>0$ とすれば，$|z|\leqq1$ のとき，$c_0+c_1z+\cdots+c_nz^n\neq0$. [例題 14]

§4. 数 球 面

複素数を幾何学的に表示するために，前節で複素平面を導入した．それに対して，ここで新たに一つの球面上の点による複素数の表示を説明しよう．いま，複素平面 Π の原点でこれに接する半径 ρ の球面 Σ を考える．直角座標 (ξ,

η, ζ）をもつ空間の座標軸を，ξ 軸，η 軸がそれぞれ Π の実軸，虚軸と一致するようにとれば，Σ の中心の座標を（0, 0, ρ）とするとき，Σ の方程式は，

(4.1) $$\xi^2+\eta^2+(\zeta-\rho)^2=\rho^2.$$

Σ の北極 N(0, 0, 2ρ) と Π 上の点 $z=x+iy$ すなわち空間座標（x, y, 0）をもつ点とを結ぶ直線が Σ を切る N 以外の点を P とする．Π 上の点 z と Σ 上の点 P とを対応させることによって，Π 上の点の全体と Σ 上のただ一点 N を除いた残りのすべての点との間に一対の対応がつけられる． この対応のつけ方を**立体射影**という．そして，この対応に基いて，複素数を表示するために用いられた球面 Σ を**数球面**または**リーマン球面**という．

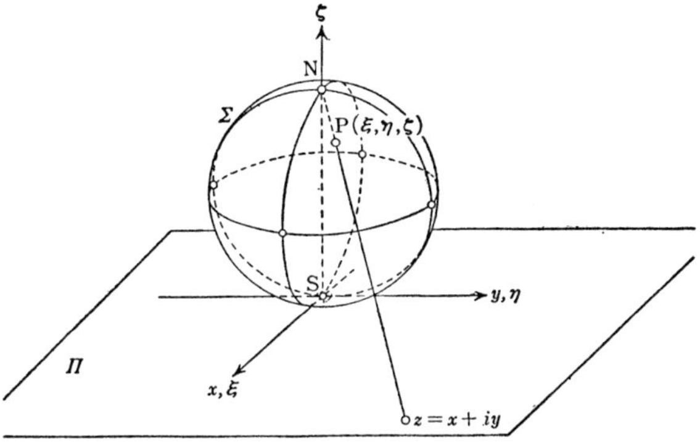

図 6

Π 上の点 $z=x+iy$ とそれに対応する Σ 上の点 P(ξ, η, ζ) との間の解析的な関係を求めよう．空間で三点（x, y, 0），（ξ, η, ζ），(0, 0, 2ρ) が共線であることから

$$\frac{\xi}{x}=\frac{\eta}{y}=\frac{\zeta-2\rho}{-2\rho}.$$

これを x, y について解くことによって，

(4.2) $$x=\frac{2\rho\xi}{2\rho-\zeta}, \qquad y=\frac{2\rho\eta}{2\rho-\zeta}.$$

他方において，（ξ, η, ζ）が球面の方程式 (4.1) をみたすことに注意すれば，これから順次に

$$x^2+y^2=\frac{4\rho^2\zeta}{2\rho-\zeta}=\frac{8\rho^3}{2\rho-\zeta}-4\rho^2, \quad 2\rho-\zeta=\frac{8\rho^3}{x^2+y^2+4\rho^2}$$

となり，これから (4.2) を逆に解いた関係を得る:

(4.3) $$\xi=\frac{4\rho^2x}{x^2+y^2+4\rho^2}, \quad \eta=\frac{4\rho^2y}{x^2+y^2+4\rho^2}, \quad \zeta=\frac{2\rho(x^2+y^2)}{x^2+y^2+4\rho^2}.$$

なお，これらの諸関係は，Σ の半径を特に $\rho=1/2$ とえらぶことによって，幾分簡単となるであろう．

さて，立体射影において，Σ 上で北極 N だけが Π 上に対応点をもたない例外の点である．ところで，Σ 上で N に近い点は，Π 上で原点から遠い点と対応している．例えば，Π 上で $|z|>R$ すなわち $x^2+y^2>R^2$ なる部分には，(4.3) によって，Σ 上で $2\rho>\zeta>2\rho-8\rho^3/(R^2+4\rho^2)$ なる部分が対応している．そこであらためて，Σ 全体との一対一対応をつくりあげるために，Σ 上の N に対応するものとして Π へ一つの仮想的な点を追加する．すぐ上に述べたことから，この点は Π 上のいかなる実在の点よりもその原点から遠くにあると解される．この仮想的な点を**無限遠点**と呼び，記号 ∞ で表わす．また，点 ∞ に対する複素数は存在しないが，往々それにあたるものとして同じ記号 ∞ が用いられる．

複素数にこの記号を含めての四則演算は無制限には許されないが，規約的に任意な複素数に対して

$$|z|<|\infty|,\qquad z+\infty=\infty+z=\infty;$$

さらに，$z\neq 0$ のとき，

$$z\infty=\infty z=\infty$$

とおかれる．また，しばしば $|\infty|=\infty$ という記法が用いられる；ただし，ここにこの左辺にある ∞ はすぐ上に導入された記号であるが，右辺にある ∞ は微積分学で慣用の記号（すなわち，いわゆる $+\infty$）と解される．

このように，複素平面へ無限遠点を追加すると，それによって位相的には全球面と同じ構造をもつ世界が生ずる．特に，従来の複素平面が開いていたのに対して，これは球面と同様に閉じている．そこで，従来の複素平面へ無限遠点を追加することによって得られるものを，あらためて再び**複素平面**ないしは**函数論的平面**と呼ぶ．これはすべての複素数へ ∞ を添加したものと一対一に対応する．同様に，北極をも含めた球面の全体を，それに応じて単に**数球面**と呼ぶことにする．

さて，数球面 Σ 上に北極以外の任意な二点 $\mathrm{P}(\xi,\eta,\zeta)$, $\mathrm{P}'(\xi',\eta',\zeta')$ をとり，これらに対応する複素平面 Π 上の二点をそれぞれ $z=x+iy$, $z'=x'+iy'$ とする．二点 P, P′ の直線距離を $\overline{\mathrm{PP}'}=d(z,z')$ で表わせば，

$$\overline{\mathrm{PP}'}=\sqrt{(\xi-\xi')^2+(\eta-\eta')^2+(\zeta-\zeta')^2}.$$

この右辺へ (4.3) で与えられる ξ,η,ζ の値および同様にして得られる ξ',η',ζ' の値を代入すれば，等式

$$|z-z'|^2=(x-x')^2+(y-y')^2=|z|^2+|z'|^2-2(xx'+yy')$$

を利用していくらかの計算の後，つぎの公式がみちびかれる:

$$d(z,z')=\frac{4\rho^2|z-z'|}{\sqrt{(|z|^2+4\rho^2)(|z'|^2+4\rho^2)}}. \tag{4.4}$$

同様にして，$z=x+iy$ に対応する点 P と北極 N との距離に対しては，

$$d(z,\infty)=\frac{4\rho^2}{\sqrt{|z|^2+4\rho^2}}. \tag{4.5}$$

つぎに，(4.4) で P′ が Σ 上で P に近づいた極限を考える．$dz=z'-z=dx+idy$ とおいて高位の微小量を省略すれば，それによって P における Σ 上の線素の長さ $ds=ds_{\mathrm{P}}$ に対して

$$ds=\frac{4\rho^2|dz|}{|z|^2+4\rho^2}. \tag{4.6}$$

この右辺の式は，$|z|$ のほかには $|dz|$ にだけ関係し，$\arg dz$ には関係しないことがいちじるしい．

問 1. 複素平面 Π の原点でこれに接する半径 ρ の球面 Σ の北極からの立体射影によって，対応する $z\in\Pi$ と $(\xi,\eta,\zeta)\in\Sigma$ との間の関係は

$$z=\frac{2\rho(\xi+i\eta)}{2\rho-\zeta};\quad \xi=\frac{2\rho^2(z+\bar z)}{4\rho^2+z\bar z},\quad \eta=\frac{2\rho^2(z-\bar z)}{i(4\rho^2+z\bar z)},\quad \zeta=\frac{2\rho z\bar z}{4\rho^2+z\bar z}.$$

問 2. 立体射影によっては，複素平面上の円(円周!)には数球面上の円が対応し，数球面上の円には複素平面上の円が対応する．ただし，平面上の直線は無限遠点を通る円とみなすことにする．　[例題 1]

問 3. 複素平面上の一点で二つの曲線がなす角は，立体射影によって数球面上で対応する二曲線のなす角と相等しい．　[例題 2]

§5. 点　集　合

複素平面上の点を構成要素とする**集合**について，後節で用いられる概念をとりまとめて説明しておこう．点 z が集合 E に属することを $z\in E$ で表わす．集合 E に属さない点の全体から成る集合を E の**余集合**または**補集合**といい，E^{C} で表わす．

集合 E について，いかなる $z\in E$ に対しても $|z|\leqq K$ が成り立つような正

数 K が存在するとき，E は**有界**であるという．一点 $z_0 \neq \infty$ と一つの正数 r に対して不等式 $|z-z_0|<r$ をみたすすべての点 z から成る集合は，z_0 を中心とする半径 r の円の内部(円板)である．これを点 z_0 の近傍，くわしくはその $\boldsymbol{r}$ **近傍**という．$z_0=\infty$ の場合には，一つの正数 R をもって $|z|>R$ をみたす点の全体から成る集合を ∞ の近傍という．

一点 z_0 に対して，そのいかなる(いかに小さい!)近傍も($z_0 \in E$ のときは z_0 自身以外の)集合 E の点を少なくとも一つ(したがって必然的に無限に多く)含むならば，z_0 を E の**集積点**という．集積点は集合に属するとは限らない．E の集積点でない E の点をその**孤立点**という．E のすべての集積点から成る集合を E の**導集合**と呼び，E' で表わすことにする．ちなみに，孤立点だけから成る集合を**孤立集合**という．

二つの集合 A, B について，A の各点が B に属するとき，A は B の**部分集合**であるといい，$A \subset B$ または $B \supset A$ で表わす．このとき，特に A が B と一致しないならば，A は B の真の部分集合であるという．なお，いかなる集合に対しても，特にそれ自身に対しても，その部分集合とみなされるという特性をもつ非固有な意味での集合として，**空集合**の概念を導入する．空集合は要素(元)を全く含み得ない；空集合を ϕ あるいは単に 0 で表わす．空集合の余集合は，全複素平面である．

二つの集合 A, B の少なくとも一方に属する点の全体から成る集合をそれらの**和**(合併集合)といい，$A \cup B$ で表わす．A, B に共有される点の全体から成る集合をそれらの**積**(共通集合)といい，$A \cap B$ で表わす．これらの概念は，任意に(有限または無限に)多くの集合の場合へ拡張される．二つの集合の**差**を $A-B=A \cap B^{c}$ で定義する．$A \cap B=\phi$ のとき，A と B とは**互に素**であるという．E とその導集合 E' との和 $\bar{E}=E \cup E'$ を E の**閉苞**または**閉被**という．$E' \subset E$ のとき，E は**閉集合**であるという．この条件は $E=\bar{E}$ とも書ける．

さて，一つの集合 E が与えられたとき，それを基準として複素平面上のすべての点がつぎの三種類に分類される．まず，そのある近傍が E に含まれるような点を E の**内点**という．つぎに，そのある近傍が E と互に素であるような点を E の**外点**という．最後に，それら以外の点，すなわちそのいかなる近

傍にも E の点ならびに E 以外の点が含まれるような点を E の**境界点**という．E の内点，外点，境界点は，その余集合 E^C に対してはそれぞれ外点，内点，境界点である．E の内点の全体，外点の全体，境界点の全体から成る集合をそれぞれ E の**内部**，**外部**，**境界**といい，E°，$E^{C\circ}$，∂E で表わす．

$E=E^\circ$ のとき，E は**開集合**であるという．一点の近傍は開集合であるが，あらためて点 z_0 を含む開集合を一般に z_0 の**近傍**ということにする．開集合の余集合は閉集合であり，閉集合の余集合は開集合である．全平面と空集合だけは，同時に開集合と閉集合の性質をそなえている．

つぎに，実変数の区間 $t_0\leqq t\leqq T$ で定義された一組の実函数 $x(t)$，$y(t)$ をもって，

$$(5.1)\qquad z=z(t)=x(t)+iy(t)\qquad (t_0\leqq t\leqq T)$$

なる形に表わされる点 z の全体から成る集合を**曲線**という．特に $x(t)$，$y(t)$ が連続なとき，連続曲線というが，以下では特に断らない限り，単に曲線といえば連続曲線をさすものとする．(5.1) において，$z(t_0)$, $z(T)$ を曲線のそれぞれ**始点**，**終点**といい，両者を総称して**端点**という．特に $z(t_0)=z(T)$ のとき**閉曲線**といい，それ以外の場合に**開曲線**という．$t_0\leqq t<t'\leqq T$ である限り $z(t)\neq z(t')$ であるとき，ジョルダン開曲線あるいはむしろ**ジョルダン弧**という．$t_0\leqq t<t'<T$ である限り $z(t)\neq z(t')$ なる閉曲線を**ジョルダン曲線**という．これらはそれ自身を切らないいわゆる**単一な**連続曲線である．

つぎに，(5.1) において $x(t)$, $y(t)$ が $t_0\leqq t<T$ で連続であって $t\to T-0$ のとき $|z(t)|\equiv\sqrt{x(t)^2+y(t)^2}\to+\infty$ ならば，それは $z(t_0)$ と ∞ とを端点とする曲線を表わすという．また，$x(t)$, $y(t)$ が $t_0\leqq t<t_0'$, $t_0'<t\leqq T$ で連続であって $t\to t_0'$ のとき $|z(t)|\to+\infty$ ならば，曲線は ∞ を通るという．これらの場合にも，曲線はふつうに連続とみなされる．上記のジョルダン曲線についての概念も，それに応じて拡張される．要するに，位相的な性状に関する限り，∞ に対応する北極をも含めた数球面上で考えるのと同値なわけである．

一般に，二つの連続曲線

$$C:\ \ z=z(t)\ \ (t_0\leqq t\leqq T),\qquad C^*:\ \ z=z^*(t^*)\ \ (t_0^*\leqq t^*\leqq T^*)$$

に対して，もし適当な単調連続函数 $\omega(t)$ $(t_0\leqq t\leqq T)$ が存在して

$$z(t)\equiv z^*(\omega(t))\quad(t_0\leqq t\leqq T);\quad t_0^*=\omega(t_0),\ T^*=\omega(T)$$

が成り立つならば，両曲線 C と C^* とは同一であるとみなすことにする．ただし，閉曲線の場合には，$z(t)$ を周期 $T-t_0$ をもって接続したと考え，$z(t_0+\tau)=z^*(t_0^*)$ なる一つの τ に対し C: $z=z(t)$ $(t_0+\tau\leqq t\leqq T+\tau)$ としてこの定義を適用する．つぎに，上記の曲線 C と曲線

$$C^-:\qquad z=z^-(t)\equiv z(t_0+T-t)\qquad(t_0\leqq t\leqq T)$$

とは，点集合としては同一であるが，始点と終点とが入れかわったいわゆる向きの逆な曲線である．

さて，曲線 C: $z=z(t)$ $(t_0\leqq t\leqq T)$ において，媒介変数区間 $t_0\leqq t\leqq T$ の一つの分割

$$(5.2)\qquad t_0<t_1<\cdots<t_{n-1}<t_n=T$$

をとる．点 $z(t_\nu)$ $(\nu=0,1,\cdots,n)$ を順次に線分で結ぶことによって得られる C の内接屈折線 Π の長さを

$$l[\Pi]=\sum_{\nu=1}^{n}|z(t_\nu)-z(t_{\nu-1})|$$

で表わす．このとき，(5.2) の型のすべての分割に対応する内接屈折線にわたる長さの上限

$$l[C]=\sup_{\Pi} l[\Pi]$$

を，曲線 C の**長さ**という．これは曲線 C の表示に無関係に定まる．また，向きだけが異なる曲線の長さは相等しい．つねに $0\leqq l[C]\leqq+\infty$ であるが，特に $l[C]<+\infty$ のとき，C は**長さの有限な**曲線であるという；かような曲線を簡単に**路**ともいう．

一般に，$h(t)$ を区間 $t_0\leqq t\leqq T$ で定義された実函数とするとき，(5.2) の型の分割に対して和 $\sum_{\nu=1}^{n}|h(t_\nu)-h(t_{\nu-1})|$ を考え，すべての可能な分割にわたるかような和の上限を，この区間における $h(t)$ の**全変動**という． 全変動が有限な函数は，そこで**有界変動**であるという．曲線 (5.1) に対して，つねに

$$\left.\begin{array}{l}|x(t_\nu)-x(t_{\nu-1})|\\|y(t_\nu)-y(t_{\nu-1})|\end{array}\right\}\leqq|z(t_\nu)-z(t_{\nu-1})|\leqq|x(t_\nu)-x(t_{\nu-1})|+|y(t_\nu)-y(t_{\nu-1})|$$

が成り立つから，この曲線の長さが有限であるために必要十分な条件は，$x(t)$,

$y(t)$ がともに $t_0 \leqq t \leqq T$ で有界変動であることである.

さて，複素平面上の集合 E について，そのいかなる二点も E に属する連続曲線で結べるとき， E は**弧状連結**であるという．開集合または閉集合について，それを二つの互に素な空でないそれぞれ開集合または閉集合の和として表わせないとき，その集合は**連結**であるという．連結した開集合のことを**領域**という．これは有用な概念である．次章以下で複素変数の函数を考えるさいに，函数の変域としては，ほとんどもっぱら領域が採用されるであろう．一般に，弧状連結ならば連結となることは容易にわかるが，開集合については，実はその逆命題が成り立つ:

定理 5.1. 領域の任意な二点は，それに属する連続曲線で結べる．さらに，連続曲線としては屈折線(有限個の線分から成る曲線)をとることができる.

証明. 仮に，領域 D の二点 z_1，z_2 が D 内の屈折線で結べなかったとしてみる．D 内の屈折線で z_1 と結べる D の点の全体から成る集合を D_1 とし，$D_2=D-D_1$ とおけば，これらは互に素であって空でない．任意な点 $z \in D_1$ の近傍を D 内にとれば，この近傍の点は半径に沿って z と結べる．ゆえに，z は D_1 の内点であり，D_1 は開集合であることがわかる．任意な点 $z \in D_2$ の r 近傍を D 内にとれば，上と同じ理由によって，D_2 もまた開集合であることがわかる．これは D が連結であるという仮定に反する.

領域は開集合だから，そのいかなる境界点をも含まない．それに対して，一つの領域へその境界を付加することによって得られる集合を**閉領域**という．領域 D の閉苞 $\overline{D}$ の内点となる D の境界点を D の**内境界点**という．閉領域は，連結してはいるが閉集合だから(しかも全平面の場合を除けば開集合でない!)，それ自身として領域ではない．なお，連結した(高々一点でない)閉集合を**連続体**という．一点でない連続曲線や閉領域は，いずれも連続体である．しかし，連続体は弧状連結であるとは限らない.

位相幾何学からのいわゆる**ジョルダンの曲線定理**は，つぎのように述べられる: 有界なジョルダン閉曲線 C の余集合は，二つの領域に分けられる．その一方は有界，他方は非有界であって，それぞれ C の内部，外部と呼ばれる．C 自身は両者に共通な境界となっている．――この定理は一見したところ明らかなようだが，その厳密な証明は簡単ではない．

ジョルダン曲線を境界とする領域を**ジョルダン領域**といい，それに境界を付加して得られる閉領域を**ジョルダン閉領域**という．ジョルダン領域は内境界点をもたない．

領域 D 内にどんなジョルダン曲線をえがいても，その内部または外部が D の部分領域となるとき，D は**単連結**(単一連結)であるという．この条件は，D の境界が空であるかまたはただ一点から成るかまたは一つの連続体であることと同値である．あるいは，D 内のどんなジョルダン曲線も D 内で連続的に一点に縮め得ることとも同値である．単連結でない領域は**複連結**(重複連結)であるという．それらのうちで境界をなす互に素な連続体または点，すなわち，いわゆる境界成分の個数が $n\,(2\leqq n<\infty)$ であるとき，**連結度**が n であるまたは $\boldsymbol{n}$ **重連結**であるという；$n=\infty$ のときには，**無限連結**であるという．なお，境界が空である領域としての全複素平面も単連結とみなされるから，境界成分の個数が 0 または 1 の場合が単連結領域である．

複素平面上の点集合についてのつぎの諸定理は，微分学においてユークリッド平面上で二変数の連続函数の性質をしらべるために有用であったものである．ここで念のため列挙しておくが，∞ の追加によって少しく修正され，むしろ簡明な形となる．

まず，**ボルツァノ・ワイエルシュトラスの定理**から始める：

定理 5.2. 無限点集合は少なくとも一つ集積点をもつ．

証明. 与えられた無限集合 E は ∞ を含まないとしてよい．まず，E が有界でなければ，任意な正数 R に対して $|z|>R$ は無限に多くの E の点を含むから，このときには ∞ が一つの集積点である．つぎに，E が有界ならば，いわゆるワイエルシュトラスの逐次分割論法をほどこす．すなわち，軸に平行な辺をもち，E を含む一つの閉正方形 Q_1 をとる．それを対辺の中点を結ぶ両線分で四等分する．それによって得られる四つの正方形のおのおのの閉苞をつくれば，それらの少なくとも一つは無限に多くの E の点を含む．たとえば，右上，左上，左下，右下の順にたどるとき，初めて E の点を無限に多く含むものを Q_2 とする．ついで，Q_1 から Q_2 を定めたと同じ操作で Q_2 から Q_3 を定める．この操作を反復すると，順次に前者に含まれ，辺長が半分ずつとなってゆく閉正方形の系列 $\{Q_n\}$ が得られる；おのおのの Q_n は E の点を無限に多く含んで

いる．いま，Q_n の左下の頂点を $z_n=x_n+iy_n$ で表わせば，$\{x_n\}$，$\{y_n\}$ はいずれも上に有界な増加列である．定理 1.2 に基いて存在するそれらの極限値をそれぞれ x, y とすれば，点 $z=x+iy$ はすべての Q_n に共有される．Q_n の辺長は $1/n$ とともに 0 に近づくから，任意な $\varepsilon>0$ に対して $\varepsilon/\sqrt{2}$ より小さい辺長をもつ Q_n が存在し，かような Q_n は z の ε 近傍に含まれる．したがって，z は E の集積点である．

この定理の応用として，**カントルの定理**(共通部分定理)を挙げる:

定理 5.3. $\{E_n\}$ が空でない閉集合の減少列ならば，すべての E_n に共有される点が存在する．すなわち，すべての E_n の共通集合は空でない:

$$\bigcap_{n=1}^{\infty} E_n \neq \phi.$$

証明. おのおのの E_n に属する任意な一点を z_n とする．$\{z_n\}$ のうちに相異なるものが有限個しかなければ，その少なくとも一つは無限に多くの E_n に，したがって，$\{E_n\}$ の単調性により，すべての E_n に含まれる．その他の場合には，$\{z_n\}$ は無限点集合をなすから，定理 5.2 によって，その集積点 z が存在する．ところで，おのおのの n に対して，$z_n, z_{n+1}, \cdots$ は E_n の点だから，z は閉集合 E_n の集積点として $z\in E_n$．すなわち，z はすべての E_n に共有されている．

一般に，一つの集合 E と集合を要素とする一つの集合 $\mathfrak{M}$ とがあって，E のおのおのの点 z が $\mathfrak{M}$ に属する少なくとも一つの集合 M_z に含まれるならば，E は $\mathfrak{M}$ で覆われる．または $\mathfrak{M}$ は E を覆うという．つぎの**ハイネ・ボレルの被覆定理**は，今後しばしば利用される:

定理 5.4. 閉集合 E が開集合を構成要素とする集合 $\mathfrak{O}$ で覆われているならば，E を覆うのに $\mathfrak{O}$ からの有限個の開集合で十分である．

証明. 閉集合 E が有界でなければ，$\infty\in E$ である．ゆえに，∞ の近傍が $O_\infty\in\mathfrak{O}$ で覆われる．したがって，E が有界な場合を考えれば十分である．仮に，有界閉集合 E が $\mathfrak{O}$ からの有限個の開集合で覆われなかったとしてみる．定理 5.2 の証明で用いた逐次分割論法によって，閉正方形の列 $\{Q_n\}$ と閉集合 E の一つの集積点 $z\in E$ とが得られ，おのおのの $E\cap Q_n$ が $\mathfrak{O}$ からの有限個の開集合では覆われない．ところが，仮定により z は $\mathfrak{O}$ からの一つの開集合 O_z に含まれる．十分大きい n に対して $E\cap Q_n\subset O_z$ となるから，$E\cap Q_n$ が $\mathfrak{O}$ からの有限個の開集合で覆われないということは不合理である．

ユークリッド平面上の点集合の場合には，上記の三定理でさらに E の有界性の仮定がおかれるけれども，複素平面上では ∞ が添加されているから，その必要はないのである．

一般に，二つの集合 E, F の**距離**は，

$$d(E, F)=\inf_{z\in E,\, w\in F}|z-w| \tag{5.3}$$

によって定義される．もし $E\cap F\neq\phi$ ならば，$d(E, F)=0$ である．しかし，$E\cap F=\phi$ であっても，$d(E, F)=0$ となることがある．ところが，閉集合に限定すると，つぎの定理が成り立つ:

定理 5.5. 互に素な閉集合 E, F に対しては，$d(E, F)>0$.

証明. 仮定によって，E, F の少なくとも一方たとえば E が有界である．任意な $z\in E$ は F の外点だから，そのまわりの十分小さい半径 $2r_z$ の円板と F は互に素である．おのおのの $z\in E$ にそれを中心とする半径 r_z の開円板 K_z を対応させれば，定理 5.4 によって，$\{K_z\}_{z\in E}$ のうちから有限個をえらんで E を覆うことができる．それらの有限個の開円板の半径のうちで最小なものを r (>0) で表わす．おのおのの $z\in E$ はえらばれた有限個の開円板の少なくとも一つたとえば $K_{z'}$ に含まれる．任意な $w\in F$ に対して $|z'-w|>2r_{z'}$, $|z-z'|<r_{z'}$ であるから，

$$|z-w|\geqq|z'-w|-|z-z'|>r_{z'}\geqq r$$

となる．ゆえに，$d(E, F)\geqq r>0$.

この定理によって，一つの領域の境界とその領域の任意な部分閉集合(たとえば領域内の一つの連続曲線)とは正の距離をもつことがわかる．この事実は，後にしばしば利用されるであろう．

一般に，自然数の全体と一対一に対応させられる集合を**可付番無限**集合という．一つの集合が有限集合または可付番無限集合であるとき，それは高々可付番(あるいは単に**可付番**)であるという．可付番無限集合において，ある条件が有限個の要素を除いた残りのすべての要素によってみたされているとき，コワレフスキにしたがって，その条件が殆んどすべての要素によってみたされてい

るという．例えば，定理 5.2 の証明中で，可付番集合 $\{Q_n\}$ について，z のどんな近傍も殆んどすべての Q_n を含んでいる．つぎに，可付番集合に関して，一つの有用な定理を挙げておこう：

定理 5.6. 可付番集合の可付番集合は可付番である．くわしくいえば，可付番個の可付番集合があるとき，これらの少なくとも一つの集合に属する要素の全体は可付番集合をなす．

証明. 他の場合も同様だから，可付番無限個の可付番無限集合の場合を考える．これらは

$$E_p=\{z_{pq}\}_{q=1}^{\infty} \qquad (p=1, 2, \cdots)$$

という形に表わされる．自然数 p, q のおのおのの組に対して

$$(5.4)\qquad \begin{aligned} n=n(p, q)&=\frac{1}{2}(p+q-1)(p+q-2)+q \\ &=\frac{1}{2}(p+q)(p+q-1)-(p-1) \end{aligned}$$

とおく．このとき，逆に任意に与えられた自然数 n に対して，この関係をみたす自然数 p, q がただ一組定まることが示される．じっさい，与えられた n に対して，不等式

$$\frac{1}{2}(m-1)(m-2)<n\leqq\frac{1}{2}m(m-1)$$

をみたす自然数 m (>1) がただ一つ定まる．それをもって

$$q=n-\frac{1}{2}(m-1)(m-2), \qquad p=m-q$$

とおけば，自然数の組 p, q は (5.4) をみたし，しかも n に対して一意的に定まる．そこで，$n=n(p, q)$ として $w_n=z_{pq}$ とおけば，$\{w_n\}$ がすべての E_p $(p=1, 2, \cdots)$ からの全要素を自然数の全体と対応させたものとなっている．もし z_{pq} $(p, q=1, 2, \cdots)$ のうちに同じ要素が重複しているならば，$\{w_n\}$ のうちで重複が現われるごとに捨て去って番号をつめればよい．

この定理において，z_{pq} として特に有理数 p/q をとれば，正の有理数の全体は可付番集合の部分集合として，それ自身可付番であることがわかる．したがって，負の有理数の全体も可付番であり，さらに 0 を一つ添加すれば，有理数の全体もまた可付番である．ま

た，x, y を有理数として $z=x+iy$ という形に表わされるいわゆる有理複素数(複素平面上の有理点)の全体も可付番である．

問 1. (i) 開集合の和は開集合である．(ii) 有限個の開集合の積は開集合である．(i′) 閉集合の積は閉集合である．(ii′) 有限個の閉集合の和は閉集合である．

問 2. (i) $|z|<1+1/n$ で定められる集合 E_n ($n=1,2,\cdots$) の積は $|z|\leqq 1$.　(ii) $|z|\leqq 1-1/n$ で定められる集合 F_n ($n=1,2,\cdots$) の和は $|z|<1$.

問 3. 任意な集合 E に対しては，∂E は閉集合であって，$\partial E=\bar{E}-E^\circ$.　［例題4］

問 4. 集合 E に対して，$\varphi_E(z)=1$ ($z\in E$)，$\varphi_E(z)=0$ ($z\notin E$) によってその特性函数 $\varphi_E=\varphi_E(z)$ を定めれば，一般に，(i) $\varphi_E{}^2=\varphi_E$；(ii) $\varphi_{A\cup B}=1-(1-\varphi_A)(1-\varphi_B)$；(iii) $\varphi_{A\cap B}=\varphi_A\varphi_B$.　［練1.29］

問 5. (i) 円板 $|z|<R$ は一つの領域である．(ii) 同心円環 $q<|z|<Q$ は一つの領域である．　［例題5］

問 6. 有界な単連結領域 D の一つの部分閉集合を $\varDelta$ とするとき，D 内にある長さの有限なジョルダン曲線を $\varDelta$ がその内部にあるようにえがくことができる．　［例題6］

問　題　1

1. $k>0, a_1>0$ をもって帰納的に $a_{n+1}{}^2=a_n+k$，$a_{n+1}>0$ ($n=1,2,\cdots$) で定義された数列 $\{a_n\}$ は，単調であって，その極限値は二次方程式 $x^2=x+k$ の正根に等しい．

2. 与えられた複素数 $a+ib$ に対して $(x+iy)^2=a+ib$ をみたす複素数 $x+iy$ を求めよ．

3. 複素係数の二次方程式は，複素数の範囲で根をもつ．

4. つぎの式を $x+iy$ (x, y は実数) の形に表わせ：(i) $\sqrt{i}$；(ii) $\sqrt{1-i}$.

5. z についての二次方程式 $(1+i)z^2-2(a+i)z+5-3i=0$ が実根をもつように，実数 a の値を定めよ．

6. 三点 α, β, γ が共線であるために必要十分な条件は，$a\alpha+b\beta+c\gamma=0$，$a+b+c=0$，$abc\neq 0$ なる実数 a, b, c が存在することである．

7. 四点 $\alpha, \beta, \gamma, \delta$ が共円であるために必要十分な条件は，非調和比 $(\alpha, \beta, \gamma, \delta)\equiv(\alpha-\gamma)/(\beta-\gamma):(\alpha-\delta)/(\beta-\delta)$ が実数であることである．

8. 五点 z ($\neq 0$)，$-z$，$1/\bar{z}$，$-1/\bar{z}$，0 は共線である．

9. 六点 z ($\neq 0$)，$1/z$，$-\bar{z}$，$-1/\bar{z}$，1，-1 は共円である．

10. 任意な四点 $\alpha, \beta, \gamma, \delta$ に対して $|\beta-\alpha||\delta-\gamma|+|\delta-\alpha||\gamma-\beta|\geqq|\gamma-\alpha||\delta-\beta|$. ここで等号は，四点が共円(または共線)であって，α, γ と β, δ とが互に相分かつときに限る．

11. 複素数 ε に対して $\varepsilon^m\neq 1$ ($m=1,\cdots,n-1$)，$\varepsilon^n=1$ のとき，ε を1の一つの**固有 n 乗根**という．――1のすべての固有6乗根を根とする方程式，1のすべての固有12乗根を根とする方程式をそれぞれつくれ．

12. n を自然数とするとき，$x^2-2cx\cos\alpha+c^2=0$ ならば，$x^{2n}-2c^nx^n\cos n\alpha+c^{2n}=0$.

13. $(1-\sin\theta+i\cos\theta)^n/(1-\sin\theta-i\cos\theta)^n=\cos n(\pi/2+\theta)+i\sin n(\pi/2+\theta)$ ($n=0,$

$\pm 1, \cdots$).

14. 複素平面 Π の原点を中心として半径 1 の球面 Σ をつくる． ξ, η 軸がそれぞれ x, y 軸と重なるようにとった空間の直角座標系 (ξ, η, ζ) について，北極 $\mathrm{N}(0,0,1)$ と Π 上の点 $z=x+iy$ とを結ぶ直線が Σ と交わる N 以外の点を $\mathrm{P}(\xi, \eta, \zeta)$ とすれば，

$$z=\frac{\xi+i\eta}{1-\zeta}; \quad \xi=\frac{z+\bar{z}}{1+z\bar{z}}, \quad \eta=\frac{z-\bar{z}}{i(1+z\bar{z})}, \quad \zeta=-\frac{1-z\bar{z}}{1+z\bar{z}}.$$

15. A, B を任意な集合とするとき，(i) $\overline{A\cup B}=\overline{A}\cup\overline{B}$; (ii) $\overline{A\cap B}\subset\overline{A}\cap\overline{B}$.

16. つぎの集合の導集合を求めよ:

$$\text{(i)} \quad \left\{\frac{1}{m}+\frac{i}{n}\right\} \ (m, n=1, 2, \cdots); \qquad \text{(ii)} \quad \left\{\frac{1}{m}+\frac{1}{n}\right\} \ (m, n=1, 2, \cdots).$$

第2章　複　素　函　数

§6. 函　数

複素平面上の一つの点集合 E が与えられたとき，E の任意な点を表わし得る z のことを変域 E における**複素変数**という．E のおのおのの点 z に対してそれぞれ一つの複素数 w が対応させられているとき，E を変域(定義域)とする複素変数 z の(一価な)**複素函数**が定義されているといい，記号的に例えば

$$w=f(z) \tag{6.1}$$

で表わす．ここに，f がその対応の規則を示す記号である．そして，z を独立変数，w を従属変数ともいう．

函数の概念は，数学全体にわたって基本的である．これは論理的にはむしろつぎのように定義される．順序のついた対の集合があって，どの二つの対も第一要素を共有しないとき，この集合を(一価)**函数**という．この函数 f の要素を一般に (z, w) で表わすとき，z, w をそれぞれ f の**独立変数**，**従属変数**といい，z, w の全体から成る集合をそれぞれ f の**変域**(定義域)，**値域**という．(z, w) が f の要素であるとき，w を z における f の**値**といって $f(z)$ で表わす．さらに，f の変域を E とするとき，その値域を $f(E)$ で表わす．この定義にしたがえば，函数 f の要素 (z, w) と函数 f の z における値 $w=f(z)$ とは，概念的には異なるものである．しかし，慣例によって便宜上，z の函数 $f(z)$ というような表現が用いられている．別に混乱のおそれもないから，本書でも今後は慣例にならうことにする．

特に，変域 E が実軸上にある集合の場合には，複素変数の特別な場合としての実変数の複素函数が現われる．さらに z が E にわたるときの w の値域が実数だけから成っている場合には，実函数が現われる．実変数の複素函数の例はすでに曲線の表示(5.1)でみたところである．すなわち，そこで $z(t)\equiv x(t)+iy(t)$ は実変数 t の複素函数とみなされる．

さて，$z=x+iy$，$w=u+iv$ とおけば，z と w を指定することは，それぞれ x, y と u, v なる対を指定することと同値である．したがって，z に対応して w が定まることは，対 x, y に対応して対 u, v が定まることにほかならない．それに基いて，複素変数 z の複素函数 w が定義されていることは，一対の実変

数 x, y の一対の実函数 u, v が定義されていることである．いいかえれば，

$$\Re f(z)=\varphi(x, y), \qquad \Im f(z)=\psi(x, y) \qquad (z=x+iy)$$

とおくとき，一つの函数関係 (6.1) は一対の函数関係

$$u=\varphi(x, y), \qquad v=\psi(x, y) \tag{6.2}$$

と同値である．このときの変域はもちろん，あらためて xy 平面(無限遠点を付加して考える)の上におかれたとみなされる集合 E である．

上に述べたことに基いて，一つの複素変数の複素函数を考えることは，一対の実変数の一対の実函数を考えることに帰着されてしまう．したがって，全く一般な函数を取り扱う限りは，問題は二つの実変数 x, y の二つの実函数の対 (6.2) を論ずるのとなんらえらぶところがなく，別に複素数を引合に出すまでもないわけである．ところで，解析学のどの部門でも，個々の函数とならんで，ある条件をみたすすべての函数から成る集合としてのいわゆる函数族が研究の対象となる．そして，おのおのの函数族に属するすべての函数に共通な性質を求めることが，一つの重要な課題となる．しかし，函数族を規定する条件があまりにもゆるいと，その範囲がはなはだしく広くなって，共通性質に関する多くの成果が望めなくなる．また逆に，規定条件があまりにも強いと，函数族の範囲がせまくなって，成果の普遍性に乏しくなるであろう．かような事情を見合って，適当な範囲の函数族を規定することが望ましいわけである．

まもなく述べるように，函数論の主要な対象をなすものは，領域で定義されていて微分可能性(§13 参照)の条件によって規定されるいわゆる正則函数である．この微分可能性の要請はかなり強い条件ではあるが，数学ないしは自然科学で日常現われる多くの函数はこの性質をそなえたもの，あるいはそれと密接な類縁関係にあるものである．その意味でこの函数族の研究は十分な価値をそなえており，しかもこのかなり強い要請のゆえに，そこに極めて豊かな美しい成果が挙げられる．

さて，函数論の対象をこのように限定したからとて，おのおのの函数 (6.1) を (6.2) の形の実変数対の実函数対として取り扱える以上は，特に複素変数の複素函数をとりあげることの意義については，一応の説明を要するであろう．しかし，その説明は今後の所論の中に順次に与えられていくであろう．それのみならず，むしろその説明を与えるものこそは，函数論自体の内容にほかならない．これからも (6.2) の形への分解は往々利用されるが，それはむしろ便宜上の手段であって，函数論本来の面目は函数を (6.1) の形のままで処理することによって発揮されることを銘記されたい．

一つの実変数の一つの実函数の場合には，その対応の様相を直観的に見易くする手段としてグラフによる図示が用いられる．一つの実変数の二つの実函数の対についても，独立変数を媒介変数とみなすことにより，やはりグラフによる図示法を用いることができる．一つの実変数の一つの複素函数の場合は，二つの実函数の対を考えるのと同値であり，これについては，すでに§5 で複素平面上での曲線として例示したところである．つぎに，

二つの実変数の一つの実函数の場合には，その対応は三次元空間の図形として直観化される．ふつうには，その図形として曲面が現われるであろう．最後に，(6.2)に挙げたような二つの実変数の二つの実函数の場合を考える．これはふつうには空間内の曲面の媒介変数表示とみなされる二つの実変数(媒介変数)の三つの実函数において，第三の函数が恒等的に0に等しくなった特殊な場合とも解される．そしてこの観点からは，問題の曲面として単に一平面上にのっているものが現われるだけである．それに応じて，(6.2)の形の対応では二つの平面，すなわち xy 平面と uv 平面とがとられる．そのとき，xy 平面上の変域のおのおのの点には uv 平面上の一点が対応する．したがって，xy 平面上の変域に属するおのおのの図形には uv 平面上の一つの図形が対応する．

一つの複素変数の一つの複素函数の場合は，さきに述べたように，上記の最後の場合と同値である．(6.1)の形の対応では，二つの複素平面，すなわち z 平面と w 平面とがとられる．そして，z 平面上の変域に属するおのおのの図形に対しては，この対応によって w 平面上の一つの図形が**像**として得られる．かように図形的な対応とみたときには，対応のことを**写像**とも呼ぶ．ちなみに，図形甲の像が図形乙であるとき，甲を乙の**原像**という．以上によって，複素変数の複素函数を論ずることは，幾何学的にはそれによる写像をしらべるのと同値であるといえよう．そして，この写像の考えは今後も随処に現われるであろう．ちなみに，一対一の写像を行なう函数は**単葉**であるという．

問 1. $w=z^2$ で定義される $z=x+iy$ の函数 $w=u+iv$ を，一対の実函数の関係として表わせ．　[例題1]

問 2. $w=z^n$（n は整数）で定義される $z=re^{i\theta}$ の函数 $w=Re^{i\Theta}$ を一対の実函数の関係として表わせ．　[例題2]

問 3. $c\neq\pm1$ を実数とするとき，$w=(cz+1)/(z+c)$ によって，$|z|=1$ 上の点は $|w|=1$ 上の点にうつされる．　[練2.1]

問 4. $w=z/(1-z)^2$ は $|z|<1$ で単葉である．

§7. 数　列

自然数の全体を変域とする複素数値函数を**複素数列**という．数列は

$$\{z_n\}_{n=1}^{\infty} \quad \text{または} \quad z_1,\ z_2,\ \cdots,\ z_n,\ \cdots \tag{7.1}$$

などで表わされる；n が独立変数，z が従属変数にあたっている．時には，数列として $\{z_n\}_{n=0}^{\infty}$ などの形のものも現われるが，これは $\{z_{n-1}\}_{n=1}^{\infty}$ などと同値である．数列(7.1)において，個々の z_n をその**項**，くわしくは第 n 項という．

複素平面上の対応点を考えることにより，数列の代りに**点列**と混称することが多い．もっとも，点列ではさらに ∞ をも項として許すことができよう．点列ではその項が必ずしも相異なるを要しないから，項の全体から成る点集合は無限集合であるとは限らない．しかし，点列のうちに相等しい項が現われるときは，その重複度だけの(有限または無限個の)点が重なっていると考えるのがしばしば便利である．点列のすべての項から成る集合について，集積点の概念もこの規約のもとで考えることにする；特に，無限個の点が重なっているところは集積点とみなされる．いずれにしても，かような集合は可付番である．

さて，点列(数列)について最も重要な概念の一つは，その**極限点**(極限値)である．点列 $\{z_n\}$ が(くわしくは，そのすべての項から成る集合が上記の規約のもとで)ただ一つの集積点 ζ をもつならば，この点列は ζ を極限点としてそれに**収束**するという．記号的に

(7.2)　　$z_n \to \zeta \ (n \to \infty)$　または　$\lim_{n\to\infty} z_n = \zeta$

と書く．もし点列が ∞ をただ一つの集積点としているならば，それは ∞ を極限点としてそれへ**定発散**するという；記号的には，(7.2) の右辺で ζ を ∞ でおきかえて表わす．一つより多くの集積点をもつ点列は**不定発散**する，あるいは**振動**するという．定発散と不定発散とを総称して単に**発散**という．

上記の定義は，実数列について微積分学で慣用な概念の自然な拡張になっている．ただ，そのさいに注意を要するのは，複素平面上には新たに無限遠点が導入されているために，それに応じて定発散の定義が修正されていることである．例えば，数列 $\{(-1)^n n\}$ は実数列としては不定発散であったが(数直線上には無限遠点が導入されていない!)，複素数列とみなせば ∞ へ定発散する．複素数列 $\{z_n\}$ が ∞ へ定発散することは，$\{|z_n|\}$ が実数列として $+\infty$ へ定発散することにほかならない．

上にあげた極限点についての定義は，実数列の場合に慣用な形に書きかえられる．(7.2) が成り立つとき，ボルツァノ・ワイエルシュトラスの定理 5.2 に注意すれば，ζ のどんな近傍をとってもそれに属さない z_n は高々有限個しかない．したがって，ζ のどんな近傍も殆んどすべての z_n を含む．この性質を記法 (7.2) の内容に対する定義として採用することもできたわけである．この特性は，ふつうにはさらにつぎの形に表現される：点列 $\{z_n\}$ が与えられたとき，任意な $\varepsilon>0$ に対して適当な $n_0=n_0(\varepsilon)$ をえらんで，

(7.3) $$|z_n-\zeta|<\varepsilon \qquad (n\geqq n_0)$$

(すなわち，$n\geqq n_0$ である限り $|z_n-\zeta|<\varepsilon$)となるようにできるならば，点列 $\{z_n\}$ は極限点 ζ に収束する．また，(7.3) の代りに

(7.4) $$|z_n|>\frac{1}{\varepsilon} \qquad (n\geqq n_0)$$

とできるならば，$\{z_n\}$ は極限点 ∞ へ定発散する．

収束の判定条件として，つぎの**コーシーの定理**が基本的である：

定理 7.1. 点列 $\{z_n\}_{n=1}^{\infty}$ が(有限な極限点に)収束するために必要十分な条件は，任意な $\varepsilon>0$ に対して適当な自然数 $n_0=n_0(\varepsilon)$ をえらんで

(7.5) $$|z_m-z_n|<\varepsilon \qquad (m>n\geqq n_0)$$

となるようにできることである．——ちなみに，この条件をみたす数列を一般に**基本列**という．

証明. まず，有限な ζ をもって (7.2) が成り立てば，((7.3) で ε の代りに $\varepsilon/2$ を用い，$n_0(\varepsilon/2)$ の代りにあらためて $n_0(\varepsilon)$ と書くことにより) $|z_n-\zeta|<\varepsilon/2$ $(n\geqq n_0)$ となる．したがって，$m>n\geqq n_0$ である限り，つねに

$$|z_m-z_n|=|(z_m-\zeta)-(z_n-\zeta)|\leqq|z_m-\zeta|+|z_n-\zeta|<\varepsilon,$$

すなわち，(7.5) が成り立つ．逆に，条件 (7.5) がみたされていれば，特に

$$|z_m|=|z_{n_0}+z_m-z_{n_0}|\leqq|z_{n_0}|+|z_m-z_{n_0}|<|z_{n_0}|+\varepsilon \qquad (m>n_0)$$

だから，点列 $\{z_n\}$ は(高々有限個の項を除けば)有界である．定理 5.2 に基いて存在するところのその一つの集積点を $\zeta\,(\neq\infty)$ で表わすとき，それに対して (7.2) の成立が示される．そのために，$\{z_n\}$ の任意な一つの集積点を ζ' で表わせば，$\zeta'\neq\infty$ である．そして，ζ' の ε 近傍にも ζ の ε 近傍にも点列に属する無限に多くの点が存在するから，それぞれかような点 z_m と z_n を $m>n\geqq n_0$ であるようにとることができる．そのとき，(7.5) によって

$$|\zeta'-\zeta|=|(\zeta'-z_m)+(z_m-z_n)-(\zeta-z_n)|\leqq|\zeta'-z_m|+|z_m-z_n|+|\zeta-z_n|<3\varepsilon.$$

ところで，$|\zeta'-\zeta|$ は ε に無関係であって，ε はあらかじめ任意に 0 に近くえらんでおけるから，$|\zeta'-\zeta|=0$ すなわち $\zeta'=\zeta$．ゆえに，ζ が $\{z_n\}$ のただ一つの集積点である；すなわち，(7.2) が成り立つ．

実数列の極限についての多くの性質は，ほとんどそのままの形で複素数列の場合へ移される；例えば問 2 参照．

数列の特殊な形式として，最もしばしば現われる重要な型は，**無限級数**である．与えられた数列 $\{z_n\}_{n=1}^{\infty}$ から

$$s_1=z_1, \qquad s_n=s_{n-1}+z_n \qquad (n=2,3,\cdots) \tag{7.6}$$

によって，新しい数列 $\{s_n\}_{n=1}^{\infty}$ が生ずる．数列 $\{z_n\}$ の項を順次に加法記号で結ぶことによって得られる形式を

$$z_1+z_2+\cdots+z_n+\cdots \quad \text{または} \quad \sum_{n=1}^{\infty} z_n \quad \text{など} \tag{7.7}$$

と書き，これを無限級数という．これに対して，(7.6) にあげた

$$s_n=z_1+\cdots+z_n=\sum_{\nu=1}^{n} z_\nu \qquad (n=1,2,\cdots) \tag{7.8}$$

のおのおのを (7.7) の**部分和**という．そして，無限級数 (7.7) の収束発散についての性状は，その部分和の列 $\{s_n\}_{n=1}^{\infty}$ の対応する性状によって表現されるものと規約する．特に，数列 $\{s_n\}_{n=1}^{\infty}$ が収束するとき，その極限値 s を級数(7.7)の**和**といい，この事実を

$$\sum_{n=1}^{\infty} z_n=s \tag{7.9}$$

で表わす．したがって，この場合には，(7.9) の左辺は無限級数を表わすと同時にその和をも表わすという二重性格の記号となっている．

すぐ上に述べた規約に基いて，数列に関して得られた一般的な結果は，それを無限級数の部分和の列に適用することにより，ただちに無限級数についての対応する結果に飜訳される．例えば，定理 7.1 で (7.5) に現われた形の不等式 $|s_m-s_n|<\varepsilon\ (m>n\geqq n_0)$ は，ここでは

$$\left|\sum_{\nu=n+1}^{m} z_\nu\right|<\varepsilon \qquad (m>n\geqq n_0) \tag{7.10}$$

という形をとる．

絶対値級数 $\sum|z_n|$ が収束するとき，もとの級数 $\sum z_n$ は**絶対収束**するという．コーシーの判定条件 (7.10) からわかるように，絶対収束級数は収束する．

後に利用するために，ここで無限級数の乗法について説明しておこう．便宜上，総和の添字を 1 からの代りに 0 から始めることにする．二つの無限級数

$$\sum_{n=0}^{\infty} a_n, \qquad \sum_{n=0}^{\infty} b_n \tag{7.11}$$

から，それらのいわゆる**コーシーの乗積級数**

$$(7.12)\qquad \sum_{n=0}^{\infty} c_n, \qquad c_n=\sum_{\nu=0}^{n} a_\nu b_{n-\nu} \quad (n=0, 1, \cdots),$$

をつくる．(7.11) の両級数が収束しても，(7.12) が収束するとは限らない．例えば，$a_0=b_0=0$，$a_n=b_n=(-1)^{n-1}/\sqrt{n}$ $(n\geqq 1)$ に対して $|c_n|\geqq 1$ $(n\geqq 2)$ となることが示される．しかし，つぎの**メルテンスの定理**がある：

定理 7.2. $\sum a_n$ が絶対収束し，$\sum b_n$ が収束してそれぞれ和 s, t をもつならば，コーシーの乗積級数は収束して和 st をもつ．

証明. (7.11)，(7.12) の部分和について

$$s_n=\sum_{\nu=0}^{n} a_\nu, \qquad t_n=\sum_{\nu=0}^{n} b_\nu, \qquad \sigma_n=\sum_{\nu=0}^{n} c_\nu$$

とおけば，

$$(7.13)\qquad \begin{aligned} \sigma_n-s_n t &= \sum_{\mu=0}^{n}\sum_{\nu=0}^{\mu} a_\nu b_{\mu-\nu}-\sum_{\nu=0}^{n} a_\nu t \\ &= \sum_{\nu=0}^{n}\sum_{\mu=\nu}^{n} a_\nu b_{\mu-\nu}-\sum_{\nu=0}^{n} a_\nu t=\sum_{\nu=0}^{n} a_\nu (t_{n-\nu}-t). \end{aligned}$$

仮定によって，正数 K, M が存在して

$$\sum_{\nu=0}^{\infty} |a_\nu|<K, \qquad |t_{n-\nu}-t|<M \qquad (n-\nu=0, 1, \cdots).$$

また，任意な $\varepsilon>0$ に対して適当な $m=m(\varepsilon)$ をとれば，

$$\sum_{\nu=m+1}^{n} |a_\nu|<\frac{\varepsilon}{2M} \qquad (n>m).$$

この m に対して適当な $n_0=n_0(m, \varepsilon)>m$ をとれば，

$$|t_{n-\nu}-t|<\frac{\varepsilon}{2K} \qquad (0\leqq \nu\leqq m,\ n\geqq n_0).$$

ゆえに，(7.13) によって，$n\geqq n_0$ である限り，

$$|\sigma_n-s_n t|\leqq\left(\sum_{\nu=0}^{m}+\sum_{\nu=m+1}^{n}\right)|a_\nu||t_{n-\nu}-t|<K\cdot\frac{\varepsilon}{2K}+\frac{\varepsilon}{2M}\cdot M=\varepsilon.$$

したがって，

$$\lim_{n\to\infty}\sigma_n=\lim_{n\to\infty} s_n t=st.$$

つぎに，数列の他の特殊な形式として，**無限乗積**もまた重要である．与えら

れた数列 $\{z_n\}_{n=1}^{\infty}$ から

$$p_1 = z_1, \qquad p_n = p_{n-1} z_n \qquad (n=2, 3, \cdots) \tag{7.14}$$

によって，新しい数列 $\{p_n\}_{n=1}^{\infty}$ が生ずる．数列 $\{z_n\}$ の項を順次に乗法の演算で結ぶことによって得られる形式を

$$z_1 z_2 \cdots z_n \cdots \quad \text{または} \quad \prod_{n=1}^{\infty} z_n \quad \text{など} \tag{7.15}$$

と書き，これを無限乗積という．これに対して，(7.14) にあげた

$$p_n = z_1 \cdots z_n = \prod_{\nu=1}^{n} z_\nu \qquad (n=1, 2, \cdots) \tag{7.16}$$

のおのおのを (7.15) の**部分積**という．もし最初の数列 $\{z_n\}$ が少なくとも一つ 0 なる項を含むならば，部分積の列 $\{p_n\}_{n=1}^{\infty}$ の殆んどすべての項が 0 に等しく，したがって $p_n \to 0$ $(n\to\infty)$ となる．乗法における 0 の特殊性に基いて起るかような事情に応じて，無限乗積 (7.15) の収束発散についての性状を表現するのに，直接にその部分積の列 $\{p_n\}$ の性状をもってしないで，つぎのように修正された定義を設ける:

無限乗積 (7.15) において，ある μ に対して $z_\nu \neq 0$ $(\nu > \mu)$ であって，しかも数列

$$\left\{ \prod_{\nu=\mu+1}^{n} z_\nu \right\} \qquad (n=\mu+1, \mu+2, \cdots) \tag{7.17}$$

が $n\to\infty$ のとき 0 と異なる極限値 P_μ に収束するならば，無限乗積 (7.15) は**収束**であるといい，(7.16) の記法をもって

$$p = p_\mu P_\mu \tag{7.18}$$

のことをその無限乗積の**値**という．この値が μ のえらび方に関しないことは $p_{\mu+1} P_{\mu+1} = p_\mu P_\mu$ であることからわかる．この定義によって，収束する乗積の値が 0 に等しくなる場合は，その少なくとも一項が 0 であるときに限って起る．つぎに，収束しない無限乗積は**発散**であるという．特に，ある μ に対して $z_\nu \neq 0$ $(\nu > \mu)$ であって数列 (7.17) が 0 に収束するとき，無限乗積 (7.15) は 0 に発散するという．

つぎの定理は，コーシーの定理 7.1 を無限乗積の場合へ移したものである:

定理 7.3. 無限乗積 (7.15) が収束するために必要十分な条件は，任意な $\varepsilon>0$ に対して適当な $n_0=n_0(\varepsilon)$ をえらんで

$$\left|\prod_{\nu=n+1}^{m} z_\nu-1\right|<\varepsilon \qquad (m>n\geqq n_0) \tag{7.19}$$

となるようにできることである.

証明. まず，(7.15) が収束すれば，$z_\nu\neq 0$ $(\nu>\mu)$ である μ が存在する. かような一つの μ に対して (7.17) のおのおのの項を Q_n $(n=\mu+1, \mu+2, \cdots)$ で表わせば，$Q_n\neq 0$ であって $Q_n\to P_\mu\neq 0$ $(n\to\infty)$. ゆえに，$Q_n=P_\mu+\eta_n$ とおくとき，適当な $n_0=n_0(\varepsilon)>\mu$ をえらべば，$|\eta_n|<|P_\mu|\varepsilon/(2+\varepsilon)$ $(n\geqq n_0)$. したがって，$m>n\geqq n_0$ のとき，

$$\left|\prod_{\nu=n+1}^{m} z_\nu-1\right|=\left|\frac{Q_m}{Q_n}-1\right|=\left|\frac{P_\mu+\eta_m}{P_\mu+\eta_n}-1\right|=\left|\frac{\eta_m-\eta_n}{P_\mu+\eta_n}\right|$$

$$\leqq\frac{|\eta_m|+|\eta_n|}{|P_\mu|-|\eta_n|}<\frac{2|P_\mu|\varepsilon/(2+\varepsilon)}{|P_\mu|-|P_\mu|\varepsilon/(2+\varepsilon)}=\varepsilon;$$

すなわち，(7.19) が成り立つ. 逆に，この条件が成り立てば，m, n の代りにそれぞれ n, n_0 とおくとき，$n>n_0$ に対して $|Q_n/Q_{n_0}-1|<\varepsilon$, したがって $|Q_n|<(1+\varepsilon)|Q_{n_0}|$ となるから，$\{Q_n\}_{n=n_0}^{\infty}$ は有界である. ふたたび (7.19) によって，$|Q_m-Q_n|<|Q_n|\varepsilon$ $(m>n\geqq n_0)$ となるから，$\{Q_n\}$ は収束する. しかも，(7.19) で $m\to\infty$ とすればわかるように，($\varepsilon<1$ と仮定してよいから，)その極限値は 0 に等しくはない.

この定理から収束する無限乗積 Πz_n においては，$z_n\to 1$ $(n\to\infty)$ であることがわかる. それに基いて，無限乗積 (7.15) の代りに $z_n=1+w_n$ とおいて，

$$(1+w_1)(1+w_2)\cdots(1+w_n)\cdots=\prod_{n=1}^{\infty}(1+w_n) \tag{7.20}$$

という形に書くのが便利なこともある. これが収束するための一つの必要条件として，$w_n\to 0$ $(n\to\infty)$ を得る. 無限乗積を (7.20) の形に書いたとき，$\Pi(1+|w_n|)$ が——$\Pi|1+w_n|$ ではない!——収束するならば，もとの乗積 (7.17) は**絶対収束**であるという. つねに成り立つ不等式

$$\left|\prod_{\nu=n+1}^{m}(1+w_\nu)-1\right|\leqq\prod_{\nu=n+1}^{m}(1+|w_\nu|)-1$$

からわかるように，絶対収束乗積は収束する．

つぎに，無限乗積の絶対収束性を無限級数のそれに帰着させる定理をあげる．これは実質的には実数項の無限乗積に関するものである．複素数ないしは複素函数を項とする無限乗積については，§18でふれるであろう．

定理 7.4. 無限乗積 $\Pi(1+w_n)$ と無限級数 $\sum w_n$ とは，同時に絶対収束する．

証明. 一般に，任意な実数 x に対して $1+x\leqq e^x$ が成り立つことに注意すれば，

$$\sum_{\nu=n+1}^{m}|w_\nu|<\prod_{\nu=n+1}^{m}(1+|w_\nu|)-1\leqq\exp\sum_{\nu=n+1}^{m}|w_\nu|-1$$

が成り立つ．定理の主張はこれから明らかであろう；$e^t\to1$ $(t\to0)$ である！

定理 7.5. 無限乗積 $\Pi(1-|w_n|)$ と無限級数 $\sum|w_n|$ とは，同時に収束する．

証明. いずれが収束しても，$w_n\to0$ $(n\to\infty)$．ゆえに，一般性を失うことなく，$0\leqq|w_n|<1/2$ と仮定しよう．まず，$\Pi(1-|w_n|)$ が収束すれば，その値を $p>0$ とするとき，

$$\prod_{n=1}^{m}(1+|w_n|)\leqq\prod_{n=1}^{m}\frac{1}{1-|w_n|}\leqq\frac{1}{p}<\infty\qquad(m\geqq1).$$

ゆえに，有界な増加数列の極限として $\Pi(1+|w_n|)$ は収束する．したがって，定理7.4により，$\sum|w_n|$ もまた収束する．逆に，$\sum|w_n|$ が収束すれば，$0\leqq|w_n|<1/2$ という仮定のもとに $1-|w_n|\geqq1/(1+2|w_n|)$ となる．$\sum2|w_n|$ が収束することに基いて，ふたたび定理7.4により，

$$\prod_{n=1}^{m}(1-|w_n|)\geqq1\Big/\prod_{n=1}^{m}(1+2|w_n|)>0\qquad(m\geqq1).$$

ゆえに，正の下界をもつ減少数列の極限として $\Pi(1-|w_n|)$ は収束する．

問 1. 複素数列 $\{z_n\}$ が ζ に収束するために必要十分な条件は，実数列 $\{|z_n-\zeta|\}$ が0に収束することである．

問 2. $n\to\infty$ のとき，$z_n\to\zeta$, $z'_n\to\zeta'$ ならば，右辺が有意義である限り，$z_n\pm z'_n\to\zeta\pm\zeta'$, $z_nz'_n{}^{\pm1}\to\zeta\zeta'^{\pm1}$.

問 3. $\{a_{n\nu}\}$ $(\nu=1,\cdots,n;\ n=1,2,\cdots)$ について，条件 $\lim_{n\to\infty}a_{n\nu}=0$ $(\nu=1,2,\cdots)$; $\sum_{\nu=1}^{n}|a_{n\nu}|\leqq M<\infty$ $(n=1,2,\cdots)$, $\lim_{n\to\infty}\sum_{\nu=1}^{n}a_{n\nu}=1$ がみたされているとき，$z_n\to\zeta$ $(\neq\infty)$ ならば，$\sum_{\nu=1}^{n}a_{n\nu}z_\nu\to\zeta$ $(n\to\infty)$．　［例題2］

問 4. $n\to\infty$ のとき，$z_n\to\zeta$ ($\neq\infty$) ならば，

$$\text{(i)}\quad \frac{1}{n}\sum_{\nu=1}^{n} z_\nu\to\zeta;\qquad \text{(ii)}\quad \frac{1}{2^n}\sum_{\nu=1}^{n}\binom{n}{\nu} z_\nu\to\zeta.$$ [練 2.5]

§8. 函数の極限と連続性

函数の極限に関する定義は，実変数の実函数の場合と全く同様に述べられる．すなわち，函数 $f(z)$ が z 平面上の一点 c ($\neq\infty$) の近傍で高々点 c だけを除いて定義されているとき，任意な $\varepsilon>0$ に対して適当な $\delta=\delta(\varepsilon)>0$ をえらんで，$0<|z-c|<\delta$ である限り（くわしくは，z が $0<|z-c|<\delta$ をみたす定義域の点である限り）つねに $|f(z)-\gamma|<\varepsilon$ となるようにできるならば，z が c に近づくとき $f(z)$ は**極限値** γ に**収束**するといい，これを記号

$$(8.1)\qquad f(z)\to\gamma\ (z\to c)\quad \text{または}\quad \lim_{z\to c} f(z)=\gamma$$

で表わす．したがって，明らさまに断ったように，$f(z)$ は c 自身で定義されている必要はなく，しかも c で定義されていたとしても極限値に対してそこでの値 $f(c)$ は関与しない．

∞ の近傍で高々 ∞ だけを除いて定義されている $f(z)$ に対しては，$z\to\infty$ のときの $f(z)$ の状態は，変換 $z=1/z'$ で生ずる z' の函数 $f(1/z')$ の $z'\to0$ のときの状態でいい表わすものと規約する．この変換で $1/\delta<|z|<\infty$ と $0<|z'|<\delta$ とが対応する．つぎに，$1/f(z)\to0$ のとき，$f(z)$ は ∞ へ**定発散**するという．$|1/f(z)|<\varepsilon$ は $|f(z)|>1/\varepsilon$ と同値である．したがって，例えば点 c ($\neq\infty$) の近傍で高々 c を除いて定義された $f(z)$ について，任意な $\varepsilon>0$ に対して適当な $\delta=\delta(\varepsilon)>0$ をえらんで，$0<|z-c|<\delta$ である限りつねに $|f(z)|>1/\varepsilon$ となるならば，

$$f(z)\to\infty\ (z\to c)\quad \text{または}\quad \lim_{z\to c} f(z)=\infty$$

と記される．$f(z)\to\infty$ ($z\to\infty$) などの意味も了解されるであろう．

複素変数の複素函数の極限については，その定義自身が実変数の実函数の場合と同じ形に与えられるばかりでなく，多くの定理もまた実函数の場合から複素函数の場合へ移される．それに関してここで二三例示しておこう．つぎの定理は，数列の極限との交渉を与えるものである:

定理 8.1. 一点 c の近傍で高々 c を除いて定義されている函数 $f(z)$ に対して，極限関係 (8.1) が成り立つために必要十分な条件は，

(8.2) $$z_n \to c \ (n \to \infty), \quad z_n \neq c$$

である定義域内の任意な点列 $\{z_n\}$ に対してつねに

(8.3) $$\lim_{n \to \infty} f(z_n) = \gamma$$

となることである．

証明. まず，c, γ がともに有限であるとする．このとき，(8.1) が成り立てば，任意な $\varepsilon > 0$ に対して $\delta = \delta(\varepsilon) > 0$ を適当にえらぶと，$0 < |z-c| < \delta$ である限り $|f(z) - \gamma| < \varepsilon$. ところで，(8.2) をみたす点列 $\{z_n\}$ に対しては，δ に対して適当な自然数 $n_0 = n_0(\delta) = n_0(\delta(\varepsilon))$ をえらぶと，$n \geqq n_0$ である限り $0 < |z_n - c| < \delta$. ゆえに，$n \geqq n_0$ である限り $|f(z_n) - \gamma| < \varepsilon$ となるが，これは (8.3) が成り立つことを示している．逆に，定理の条件がみたされているとする．そのとき，仮に (8.1) が成り立たなかったとすれば，少なくとも一つの $\varepsilon > 0$ に対してどんな $\delta > 0$ をえらんでも同時に $|f(z) - \gamma| \geqq \varepsilon$, $0 < |z-c| < \delta$ となる点 z が少なくとも一つ存在する．それに基いて，おのおのの自然数 n に対して $|f(z_n) - \gamma| \geqq \varepsilon$, $0 < |z_n - c| < 1/n$ なる点 z_n をえらべば，点列 $\{z_n\}$ が (8.2) をみたすにかかわらず (8.3) が成り立たないことになって不合理である．ゆえに，定理の条件のもとで (8.1) が成り立たねばならない．c または γ が ∞ の場合についても同様である．

つぎに，数列の極限についてのコーシーの定理 7.1 に対応する結果をあげる:

定理 8.2. $z \to c$ ($\neq \infty$) のとき，$f(z)$ が有限な極限値をもつために必要十分な条件は，任意な $\varepsilon > 0$ に対して適当な $\delta = \delta(\varepsilon) > 0$ をえらんで，$0 < |z' - c| < \delta$, $0 < |z'' - c| < \delta$ なる定義域の任意な z', z'' に対してつねに $|f(z') - f(z'')| < \varepsilon$ となるようにできることである．

証明. まず，$f(z) \to \gamma$ ($z \to c$) とすれば，定義によって適当な $\delta = \delta(\varepsilon) > 0$ をえらぶと，$0 < |z-c| < \delta$ である限り $|f(z) - \gamma| < \varepsilon/2$. ゆえに，$0 < |z' - c| < \delta$, $0 < |z'' - c| < \delta$ のとき，

$$|f(z') - f(z'')| \leqq |f(z') - \gamma| + |f(z'') - \gamma| < \varepsilon.$$

逆に，定理の条件がみたされていれば，(8.2) なるおのおのの点列 $\{z_n\}$ に対して適当な自然数 $n_0=n_0(\varepsilon)$ をえらぶとき $0<|z_n-c|<\delta$ $(n\geqq n_0)$ となるから，$|f(z_m)-f(z_n)|<\varepsilon$ $(m>n\geqq n_0)$．ゆえに，定理 7.1 によって，数列 $\{f(z_n)\}$ は有限な極限値をもつ；これを γ で表わせば，$|f(z_n)-\gamma|\leqq\varepsilon$ $(n\geqq n_0)$ である．いま，$z'_n\to c$ $(n\to\infty)$，$z'_n\neq c$ なる任意な点列 $\{z'_n\}$ を考える．すぐ上に述べたことにより数列 $\{f(z'_n)\}$ もまた有限な極限値をもち，それを γ' で表わせば，$|f(z'_n)-\gamma'|\leqq\varepsilon$ $(n\geqq n_0')$．ところで，適当な自然数 $n_0^*\geqq n_0+n_0'$ をえらべば，$n\geqq n_0^*$ のとき同時に $0<|z_n-c|<\delta$，$0<|z'_n-c|<\delta$．したがって，仮定によって $|f(z_n)-f(z'_n)|<\varepsilon$．ゆえに，$n\geqq n_0^*$ のとき，

$$|\gamma-\gamma'|\leqq|f(z_n)-\gamma|+|f(z_n)-f(z'_n)|+|f(z'_n)-\gamma'|<3\varepsilon.$$

$|\gamma-\gamma'|$ は ε に無関係であって ε は任意に 0 に近くえらべるから，$\gamma=\gamma'$ でなければならない．ゆえに，$\{f(z_n)\}$ の極限値 γ は点列 $\{z_n\}$ のえらび方に無関係に定まる．したがって，前定理によって (8.1) が成り立つ．

この定理では $c\neq\infty$ の場合を考えているが，$c=\infty$ の場合にも類似な定理が成り立つ．それには，$0<|z'-c|<\delta$, $0<|z''-c|<\delta$ をそれぞれ $1/\delta<|z'|<\infty$, $1/\delta<|z''|<\infty$ でおきかえればよい．

なお，これまでは点 c の近傍から高々 c を除いて定義さてれいる函数に対して，$z\to c$ のときのその極限値を考えてきた．しかし，一般な点集合 E 上で定義された函数に対して，E の集積点 c における極限値を考えることができる．そのためには，例えば $c\neq\infty$ とするとき，任意な $\varepsilon>0$ に対して適当な $\delta=\delta(\varepsilon)>0$ をえらんで，$0<|z-c|<\delta$，$z\in E$ である限り $|f(z)-\gamma|<\varepsilon$ となるようにできるならば，z が E に沿って c に近づくとき $f(z)$ は極限値 γ に収束すると定義するだけでよい；$c=\infty$ の場合も同様である．E に沿う極限であることを強調する必要があるときには，(8.1) の代りに

$$f(z)\to\gamma\ (z\to c,\ z\in E)\qquad\text{または}\qquad \lim_{\substack{z\to c\\ z\in E}} f(z)=\gamma$$

などと記される．これは例えば，一つの領域で定義された函数 $f(z)$ に対して，z がその境界点に近づくときの極限を考えるさいに役割を演ずる概念である．かように一般化された極限値の概念についても，上記の両定理の内容はそのま

まの形で保たれる.

極限値の計算については，実函数の場合の多くの定理が，その証明をも含めて，複素函数の場合へ移される．例えば，つぎの定理が成り立つ:

$z\to c$ のとき $f(z)\to\gamma$, $g(z)\to\gamma'$ ならば，右辺が意味をもつ限り，

$$f(z)\pm g(z)\to\gamma\pm\gamma',\qquad f(z)g(z)^{\pm1}\to\gamma\gamma'^{\pm1}.$$

つぎに，函数の連続性について説明する．ここでも実函数の場合の定義がそのままの形で移される．一般に，点集合 E で定義された函数 $f(z)$ について，E に属する E の一つの集積点 ζ において極限関係

$$(8.4)\qquad \lim_{\substack{z\to\zeta\\ z\in E}} f(z)=f(\zeta)\ (\neq\infty)$$

が成り立つならば，$f(z)$ は点 ζ において**連続**であるという．極限の定義にまでさかのぼれば，連続性をつぎのように定義することもできる：任意な $\varepsilon>0$ に対して適当な $\delta=\delta(\varepsilon)>0$ をえらんで，$|z-\zeta|<\delta, z\in E$ である限り $|f(z)-f(\zeta)|<\varepsilon$ となるようにできるならば，$f(z)$ は ζ で連続であるという；ただし，$\zeta=\infty$ の場合には $|z-\zeta|<\delta$ を $|z|>1/\delta$ でおきかえるものとする．ついでながら，ここで $0<|z-\zeta|<\delta$ あるいは $\infty>|z|>1/\delta$ の代りにそれぞれ $|z-\zeta|<\delta$ あるいは $|z|>1/\delta$ をとったが，$z=\zeta$ に対してはつねに $|f(z)-f(\zeta)|=0$ だから，ここではどちらを採用しても同値なわけである.

つぎに，$f(z)$ が集合 E のおのおのの点で連続なとき，$f(z)$ は E で**連続**であるという．ただし，E の孤立点は $f(z)$ の連続点であると規約しておくのが便利である.

$f(z)$ が E で連続ならば，おのおのの点 $\zeta\in E$ において，任意な $\varepsilon>0$ に対して適当な $\delta>0$ をえらべば，$|z-\zeta|<\delta$, $z\in E$ である限り $|f(z)-f(\zeta)|<\varepsilon$ が成り立つ；ただし，$\zeta=\infty$ のときは，ふつうのように，$|z-\zeta|<\delta$ を $|z|>1/\delta$ でおきかえる．ところで，ここに δ は ε だけでなく，一般には個々の点 ζ にも依存するであろう．そこで，さらにつぎの定義を設ける:

上記の連続性の条件において，$\varepsilon>0$ に対して個々の点 $\zeta\in E$ に無関係な $\delta=\delta(\varepsilon)>0$ をえらぶことができるとき，$f(z)$ は E で**一様に連続**であるという.
——これはさらに，つぎのように定義するのと同値である:

任意な $\varepsilon>0$ に対して適当な $\delta=\delta(\varepsilon)>0$ をえらんで，$|z'-z''|<\delta$，$z'\in E$，$z''\in E$ である限りつねに $|f(z')-f(z'')|<\varepsilon$ であるようにできるならば，$f(z)$ は E で一様に連続であるという．ただし，$z''=\infty$ のときには $|z'-z''|<\delta$ の代りに $|z'|>1/\delta$ とおくものとする．

一様に連続な函数は必然的に連続であるが，逆は必ずしも成り立たない．しかし，つぎの定理がある：

定理 8.3. 閉集合で連続な函数は，そこで一様に連続である．

証明. まず，有界な閉集合 E で連続な函数 $f(z)$ を考える．任意な $\varepsilon>0$ が指定されたとき，おのおのの $\zeta\in E$ に対して適当な $\delta_\zeta=\delta(\varepsilon,\zeta)>0$ をえらべば，$|z-\zeta|<\delta_\zeta$，$z\in E$ に対して $|f(z)-f(\zeta)|<\varepsilon/2$．ハイネ・ボレルの定理5.4によって，おのおのの $\zeta\in E$ に対応させた近傍 $|z-\zeta|<\delta_\zeta/2$ のうちから有限個をえらんで E を覆うことができる．これらの有限個の開円板の半径 $\delta_\zeta/2$ のうちで最小な値を $\delta=\delta(\varepsilon)$ で表わす．いま，$|z'-z''|<\delta$, $z'\in E$, $z''\in E$ なる任意な二点 z'，z'' を考える．z' を覆うえらばれた開円板の中心を ζ とすれば，$|z'-\zeta|<\delta_\zeta/2$．したがって，$|z''-\zeta|\leqq|z'-\zeta|+|z'-z''|<\delta_\zeta/2+\delta\leqq\delta_\zeta$．ゆえに，

$$|f(z')-f(z'')|\leqq|f(z')-f(\zeta)|+|f(z'')-f(\zeta)|<\varepsilon/2+\varepsilon/2=\varepsilon.$$

すなわち，$f(z)$ は E で一様に連続である．つぎに，閉集合 E が有界でなければ，$\infty\in E$ である．このとき，$|z'|>1/\delta_\infty$，$|z''|>1/\delta_\infty$，$z'\in E$，$z''\in E$ である限り $|f(z')-f(z'')|<\varepsilon$ となるような $\delta_\infty>0$ をもって，$|z|>1/\delta_\infty$ に属する E の部分をあらかじめ除いておけば，E が有界な場合の議論に帰着される．

つぎに，$f(z)$ の変域が特に一つの領域 D である場合を考える．$\zeta\in\partial D$ に対して $f(z)\to\gamma$ ($z\to\zeta$，$z\in D$) であるとき，γ を D の境界点 ζ における $f(z)$ の**境界値**という．

定理 8.4. 内境界点をもたない領域 D で連続な函数 $f(z)$ がおのおのの点 $\zeta\in\partial D$ で有限な境界値 $g(\zeta)$ をもつならば，

$$F(z)=f(z)\ (z\in D),\qquad F(\zeta)=g(\zeta)\ (\zeta\in\partial D)$$

で定義された函数 $F(z)$ は，$\overline{D}=D\cup\partial D$ で連続(前定理によりさらに一様に連続)である．

証明. $F(z)$ の D での連続性は仮定されている．したがって，慣用の記法を

もって，$z\in D$, $\zeta\in\partial D$, $|z-\zeta|<\delta$ のとき $|f(z)-g(\zeta)|<\varepsilon$ となることならびに個々の $\zeta\in\partial D$ に対して $\zeta'\in\partial D$, $|\zeta'-\zeta|<\delta$ のとき $|g(\zeta')-g(\zeta)|<\varepsilon$ となることを示せばよい；ただし，$\zeta=\infty$ のときは通例の修正をほどこす．ところで，前者は $g(\zeta)$ が $f(z)$ の境界値であることから明らかである．後者については，あらためて適当な $\delta=\delta(\varepsilon)>0$ をえらぶとき，$|z-\zeta|<\delta$, $z\in D$ である限り $|f(z)-g(\zeta)|<\varepsilon/2$. そのとき，$|\zeta'-\zeta|<\delta$ なるおのおのの $\zeta'\in\partial D$ に対して，円板 $|z-\zeta'|<|\delta-\zeta'-\zeta|$ は円板 $|z-\zeta|<\delta$ に含まれている．他方で，適当な正数 $\delta'<\delta-|\zeta'-\zeta|$ をえらべば，$|z-\zeta'|<\delta'$, $z\in D$ である限り $|f(z)-g(\zeta')|<\varepsilon/2$. ゆえに，かような z を仲介として考えれば，

$$|g(\zeta)-g(\zeta')|\leqq|f(z)-g(\zeta)|+|f(z)-g(\zeta')|<\varepsilon.$$

問 1. (i) γ を複素数とするとき，$f(z)\to\gamma$ $(z\to c)$ であるために必要十分な条件は，$\Re f(z)\to\Re\gamma$, $\Im f(z)\to\Im\gamma$ $(z\to c)$. (ii) $f(z)\to\infty$ $(z\to c)$ であるために必要十分な条件は，$|\Re f(z)|+|\Im f(z)|\to\infty$ $(z\to c)$. (iii) $\gamma\neq 0, \infty$ とするとき，$f(z)\to\gamma$ $(z\to c)$ であるために必要十分な条件は，$|f(z)|\to|\gamma|$, $\arg f(z)\to\arg\gamma$ $(z\to c)$.

問 2. z_0 で $f(z)$ が連続ならば，$|f(z)|$ および $f(z)^2$ も連続である．

問 3. $1/z$ は $|z|>0$ で連続だが，一様に連続ではない．　［練 2.9］

§9. 函　数　列

さきに§7で複素数列について述べたが，ここでは函数を項とするいわゆる**函数列**

$$\{f_n(z)\}_{n=1}^{\infty} \tag{9.1}$$

について考える．列を構成するおのおのの函数がすべて一つの集合 E 上で定義されているとき，函数列が E で定義されているという．

まず収束の問題であるが，E の個々の点で考える限り，$\{f_n(z)\}$ は一つの数列とみなされるにすぎないから，数列の場合とくらべて新しい事情は生じない．E のおのおのの点で収束する函数列は E で収束するという．このとき $z\in E$ での函数列の極限値を $f(z)$ で表わせば，あらためて z を E にわたる変数とみなすとき，E 上で定義された函数 $f(z)$ を得る．そして，

$$f(z)=\lim_{n\to\infty}f_n(z) \tag{9.2}$$

を与えられた函数列 (9.1) の**極限函数**という．

さて，函数列 (9.1) が E で極限函数 (9.2) に収束するならば，コーシーの定理 7.1 によって，おのおのの点 $z\in E$ で $\{f_n(z)\}$ は基本列をなす．すなわち，任意な $\varepsilon>0$ に対して適当な自然数 n_0 をえらべば，

$$|f_m(z)-f_n(z)|<\varepsilon \qquad (m>n\geqq n_0). \tag{9.3}$$

ところが，ここで ε に対してえらばれる n_0 は，一般には ε だけでなく個々の点 $z\in E$ にも依存するであろう．これについて，つぎの定義を設ける：

収束の条件 (9.3) において，n_0 を個々の $z\in E$ に無関係にえらべるとき，函数列は E で**一様に収束**するという．容易にわかるように，ここで (9.3) の代りに極限函数 $f(z)$ を用いて $|f_n(z)-f(z)|<\varepsilon$ $(n\geqq n_0)$ という条件を採用しても同じことである．特に，一つの領域 D で定義された函数列についてはそれが D のおのおのの部分閉集合で一様に収束するとき，D で**広義の一様に**収束するという．

定理 9.1. E で定義された連続函数列がそこで一様に収束すれば，極限函数は E で連続である．特に，領域 D で広義の一様に収束する連続函数の極限函数は D で連続である．

証明. E で連続な函数列 $\{f_n(z)\}$ がそこで極限函数 $f(z)$ に一様に収束しているならば，任意な $\varepsilon>0$ に対して適当な自然数 $n_0=n_0(\varepsilon)$ をえらべば，すべての $z\in E$ に対して $|f_n(z)-f(z)|<\varepsilon/3$ $(n\geqq n_0)$．いま，かような一つの n を固定すれば，任意な点 $\zeta\in E$ で $f_n(z)$ は連続だから，ε に対して適当な $\delta=\delta(\varepsilon)>0$ をえらぶとき，$|z-\zeta|<\delta$，$z\in E$ である限り $|f_n(z)-f_n(\zeta)|<\varepsilon/3$ となり，したがって

$$|f(z)-f(\zeta)|\leqq|f(z)-f_n(z)|+|f_n(z)-f_n(\zeta)|+|f_n(\zeta)-f(\zeta)|<\varepsilon.$$

ゆえに，$f(z)$ はおのおのの点 $\zeta\in E$ で連続である．つぎに，領域 D で連続函数列が広義の一様に収束している場合には，前半によって，極限函数は D のおのおのの部分閉集合で連続である．ところで，開集合としての D のおのおのの点は，そのある部分閉集合に含まれる．ゆえに，極限函数は D で連続である．

つぎに，**函数族**(函数を要素とする集合)に関するいわゆる集積原理について説明しよう．点集合に関しては，ボルツァノ・ワイエルシュトラスの定理 5.2

が示すように,(有界な)無限点集合は少なくとも一つの(有限な)集積点をもつ.この定理の内容が点集合に関する集積原理であって，しばしば有効に応用される．それでは，函数族に関して類似な原理が得られないであろうか．ところが，函数族については事情は簡単ではない．しかも実はこのゆえにこそ，函数族に関する諸定理の証明，殊に種々な存在証明にさいして，点集合の場合にくらべていちじるしい困難がともなうのである.

例えば，函数列について一様収束性を規準とするとき，一つの点集合上で一様に有界な函数列が，必ずしもそこで一様収束する部分列を含むとは限らない．これは実軸の区間 $-1\leqq\Re z\leqq1$, $\Im z=0$ 上での函数列

$$f_n(z)=\frac{nz}{1+n^2z^2}\qquad(n=1,2,\cdots)$$

によって例示される．明らかに極限函数は0であるが，$f_n(1/n)=1/2$ だから，そのいかなる部分列も $z=0$ を内部に含む範囲で一様に収束し得ない．さらに，収束部分列を全く含まない連続函数列の例も簡単につくられる．このような事情に基いて，函数族についての集積原理をみちびくためには，函数族に対してある種の制限をおかねばならない．

一般に，一つの集合 E で定義された函数族 $\mathfrak{F}=\{f(z)\}$ において，$|f(z)|\leqq M$ $(z\in E)$ がすべての $f(z)\in\mathfrak{F}$ に対して成り立つような定数 M が存在するならば，$\mathfrak{F}$ は E で**一様に有界**であるという．他方において，E が ∞ を含まないとき，個々の $f(z)\in\mathfrak{F}$ が E で一様に連続ならば，任意な $\varepsilon>0$ に対して適当な $\delta=\delta(\varepsilon)>0$ をえらぶとき，$|z-z'|<\delta$, $z\in E$, $z'\in E$ である限り $|f(z)-f(z')|<\varepsilon$. しかしここに，与えられた ε に対してえらばれる δ は，ε だけでなく一般には $\mathfrak{F}$ の個々の函数 $f(z)$ にも依存するであろう．もし特に個々の $f(z)\in\mathfrak{F}$ に無関係な δ をえらぶことができるならば，函数族 $\mathfrak{F}$ は E で**同程度に連続**であるという.

つぎのいわゆる**アルゼラ・アスコリの選択定理**は，解析学において広く応用される一つの**集積原理**である:

定理 9.2. 有界な集合 E において一様に有界で同程度に連続な函数族 $\mathfrak{F}$ に属する任意な可付番無限列 $\{f_n(z)\}$ は，つねに E で一様に収束する部分列を含む.

証明. E でいたるところ稠密な一つの可付番点集合 $\{z_\nu\}$ をとる．一様有界性の仮定に基いて，数列 $\{f_n(z_1)\}$ は定理 5.2 により収束部分列 $\{f_{1n}(z_1)\}$ を

含む; すなわち，函数列 $\{f_n(z)\}$ は点 z_1 で収束する部分列 $\{f_{1n}(z)\}$ を含む. 帰納的に，$z_1, \cdots, z_\nu$ で収束する列 $\{f_{\nu n}(z)\}$ が得られたならば，ふたたび定理 5.2 によりこれは点 $z_{\nu+1}$ で収束する部分列 $\{f_{\nu+1,n}(z)\}$ を含む. かようにして得られる函数列の列

$$\{f_{\nu n}(z)\}_{n=1}^{\infty} \qquad (\nu=1, 2, \cdots)$$

は，おのおのの ν に対して点 $z_1, \cdots, z_\nu$ で収束し，しかも $\nu>1$ に対して前者の部分となっている. したがって，対角列

$$\{f_{nn}(z)\}_{n=1}^{\infty}$$

をとれば，これは集合 $\{z_\nu\}$ のすべての点で収束する. 他方において，$\mathfrak{F}$ は E で同程度に連続だから，任意な $\varepsilon>0$ に対して適当な $\delta=\delta(\varepsilon)>0$ をえらべば，E の任意な二点 z, z' に対して $|z-z'|<\delta$ である限り，すべての $f(z)\in\mathfrak{F}$ に対して $|f(z)-f(z')|<\varepsilon/3$. ところで，$\{z_\nu\}$ は E でいたるところ稠密だから，ハイネ・ボレルの被覆定理 5.4 により，δ に対して適当な自然数 $\nu_0=\nu_0(\delta)$ をえらんで，有界な集合 E のおのおのの点 z が ν_0 個の点 $\{z_\nu\}_{\nu=1}^{\nu_0}$ の少なくとも一つの δ 近傍にあるようにできる. いいかえれば，おのおのの点 $z\in E$ に対して，$1\leqq\nu(z)\leqq\nu_0$，$|z-z_{\nu(z)}|<\delta$ となる自然数 $\nu(z)$ が存在するようにできる. 同程度連続性に基いて，任意な $z\in E$ とすべての自然数 m, n について

$$|f_{mm}(z)-f_{mm}(z_{\nu(z)})|<\frac{\varepsilon}{3}, \qquad |f_{nn}(z)-f_{nn}(z_{\nu(z)})|<\frac{\varepsilon}{3}.$$

また，z_ν は $\{f_{nn}(z)\}$ の収束点だから，ε に対して適当な $n_0=n_0(\varepsilon)$ をえらべば，$m>n\geqq n_0$ である限り

$$|f_{mm}(z_\nu)-f_{nn}(z_\nu)|<\frac{\varepsilon}{3} \qquad (1\leqq\nu\leqq\nu_0).$$

したがって，任意な $z\in E$ に対して $m>n\geqq n_0$ である限り

$$|f_{mm}(z)-f_{nn}(z)|<\varepsilon$$

となるが，これは $\{f_n(z)\}$ の部分列 $\{f_{nn}(z)\}$ が E で一様に収束することを示している.

函数項の無限級数および無限乗積は，定数項の場合の数列に対すると同様に，函数列の特殊な形式とみなされる. 例えば，E で定義された函数 $f_n(z)$ を項とする無限級数

$$\sum_{n=1}^{\infty} f_n(z) = f_1(z) + f_2(z) + \cdots \tag{9.3}$$

に対しては，その部分和から成る函数列

$$\{s_n(z)\}; \qquad s_n(z) = \sum_{\nu=1}^{n} f_\nu(z) \qquad (n=1, 2, \cdots) \tag{9.4}$$

を考える．そして，無限級数 (9.3) の収束の様相は，部分和の列 (9.4) の対応する様相によって表現されるものとする．特に，(9.4) したがって (9.3) が収束するときには，(9.4) の極限函数を (9.3) の**和**という．この規約に基いて，函数列についての諸定理は無限級数の場合へ移される．

なお，函数項の無限級数の一様収束性に対する一つの十分条件を与えるものとして，ワイエルシュトラスの M 判定法がある．一般に，一点 z において，あるいは一つの集合 E のおのおのの点 z において，負でない実数値をとる函数 $M_n(z)$ をもって

$$|f_n(z)| \leqq M_n(z) \qquad (n=1, 2, \cdots) \tag{9.5}$$

が成り立つとき，$\sum M_n(z)$ はそれぞれ z においてあるいは E において (9.3) の**優級数**であるという．このとき $\boldsymbol{M}$ **判定法**はつぎのように述べられる：

定理 9.3. E で一様に収束する優級数をもつ無限級数は，E で一様に収束する．特に，定数項の収束優級数をもつ無限級数は一様に収束する．

証明． $\sum f_n(z)$ の優級数 $\sum M_n(z)$ が E で一様に収束しているとすれば，一般な不等式

$$\left|\sum_{\nu=n+1}^{m} f_\nu(z)\right| \leqq \sum_{\nu=n+1}^{m} |f_\nu(z)| \leqq \sum_{\nu=n+1}^{m} M_\nu(z)$$

に注意するだけでよい．また，定数項の級数では，一様収束は収束と同意義である．なお，ここで $\sum f_n(z)$ がさらに絶対収束することも明らかであろう．

無限乗積について，定理 9.3 に対応する定理を例示すれば，つぎのようになる：

定理 9.4. 集合 E で定義された函数列 $\{f_n(z)\}$ に対して，E 上で (9.5) が成り立ちしかも $\sum M_n(z)$ が一様に収束するならば，無限乗積 $\Pi(1+f_n(z))$ は E で一様に収束する．

証明． 仮定によって，$n \to \infty$ のとき，$M_n(z)$ は一様に 0 に近づき，したがっ

て $f_n(z)$ も一様に0に近づくから，ほとんどすべての n に対して $1+f_n(z)\neq 0$ である．ところで，仮定 (9.5) によって，$m>n$ のとき，

$$\left|\prod_{\nu=1}^{m}(1+f_\nu(z))-\prod_{\nu=1}^{n}(1+f_\nu(z))\right|=\left|\prod_{\nu=1}^{n}(1+f_\nu(z))\right|\left|\prod_{\nu=n+1}^{m}(1+f_\nu(z))-1\right|$$

$$\leqq\prod_{\nu=1}^{n}(1+M_\nu(z))\left(\prod_{\nu=n+1}^{m}(1+M_\nu(z))-1\right)$$

$$\leqq\exp\sum_{\nu=1}^{n}M_\nu(z)\cdot\left(\exp\sum_{\nu=n+1}^{m}M_\nu(z)-1\right).$$

ふたたび $\sum M_n(z)$ の一様収束性に基いて，m, n が大きくなるとき，最後の辺は一様に0に近くなる．これから，定理の結論が得られる．なお，問題の無限乗積が絶対収束することも明らかであろう．

問 1. 函数列 $\{(1+nz)^{-1}\}$ は $|z|>0$ で広義の一様に収束する．さらに，$z=0$ でも収束するが，その近傍での収束は一様ではない．

問 2. 有界な集合 E で同程度に連続な函数族 $\mathfrak{F}$ が一点 $z_0\in E$ で有界ならば，$\mathfrak{F}$ は E で一様に有界である．

問 3. 集合 E で定義された函数列 $\{f_n(z)\}$，$\{g_n(z)\}$ について，$s_n(z)=\sum_{\nu=1}^{n}f_\nu(z)$ とおくとき，函数列 $\{s_n(z)g_{n+1}(z)\}$ および級数 $\sum s_n(z)(g_n(z)-g_{n+1}(z))$ が E で一様に収束するならば，級数 $\sum f_n(z)g_n(z)$ も E で一様に収束する．　［例題3］

問 4. 領域 D で定義された函数 $f(z)$, $g(z)$ に対して，$F(z)=f(z)-(f(z)-g(z))(1/2+\sum_{n=1}^{\infty}(z^n/(1+z^n)-z^{n-1}/(1+z^{n-1})))$ とおけば，右辺の無限級数は $|z|\neq 1$ で広義の一様に収束し，$|z|<1$，$|z|>1$ に含まれる D の部分でそれぞれ $F(z)=f(z)$，$F(z)=g(z)$．（ただし，$z^0\equiv 1$ と解する．）

§10. 冪　級　数

函数項の級数のうちで，とくに

$$(10.1)\qquad P_c:\qquad \sum_{n=0}^{\infty}c_n(z-c)^n$$

という形のものを**冪級数**，$\{c_n\}_{n=0}^{\infty}$ をその**係数列**，c を**中心**という．冪級数では $(z-c)^0$ はつねに――特に $z=c$ であっても――1に等しいと規約する．この形の級数によって表わされる函数が，函数論においていかに重要な地位を占めるかについては，後節(§20)で明らかとなるであろう．

まず，冪級数の収束範囲の問題であるが，もし (10.1) が集合 E 上で収束す

るならば，そこで特に $c=0$ とおいて得られる級数

$$(10.2)\qquad P_0:\qquad \sum_{n=0}^{\infty} c_n z^n$$

は E を $-c$ だけ移動することによって得られる集合上で収束し，その逆も成り立つ．ゆえに，(10.2) の形の冪級数について論ずれば十分であろう．P_0 のおのおのの項 $c_n z^n$ ($n=0, 1, \cdots$) は $|z|<\infty$ で連続な函数である．ゆえに，定理 9.1 により，P_0 が広義の一様に収束する領域でそれは連続函数を表わす．

さて，冪級数 P_0: $\sum c_n z^n$ は原点ではつねに収束する．じっさい，$z=0$ では初項が c_0 であって次項以下がことごとく 0 に等しい．(実質上は有限級数!) そこで，P_0 が一点 z_0 ($\neq 0$) で収束する場合を考える．このとき，P_0 は $|z|<|z_0|$ なるすべての z で収束することが示される．したがって，P_0 が z_1 で発散するならば，$|z|>|z_1|$ なるすべての z で発散する．この事実に基いて，P_0 が $|z|<r$ で収束するという性質をもつ正数 r の上限を R で表わせば，P_0 は $|z|<R$ で収束し，$|z|>R$ で発散する．$R=\infty$ の場合には，すべての有限点で収束するわけである．そこであらためて，原点でだけ収束する場合に $R=0$ と規約すれば，おのおのの冪級数に対して $0\leqq R\leqq\infty$ なる R が一意的に確定する．この R を冪級数 P_0 の**収束半径**，$|z|<R$ をその**収束円**という；$R=0$ のとき，収束円は空である．

そこで，収束半径を定義するための根拠とした事実を証明しよう．ここでは，それよりもさらにくわしく，収束半径を係数列から定めるための**コーシー・アダマールの公式**を含むつぎの定理をあげる：

定理 10.1. 冪級数 P_0: $\sum c_n z^n$ の収束半径は

$$(10.3)\qquad R=1\Big/\varlimsup_{n\to\infty}\sqrt[n]{|c_n|}$$

で与えられる；ただし，$1/\infty=0$, $1/0=\infty$ と規約する．いいかえれば，この式で与えられる R が 0 ならば，P_0 は原点以外では収束せず，もし $R=\infty$ ならば，それはすべての有限点で収束し，もし $0<R<\infty$ ならばそれは $|z|<R$ および $|z|>R$ でそれぞれ収束および発散する．しかも，$R>0$ の場合には，P_0 は $|z|<R$ で広義の一様に絶対収束する．

証明. まず，(10.3) で定められた R が 0 に等しいとすれば，任意な $z_1\neq 0$

に対して

$$\overline{\lim_{n\to\infty}}\sqrt[n]{|c_n z_1{}^n|}=|z_1|\overline{\lim_{n\to\infty}}\sqrt[n]{|c_n|}=\infty.$$

したがって，無限に多くの n に対して $|c_n z_1{}^n|>1$ となり，P_0 は z_1 で発散する．つぎに，$R=\infty$ とすれば，任意な正数 r をもって $|z|\leqq r$ において

$$\overline{\lim_{n\to\infty}}\sqrt[n]{|c_n z^n|}=|z|\overline{\lim_{n\to\infty}}\sqrt[n]{|c_n|}=0.$$

したがって，ある n_0 に対して $|c_n z^n|<1/2^n$ $(n\geqq n_0)$．しかも，ここで r を固定すれば，$|z|\leqq r$ なる個々の z に無関係に n_0 をえらべるから，P_0 は $|z|\leqq r$ で一様に絶対収束する．r は任意だから，P_0 は $|z|<\infty$ で広義の一様に絶対収束する．最後に，$0<R<\infty$ とすれば，$0<r<R$ なる任意な r をもって $|z|\leqq r$ において $\overline{\lim}\sqrt[n]{|c_n z^n|}\leqq r/R$．したがって，殆んどすべての n に対して $|c_n z^n|\leqq(r'/R)^n$ $(r<r'<R)$ が z について一様に成り立つ．ゆえに，P_0 は $|z|\leqq r$ で一様に絶対収束する．r は R に任意に近くとれるから，P_0 は $|z|<R$ で広義の一様に絶対収束する．他方において，$|z_1|>R$ とすれば，$\overline{\lim}\sqrt[n]{|c_n z_1{}^n|}=|z_1|/R>1$．ゆえに，無限に多くの n に対して $|c_n z_1{}^n|>1$ となり，P_0 は z_1 で発散する．

つぎの**ダランベルの公式**は，コーシー・アダマールの公式のように万能ではないが，実用上しばしば有効である:

定理 10.2. 冪級数 P_0: $\sum c_n z^n$ の収束半径を R とすれば，右辺の極限が存在する限り，

$$R=\lim_{n\to\infty}\left|\frac{c_n}{c_{n+1}}\right|. \tag{10.4}$$

証明. $z\neq0$ に対して

$$\lim_{n\to\infty}\left|\frac{c_{n+1}z^{n+1}}{c_n z^n}\right|=|z|\lim_{n\to\infty}\left|\frac{c_{n+1}}{c_n}\right|=\frac{|z|}{R}. \tag{10.5}$$

まず，$|z|<R$ とし，$|z|/R<k<1$ なる k をとる．適当な番号 N をえらべば，(10.5) によって，$n\geqq N$ である限り

$$\left|\frac{c_{n+1}z^{n+1}}{c_n z^n}\right|\leqq k \quad \text{すなわち} \quad |c_{n+1}z^{n+1}|\leqq k|c_n z^n|;$$

$$|c_n z^n|\leqq k^{n-N}|c_N z^N|.$$

$0<k<1$ だから，$\sum c_n z^n$ は(絶対)収束する．つぎに，$|z|>R$ とすれば，ふたたび (10.5) によって，殆んどすべての n に対して $|c_{n+1}z^{n+1}|>|c_n z^n|$. ゆえに，このとき $\sum c_n z^n$ は発散する．

上に証明した定理 10.1 によって，冪級数 P_c のすべての収束点から成る集合 E の開核 E° (E の内部)としてのその収束領域は，円板 $|z-c|<R$ である；ただし，$R=0$ のとき，これは空である．しかし，E の境界である収束円周 ∂E: $|z-c|=R$ 上での冪級数の収束についての性状は，個々の場合に応じて多様である．

例えば，三つの冪級数

$$(10.6)\qquad \text{(i)}\ \sum_{n=0}^{\infty} z^n,\qquad \text{(ii)}\ \sum_{n=1}^{\infty}\frac{z^n}{n^2},\qquad \text{(iii)}\ \sum_{n=1}^{\infty}\frac{z^n}{n}$$

は共通な収束半径 $R=1$ をもつ．(i) は $|z|=1$ 上のすべての点で発散するが，(ii) は $|z|=1$ 上で一様に絶対収束する．(iii) は $|z|=1$ 上のどの点でも絶対収束しない．特に $z=1$ では発散するが，$z=-1$ では収束する．

すでに注意したように，冪級数はその収束円内では一つの連続な函数を表わす．例えば，(10.6) の第一の級数については，簡単な計算によって

$$(10.7)\qquad \sum_{n=0}^{\infty} z^n=\frac{1}{1-z}\qquad (|z|<1).$$

また，冪級数はその収束円内で絶対収束するから，定理 7.2 に基いて，二つの冪級数の収束円に共通な部分でそれらのコーシーの乗積級数をつくることができる．例えば，(10.7) とそれ自身との乗積をつくれば，

$$(10.8)\qquad \sum_{n=0}^{\infty}(n+1)z^n=\frac{1}{(1-z)^2}\qquad (|z|<1);$$

もっとも，この結果は直接にも容易にたしかめられる．

さて，実変数 x の区間 $-R<x<R$ $(0<R\leqq\infty)$ (および時にはそのいずれかの端点)において(のみ)収束する冪級数で定義された函数

$$(10.9)\qquad f(x)=\sum_{n=0}^{\infty} c_n x^n$$

があるとき，右辺の x を複素変数 $z=x+iy$ でおきかえることによって得られる冪級数の収束半径は R に等しい(収束半径は係数列によって確定する!)．それに基いて，実変数の函数 (10.9) を複素変数の場合へ拡張するにあたっては，

$$(10.10)\qquad f(z)=\sum_{n=0}^{\infty} c_n z^n$$

と定義するのが至当であろう．そして，この方法がかような拡張にさいしての指導原理を与えるもので，その内面的な意義については後におのずから明らかとなるであろう．

問 1. 冪級数 $\sum c_n z^n$ の部分和の列が z_0 で有界ならば，その収束半径は少なくとも $|z_0|$.

問 2. 冪級数 $\sum c_n z^n$ において，(i) $c_n=n^n$; (ii) $c_n=n^{\sqrt{n}}$; (iii) $c_n=n!/n^n$ のとき，収束半径を求めよ． ［例題 1］

問 3. $|z-z_0|/|\zeta-z_0|<1$ のとき，$\sum_{n=0}^{\infty}(z-z_0)^n/(\zeta-z_0)^{n+1}=1/(\zeta-z)$. しかも，$0\leqq k<1$ とするとき，与えられた z_0, z に対して，左辺の級数は $|z-z_0|/|\zeta-z_0|\leqq k$ なる ζ について一様に収束する．

§11. 指数函数，三角函数

実変数の指数函数 e^x の冪級数展開は，よく知られている通りである．前節末に述べた方法にしたがってこれを複素変数の場合へ拡張すれば，複素変数の**指数函数**

(11.1)
$$e^z\equiv\exp z=\sum_{n=0}^{\infty}\frac{z^n}{n!}$$

が定義される．定理 10.2 によれば，右辺の級数の収束半径は ∞ に等しい．

任意な z_1, z_2 に対して，e^{z_1} と e^{z_2} との級数からそれらの乗積級数をつくることによって，

$$e^{z_1}e^{z_2}=\sum_{\mu=0}^{\infty}\frac{z_1{}^{\mu}}{\mu!}\sum_{\nu=0}^{\infty}\frac{z_2{}^{\nu}}{\nu!}=\sum_{n=0}^{\infty}\sum_{\nu=0}^{n}\frac{z_1{}^{n-\nu}z_2{}^{\nu}}{(n-\nu)!\,\nu!}=\sum_{n=0}^{\infty}\frac{(z_1+z_2)^n}{n!}.$$

したがって，指数函数の**加法公式**を得る：

(11.2)
$$e^{z_1+z_2}=e^{z_1}e^{z_2}.$$

加法公式によって，$1=e^0=e^z e^{-z}$ となるから，e^z は $|z|<\infty$ において決して 0 という値をとらない．

つぎに，**余弦函数**，**正弦函数**をそれぞれ

(11.3)
$$\cos z=\sum_{n=0}^{\infty}(-1)^n\frac{z^{2n}}{(2n)!},\qquad \sin z=\sum_{n=0}^{\infty}(-1)^n\frac{z^{2n+1}}{(2n+1)!}$$

によって定義する．これらの右辺の収束半径もまたいずれも ∞ である．これらの函数の定義の式を指数函数の定義の式と比較することによって，いわゆる**オイレルの関係**を得る：

(11.4)
$$e^{iz}=\cos z+i\sin z.$$

ここで特に z が実数値に等しい場合には，すでに（3.5）にあげた方向因子に対する表示となる．定義から明らかに，余弦函数，正弦函数はそれぞれ偶函数，奇函数である:

$$\cos(-z)=\cos z, \qquad \sin(-z)=-\sin z.$$

したがって，（11.4）で z の代りに $-z$ とおくことによって得られる関係 $e^{-iz}=\cos z-i\sin z$ を（11.4）自身と比較することにより，

$$(11.5) \qquad \cos z=\frac{1}{2}(e^{iz}+e^{-iz}), \qquad \sin z=\frac{1}{2i}(e^{iz}-e^{-iz})$$

なる恒等関係を得る．これらの関係と指数函数の加法公式（11.2）から，余弦函数と正弦函数の加法公式ならびにそれから派生する実変数の場合によく知られた諸公式がみちびかれる．ちなみに，残りの**三角函数**は

$$\tan z=\frac{\sin z}{\cos z}, \quad \cot z=\frac{\cos z}{\sin z}, \quad \sec z=\frac{1}{\cos z}, \quad \operatorname{cosec} z=\frac{1}{\sin z}$$

によって定義される．

ついでながら，三角函数とならんで，**双曲線函数**

$$(11.6) \qquad \cosh z=\frac{1}{2}(e^{z}+e^{-z}), \quad \sinh z=\frac{1}{2}(e^{z}-e^{-z}) \qquad \text{etc.}$$

が導入される．これらと三角函数との関係は

$$(11.7) \qquad \cosh z=\cos iz, \qquad \sinh z=-i\sin iz \qquad \text{etc.}$$

つぎに，指数函数の周期性について説明しておこう．オイレルの関係(11.4)から(あるいはすでに（3.5）にあげたオイレルの等式から)

$$e^{2\pi i}=\cos 2\pi+i\sin 2\pi=1$$

となり，したがって加法定理（11.2）から

$$(11.8) \qquad e^{z+2\pi i}=e^{z}.$$

ゆえに，指数函数 e^z は**周期** $2\pi i$ をもっている．一般に，ω ($\neq 0$) を周期とする函数に対して，$n>1$ を自然数として ω/n という周期が存在しないとき，ω を**基本周期**という．周期はつねに符号だけ相反するものが対として現われるから，基本周期についてもその一方だけを考えればよい．このとき，ただ一つの基本周期をもつ函数を**単周期函数**という．

e^z が $2\pi i$（と $-2\pi i$ との組)を基本周期とする単周期函数であることを示す

ために，その任意な一つの周期を $\omega=a+ib$ とする．$e^{z+\omega}=e^z$ から $e^\omega=1$ を得る．したがって，$1=|e^\omega|=|e^{a+ib}|=e^a$ となるが，a はもちろん実数だから，$a=0$ でなければならない．また，$e^\omega=1$ から $0\equiv\arg e^\omega\equiv b\ (\mathrm{mod}\ 2\pi)$ となるから，b は 2π の整数倍でなければならない．したがって，$2\pi i$ が e^z の基本周期である．

最後に，幾何学的な観点から，指数函数

$$w=e^z \tag{11.9}$$

による写像についてしらべてみよう．e^z は周期 $2\pi i$ をもつから，e^z がとり得る値は，実軸に平行な幅 2π の半閉の帯状領域としての基本周期領域，例えば

$$0\leqq\Im z<2\pi \tag{11.10}$$

ですでにことごとくとられる．しかも，この帯状領域の相異なる点で e^z が同じ値をとることはない；すなわち，e^z は (11.10) で単葉である．じっさい，(11.10) に属する二点 z_1, z_2 に対して $e^{z_1}=e^{z_2}$ であったとすれば，z_1-z_2 は e^z の周期として $2\pi i$ の整数倍に等しくなければならぬが，$|\Im z_1-\Im z_2|<2\pi$ だから，実は $z_1=z_2$ である．すでにみたように，e^z は零とならない函数である．ところが，e^z は (11.10) で 0 以外のすべての有限な値を(ちょうど一回ずつ)とる．それを示すために，一般に (11.9) で

$$z=x+iy,\qquad w=Re^{i\Theta}$$

とおいて両辺の絶対値と方向因子とを比較すれば，$R=e^x$ および $e^{i\Theta}=e^{iy}$ を得る．したがって，任意な有限値 $w=Re^{i\Theta}$ $(\neq 0)$ に対して (11.9) をみたす $z=x+iy$ の値は一般に

$$x=\log R,\qquad y\equiv\Theta\quad(\mathrm{mod}\ 2\pi) \tag{11.11}$$

で与えられる．そして，これらのうちでちょうど一つの値が帯状領域 (11.10) に含まれている．

この関係 (11.11) あるいはむしろその逆関係 $R=e^x, \Theta\equiv y\ (\mathrm{mod}\ 2\pi)$ からわかるように，z 平面上の直線 $-\infty<x<+\infty$, $y=y_0$ には w 平面上で半直線 $0<R<\infty$, $\Theta=y_0$ が対応し，z 平面上の線分 $x=x_0$, $0\leqq y<2\pi$ には w 平面上で円周 $R=e^{x_0}$, $0\leqq\Theta<2\pi$ が対応する．ゆえに，z 平面上の帯状領域 $-\infty<x<+\infty$, $y_0<y<y_1$ $(0\leqq y_0<y_1<2\pi)$ には w 平面上で角領域 $0<R<\infty$, y_0

$<\Theta<y_1$ が対応する．特に，帯状領域 $0<\Im z<\pi$ の像は上半面 $\Im w>0$ であり，帯状領域 $0<\Im z<2\pi$ の像は w 平面から実軸上の半直線 $\Im w=0,\ 0\leqq\Re w\leqq+\infty$ を除くことによって得られるいわゆる截線平面である．

z を基本領域 (11.10) に限定しない場合の写像 (11.9) についてしらべるために，z 平面上の実軸に平行な(半閉の)帯状領域

$$0\leqq\Im z<h \qquad (0<h<+\infty) \tag{11.12}$$

を考える．h を媒介変数とみなせば，$0<h\leqq 2\pi$ のときは，上に見たように，これは角領域 $0\leqq\arg w<h$ と一対一に対応する．h がさらに増加して $2\pi<h\leqq 4\pi$ の範囲にあるときは，$2\pi<\Im z<h$ の像としての $2\pi<\arg w<h$（すなわち $0<\arg w<h-2\pi$）の部分が二重に覆われる．そこで，この場合にも対応の一対一性を保たせるために，$0\leqq\Im z<h$ の像 $0\leqq\arg w<h$ を単なる w 平面上で考える代りに，つぎのような特殊な構造をもつ面を導入する．すなわち，$0\leqq\Im z<2\pi$ の像としての全 w 平面から二点 $0,\ \infty$ を除いて得られる面分 $0\leqq\arg w<2\pi$ を $\Pi=\Pi_0$ で表わし，これを一つの**葉**と呼ぶ．さらに，Π と合同な一葉 Π_1 をとり，$\Pi_0,\ \Pi_1$ を正の実軸に沿って切ることによって得られる**截線平面**をそれぞれ $\Pi_0',\ \Pi_1'$ で表わす．Π_0' の截線下岸と Π_1' の截線上岸とを，座標の同じ点で連結する．それによって得られる二葉の面 $\Pi_0+\Pi_1$ 上で考えれば，$2\pi<h\leqq 4\pi$ なる h に対する帯状領域 (11.12) の一対一の像がつくられる．$z_1=z_0+2\pi i$ なる関係にある二点 $z_0,\ z_1$ の像 $w_0,\ w_1$ は，w 平面上では同じ点となるが，この二葉の面上では $w_0\in\Pi_0,\ w_1\in\Pi_1$ と考えることにより相異なる点とみなされる；これらは射影が一致するだけである．以下同様にして，$2\nu\pi\leqq\Im z<2(\nu+1)\pi$ $(\nu=0,1,2,\cdots)$ の像としての葉 Π_ν をとり，Π と合同なおのおのの Π_ν を正の実軸に沿って切ることによって Π_ν' をつくり，順次に Π_ν' の截線下岸と $\Pi_{\nu+1}'$ の截線上岸とを連結する．それによって，上半面 $0\leqq\Im z$ と一対一に対応する面が得られる．同様に，$2\nu\pi\leqq\Im z<2(\nu+1)\pi$ $(\nu$

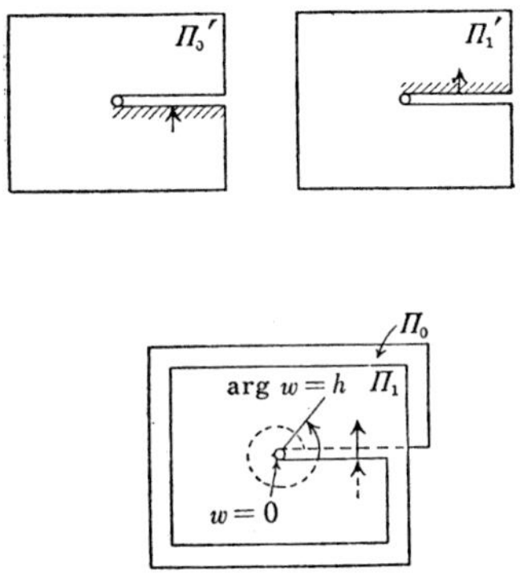

図　7

$=-1,-2,\cdots$)の像として葉 Π_ν から Π_ν' をつくり，順次に Π_ν' の截線上岸と $\Pi_{\nu-1}'$ の截線下岸とを連結することによって，下半面 $\Im z<0$ と一対一に対応する面が得られる．さらに，Π_0' の截線上岸と Π_{-1}' の截線下岸を連結すれば，写像 (11.9) によって $|z|<\infty$ と一対一に対応する面 Φ が得られる．面 Φ を写像 (11.9) による $|z|<\infty$ の像としての**リーマン面**という．$w=0$ のまわりで両側へ無限に多くの葉が渦状に連結されている．この渦心 $w=0$ をリーマン面 Φ の**分岐点**という．同じ理由によって，$w=\infty$ もまた Φ の分岐点である．

問 1.
$$\cos(z_1+z_2)=\cos z_1\cos z_2-\sin z_1\sin z_2,$$
$$\sin(z_1+z_2)=\sin z_1\cos z_2+\cos z_1\sin z_2.$$
［例題1］

問 2.
$$\cos(x+iy)=\cos x\cosh y-i\sin x\sinh y,$$
$$\sin(x+iy)=\sin x\cosh y+i\cos x\sinh y.$$

問 3. $\cos z$, $\sin z$ はいずれも 2π を基本周期とする単周期函数である． ［例題3］

問 4. $\tan z$ は π を基本周期とする単周期函数である．

§12. 一次函数

a, b, c, d を定数として

$$w=l(z)\equiv\frac{az+b}{cz+d} \qquad (ad-bc\neq 0) \tag{12.1}$$

という形の函数を**一次函数**という．ここに付帯条件 $ad-bc\neq 0$ は，$w\equiv\text{const}$ となる退化の場合を除外するためのものである．一次函数は，それ自身としてはきわめて単純なものだが，一般論への補助手段としてしばしば有効に利用されるという意味で重要である．ここで主として写像の観点から，一次函数によるいわゆる**一次変換**についてしらべよう．ちなみに，一次変換は**メービウスの変換**ともいわれる．

まず，$c=0$ ならば，付帯条件 $ad-bc\neq 0$ に基いて $a\neq 0$, $d\neq 0$ であって，(12.1) は

$$w=\frac{a}{d}z+\frac{b}{d} \qquad \left(\frac{a}{d}\neq 0\right)$$

となる．つぎに，$c\neq 0$ ならば，(12.1) は

$$w=\frac{(bc-ad)/c^2}{z+d/c}+\frac{a}{c}$$

という形に書きなおされる．いずれにしても，一般な一次変換 (12.1) は三つの特殊な型の一次変換

(12.2) $$w=z+\beta,\quad w=\alpha z\ (\alpha\neq 0),\quad w=\frac{1}{z}$$

から合成される．幾何学的には，$w=z+\beta$ は β だけの平行移動を表わし，$w=\alpha z$ は原点を中心とする $|\alpha|$ 倍の伸縮に引き続く $\arg\alpha$ だけの回転を表わし，$w=1/z$ は単位円周に関する反転に引き続く実軸に関する反転を与える．

さて，(12.1) の逆函数はやはり一次変換であって，

(12.3) $$z=l^{-1}(w)\equiv\frac{dw-b}{-cw+a}\qquad (da-(-b)(-c)\neq 0)$$

となる．したがって，一次函数は全複素平面で単葉である．特に，$z=-d/c$, $z=\infty$ がそれぞれ $w=\infty$, $w=a/c$ に対応する．つぎに，(12.1) のほかにもう一つの一次変換

(12.4) $$l_1(z)=\frac{a_1z+b_1}{c_1z+d_1}\qquad (a_1d_1-b_1c_1\neq 0)$$

が与えられたとき，(12.1) と (12.4) を結合することによって得られる函数

$$l_1\circ l(z)\equiv l_1(l(z))=\frac{a_1l(z)+b_1}{c_1l(z)+d_1}=\frac{(aa_1+cb_1)z+(ba_1+db_1)}{(ac_1+cd_1)z+(bc_1+dd_1)}$$

はふたたび一次函数であって，その係数行列式は

$$(aa_1+cb_1)(bc_1+dd_1)-(ba_1+db_1)(ac_1+cd_1)=(a_1d_1-b_1c_1)(ad-bc)\neq 0$$

となる．ゆえに，(12.1) の形の一次変換 $l(z)$ の全体は，上記の結合に関して**群**をなす．これは，係数行列

$$\begin{pmatrix} a & b \\ c & d \end{pmatrix}\qquad (ad-bc\neq 0)$$

がふつうの乗法に関してつくる群と同型である．

z 平面の相異なる四点 z_j ($j=1,2,3,4$) の変換 (12.1) による像点を $w_j=l(z_j)$ で表わせば，

$$w_j-w_k=\frac{az_j+b}{cz_j+d}-\frac{az_k+b}{cz_k+d}=\frac{(ad-bc)(z_j-z_k)}{(cz_j+d)(cz_k+d)}.$$

これから容易に**非調和比の不変性**

(12.5) $$(w_1,w_2,w_3,w_4)=(z_1,z_2,z_3,z_4)$$

がみちびかれる．$z_1, \cdots, w_4$ のうちのあるものが ∞ の場合には，それが ∞ に近づいたときの極限と解すれば，(12.5) はそのまま成り立つ．一次変換(12.1)は四つの定数 a, b, c, d を含むが，それらの比だけが本質的である．そして，実は相異なる三点 z_j ($j=1, 2, 3$) の相異なる像点 $w_j=l(z_j)$ を(任意に)指定することによって $w=l(z)$ は完全に決定され，しかも上記の性質によりそれはつぎの関係で与えられる:

$$(w_1, w_2, w_3, w) = (z_1, z_2, z_3, z). \tag{12.6}$$

(12.2) のおのおのについて容易にたしかめられるように，一次変換によって円周は円周にうつされる；ただし，直線は ∞ を通る円周とみなされる．この性質を一次変換の**円々対応性**という．一般に，中心 O，半径 r の円(円周)を κ とする．点 O を通る同じ半直線上にある二点 P, Q に対して $\overline{\mathrm{OP}}\cdot\overline{\mathrm{OQ}}=r^2$ となっているとき，P と Q は κ に関して鏡像の位置にある，あるいは互に他の**鏡像**であるという．中心 O の κ に関する鏡像は無限遠点であると規約する．また，直線は半径が ∞ の円とみなされるが，直線 λ に関して対称な二点を λ に関して鏡像の位置にあるという．

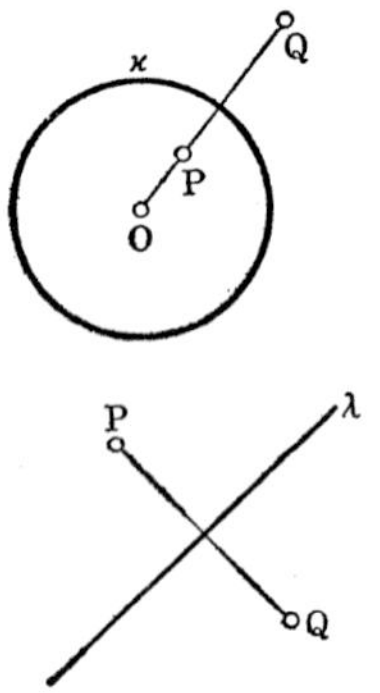

図 8

二点 p, q が円 $|z-z_0|=r$ に関して鏡像の位置にあることは，

$$(p-z_0)(\bar{q}-\bar{z}_0)=r^2$$

で表わされる．したがって，$p=z_0+\rho e^{it}$ とおけば，$q=z_0+(r^2/\rho)e^{it}$ である．鏡像の定義からただちに，円 $|z-z_0|=r$ は p, q からの距離の比が $(r-\rho):(r^2/\rho-r)$ すなわち $\rho:r$ に等しい点の軌跡としてのアポロニウスの円として

$$\left|\frac{z-p}{z-q}\right|=\frac{\rho}{r}$$

という形に表わされる．また，$p=z_0+\rho e^{it}$，$q=z_0+(r^2/\rho)e^{it}$ から

$$z_0=\frac{p-(\rho/r)^2 q}{1-(\rho/r)^2}, \qquad r=\frac{\rho}{r}\frac{|p-q|}{|1-(\rho/r)^2|}$$

となるから，一般にアポロニウスの円

$$\left|\frac{z-p}{z-q}\right|=k \tag{12.7}$$

に関して p, q は鏡像の位置にあり，この円の中心，半径はそれぞれ $(p-k^2q)/(1-k^2)$,

$k|p-q|/|1-k^2|$ によって与えられる．(12.7) で特に $k=1$ の場合には，これは直線となり，p, q はそれに関して鏡像の位置にある．

一次変換 (12.1) に対しては

$$\left|\frac{w-l(p)}{w-l(q)}\right|=\left|\frac{cq+d}{cp+d}\right|\left|\frac{z-p}{z-q}\right| \tag{12.8}$$

となる；ただし，$cp+d=0$ すなわち $l(p)=\infty$，または $cq+d=0$ すなわち $l(q)=0$ のときには，(12.8) の代りにそれぞれ

$$|w-l(q)|=\left|\frac{ap+b}{cq+d}\right|\left|\frac{z-q}{z-p}\right|, \qquad |w-l(p)|=\left|\frac{aq+b}{cp+d}\right|\left|\frac{z-p}{z-q}\right|$$

をとるものとする．上に述べたことによって，いずれの場合にも一つの円周に関して鏡像の位置にある二点は，任意な一次変換によって，その像円に関して鏡像の位置にある二点にうつされる．この事実を一次変換についての**鏡像の原理**という．

鏡像の原理を利用すると，応用上よく引き合いに出る一次変換の具体的な形を定めることができる．例えば，$|z|<1$ を $|w|<1$ へ写像する一次変換の形を求めるために，$w=0$ に対応する点を $z=z_0$ ($|z_0|<1$) とすれば，鏡像の原理によって，$z=1/\bar{z}_0$ の像が $w=\infty$ となる．ゆえに，(12.1) において $l(z_0)=0$，$l(1/\bar{z}_0)=\infty$ という条件からそれぞれ $az_0+b=0$，$c/\bar{z}_0+d=0$ を得るから，変換は

$$w=\varepsilon\frac{z-z_0}{1-\bar{z}_0 z} \qquad \left(\varepsilon=-\frac{a\bar{z}_0}{c}\right) \tag{12.9}$$

という形をもたねばならない．ところで，$|z|=1$ のとき $|z-z_0|=|1-\bar{z}_0 z|$ だから，このとき $|w|=1$ となるための条件として $|\varepsilon|=1$ を得る．そして，逆に (12.9) が $|z_0|<1$，$|\varepsilon|=1$ なる任意な z_0，ε に対して $|z|<1$ を $|w|<1$ へ写像する函数であることがわかる；なお，§28 参照.

つぎに，$\Im z>0$ を $|w|<1$ へ写像する一次変換の形を定めるために，$w=0$ に対応する点を $z=z_0$ ($\Im z_0>0$) とすれば，鏡像の原理によって $z=\bar{z}_0$ の像は必然的に $w=\infty$ である．したがって，(12.1) で $l(z_0)=0$，$l(\bar{z}_0)=\infty$ という条件からそれぞれ $az_0+b=0$，$c\bar{z}_0+d=0$ を得るから，変換の形は

$$w=\varepsilon\frac{z-z_0}{z-\bar{z}_0} \qquad \left(\varepsilon=\frac{a}{c}\right). \tag{12.10}$$

$\Im z=0$ のとき $|z-z_0|=|z-\bar{z}_0|$ だから，このとき $|w|=1$ となるための条件として $|\varepsilon|=1$ を得る．そして，$\Im z_0>0$, $|\varepsilon|=1$ なる任意な z_0, ε をもって，(12.10) は $\Im z>0$ を $|w|<1$ へ写像する．

一次変換の**分類**の問題にうつる．(12.1) によって不変に保たれる点としてのその変換の**不動点**(固定点)は，条件 $z=l(z)$ すなわち z についての二次方程式

(12.11) $$cz^2-(a-d)z-b=0$$

の二根 z_1, z_2 で与えられる．ただし，$c=0$ のときは $z_2=\infty$ とし，さらに $c=a-d=0$ のときには $z_1=z_2=\infty$ と解する．なおそれ以外に $l(z)\equiv z$ の場合には，(12.11) の係数がことごとく 0 となり，この方程式は恒等式となるが，この場合だけは除外して考える．不動点を利用して，一次変換がつぎの標準形に分類される．

（i） $z_1\neq z_2$, $z_1\neq\infty$, $z_2\neq\infty$:

$$\frac{w-z_1}{w-z_2}=M\frac{z-z_1}{z-z_2}, \qquad M=Ke^{i\alpha} \qquad (K>0;\ 0\leqq\alpha<2\pi).$$

このとき，いわゆる**乗数** M の性質に応じてつぎのように分類する:

$$M=K\ (K\neq1), \qquad M=e^{i\alpha}\ (\alpha\neq0), \qquad M=Ke^{i\alpha}\ (K\neq1,\ \alpha\neq0)$$

であるのに応じて，変換はそれぞれ**双曲的**，**楕円的**，**斜航的**であるという．

（ii） $z_1\neq z_2=\infty$:

$$w-z_1=M(z-z_1), \qquad M=Ke^{i\alpha}.$$

この場合も（i）と同様に分類される．

（iii） $z_1=z_2$:

$$\frac{1}{w-z_1}=\frac{1}{z-z_1}+\gamma \qquad (z_1=z_2\neq\infty),$$

$$w=z+\gamma \qquad (z_1=z_2=\infty).$$

この場合には，変換は**放物的**であるという．

さて，一次変換 (12.1) において，一般性を失うことなく，

(12.12) $$ad-bc=1$$

と仮定することができる．まず，（i）の場合には $c\neq0$ であって，$z=\infty$ の像が $w=a/c$ であることに注意すれば，

$$M=\frac{a-cz_1}{a-cz_2}.$$

したがって，(12.12) の正規化条件と

$$z_1+z_2=\frac{a-d}{c},\quad z_1z_2=-\frac{b}{c},\quad z_1{}^2+z_2{}^2=\frac{(a-d)^2+2bc}{c^2}$$

であることを利用すると，

$$M+\frac{1}{M}=\frac{2a^2-2ac(z_1+z_2)+c^2(z_1{}^2+z_2{}^2)}{a^2-ac(z_1+z_2)+c^2z_1z_2}=\frac{(a+d)^2-2(ad-bc)}{ad-bc}$$
$$=(a+d)^2-2.$$

つぎに，(ii) の場合には $c=0$ であって，$M=a/d$ となるから，$ad=ad-bc=1$ によって

$$M+\frac{1}{M}=\frac{a}{d}+\frac{d}{a}=\frac{(a+d)^2-2ad}{ad}=(a+d)^2-2.$$

最後に，(iii) すなわち $z_1=z_2$ の場合には，

$$0=(a-d)^2+4bc=(a+d)^2-4(ad-bc)=(a+d)^2-4$$

であるから，$M=1$ としてやはり $M+M^{-1}=(a+d)^2-2$．したがって，いずれの場合にも

$$M+\frac{1}{M}=(a+d)^2-2,\qquad M^{1/2}+M^{-1/2}=a+d. \tag{12.13}$$

これに基いて，上記の分類に対する判定の規準として $a+d$ を用いることができる．すなわち，$a+d$ が実数のとき，$|a+d|>2$，<2，$=2$ に応じて変換はそれぞれ双曲的，楕円的，放物的であり，$a+d$ が実数でなければ斜航的である．

問 1. z が中心 $a+ib$，半径 R ($\neq\sqrt{a^2+b^2}$) の円周をえがくとき，$w=1/z$ は中心 $(a-ib)/(a^2+b^2-R^2)$，半径 $R/|a^2+b^2-R^2|$ の円周をえがく．　[練 2.20]

問 2. $z=1, i, -1$ をそれぞれ $w=0, 1, \infty$ に対応させる一次変換を求めよ．これが $|z|<1$ を $\Im w>0$ へ写像することをたしかめよ．　[練 2.21]

問 3. 一次変換 $w=l(z)$ によって $|z-a|=r$ が $|w-b|=\rho$ にうつされるならば，$z^*=a+r^2/(\bar{z}-\bar{a})$ とおくとき，$l(z)=\rho^2/(\overline{l(z^*)}-\bar{b})+b$．

問 4. $l(z)$ ($\neq z$) を一つの一次函数とするとき，$l_0(z)=z$，$l_n(z)=l(l_{n-1}(z))$ ($n=1, 2, \cdots$) によって定められる一次函数列 $\{l_n(z)\}$ の極限についてしらべよ．　[練 2.22]

問 5. 単位円をそれ自身へ写像する一次変換は，斜航的でない．　[例題 5]

問　題　2

1. $z=x+iy$, $w=u+iv$ (x, y, u, v は実); $z=(w-i)/(w+i)$ のとき, u, v を x, y で表わせ.

2. $c\neq\pm1$ を実数とするとき, $w=(cz+1)/(z+c)$; $z=e^{i\theta}$, $w+1=\rho e^{i\varphi}$ とおけば, $\rho\sec\varphi=2$, $(c+1)\tan\varphi=(c-1)\tan(\theta/2)$.

3. $w=z^2+az+b$ (a, b は定数) によって $|z|<1$ が単葉に写像されるために必要十分な条件を求めよ.

4. $\{a_{n\nu}\}$ ($\nu=1, \cdots, n$; $n=1, 2, \cdots$) について, $a_{n\nu}\to0$ ($n\to\infty$; $\nu=1, 2, \cdots$), $\sum_{\nu=1}^{n}|a_{n\nu}|\leqq M<\infty$ ($n=1, 2, \cdots$) がみたされているとき, $z_n\to0$ ($n\to\infty$) ならば, $\sum_{\nu=1}^{n}a_{n\nu}z_\nu\to0$ ($n\to\infty$).

5. $p_\nu>0$ ($\nu=1, 2, \cdots$), $\sum_{\nu=1}^{n}p_\nu\to\infty$ ($n\to\infty$) であるとき, $z_n\to\zeta$ ($n\to\infty$) ならば, $\sum_{\nu=1}^{n}p_\nu z_\nu/\sum_{\nu=1}^{n}p_\nu\to\zeta$ ($n\to\infty$).

6. $\sum\Re z_n$ または $\sum\Im z_n$ が収束し, $\sum\Re z_n{}^2$ が収束するならば, $\sum z_n{}^2$ は絶対収束する.

7. $f(z)$ が $|z|<R$ ($<\infty$) で一様に連続ならば, 与えられた任意な点 ζ ($|\zeta|=R$) に対して, $|z_n|<R$, $z_n\to\zeta$ ($n\to\infty$) のとき, 数列 $\{f(z_n)\}$ は個々の $\{z_n\}$ に無関係な値に収束する.

8. つぎの冪級数の収束半径を求めよ:

$$\text{(i)}\ \sum_{n=1}^{\infty}\frac{z^n}{n^n};\qquad \text{(ii)}\ \sum_{n=1}^{\infty}n^{\log n}z^n;\qquad \text{(iii)}\ \sum_{n=1}^{\infty}(\log n)^n z^n.$$

9.
$$\sum_{n=1}^{\infty}nz^{n-1}\cos(n-1)\theta=\frac{1-2z\cos\theta+z^2\cos2\theta}{(1-2z\cos\theta+z^2)^2}\qquad(|z|<1).$$

10. $\cosh(u+iv)=\tan(x+iy)$ のとき,

$$\cosh2u+\cos2v=-2(\cos2x-\cosh2y)/(\cos2x+\cosh2y).$$

11. (i) e^z の1点は $2n\pi i$ ($n=0, \pm1, \cdots$) に限る.　(ii) $\sin z$ の零点は $n\pi$ ($n=0, \pm1, \cdots$) に限る. (iii) $\cos z$ の零点は $(n-1/2)\pi$ ($n=0, \pm1, \cdots$) に限る.

12. 方程式 $\tan z=z$ は虚根をもたない.

13. n 次の三角多項式 $T(\theta)=a_0/2+\sum_{\nu=1}^{n}(a_\nu\cos\nu\theta+b_\nu\sin\nu\theta)$ は区間 $0\leqq\theta<2\pi$ で高々 $2n$ 個の零点をもつ.

14. 六つの一次変換 z, $1/z$, $1-z$, $1/(1-z)$, $(z-1)/z$, $z/(z-1)$ は群をつくる. この群は $Sz=1/z$ および $Tz=1-z$ によって生成される.

15. $(az+b)/(cz+d)\neq z$ とするとき, $z_0=z$, $z_n=(az_{n-1}+b)/(cz_{n-1}+d)$ ($n=1, 2, \cdots$) で定められる z の一次函数を $z_n=(a_nz+b_n)/(c_nz+d_n)$ ($n=1, 2, \cdots$) とおけば, $b_n:c_n:a_n-d_n=b:c:a-d$.

16. 一次変換 $w=\varepsilon(z-z_0)/(1-\bar{z}_0z)$ ($|\varepsilon|=1$, $\varepsilon\neq-1$, $|z_0|>1$) は, つねに斜航的である.

17. 複素平面の原点でこれに接する半径 1/2 の数球面を Σ とすれば, その中心に関する Σ の回転に対応する一次変換の一般形は $w=e^{i\lambda}(1+\bar{\zeta}z)/(z-\zeta)$ (λ は実数).

第3章　複素微分と複素積分

§13. 複素微分と正則性

一点 $z_0 \neq \infty$ の近傍で定義された函数 $f(z)$ に対して，有限な極限値

$$(13.1)\qquad \lim_{z\to z_0}\frac{f(z)-f(z_0)}{z-z_0}\equiv\lim_{\Delta z\to 0}\frac{f(z_0+\Delta z)-f(z_0)}{\Delta z}=f'(z_0)$$

が存在するならば，$f(z)$ は z_0 で**微分可能**であるという．そのとき，この極限値を z_0 における $f(z)$ の**微分係数**といい，ふつうは上記のようにそれを $f'(z_0)$ で表わす．(13.1) の条件はつぎの形にも述べられる：任意な $\varepsilon>0$ に対して $\delta=\delta(\varepsilon)>0$ を適当にえらぶと，

$$(13.2)\qquad \left|\frac{f(z)-f(z_0)}{z-z_0}-f'(z_0)\right|<\varepsilon\qquad (0<|z-z_0|<\delta).$$

一つの有限領域 D のおのおのの点で微分可能な函数 $f(z)$ は，D で**正則**であるという．かような函数に対しては，D のおのおのの点で微分係数の値をとる函数が定義される．この函数を $f'(z)$ または $df(z)/dz$ で表わし，$f(z)$ の(一階)**導函数**という．函数からその微分係数または導函数を求める演算が(複素)**微分**である．ちなみに，$f^{(0)}(z)=f(z)$, $f^{(1)}(z)=f'(z)$ とおき，帰納的に自然数 n に対して $f^{(n-1)}(z)$ の導函数が存在すれば，それを $f(z)$ の n 階導函数といい，$f^{(n)}(z)$ または $d^nf(z)/dz^n$ で表わす．

なお，一点 z_0 のある近傍で $f(z)$ が正則なとき，$f(z)$ は点 z_0 で正則であると略称する．これは単に点 z_0 で微分可能であることと同意義ではないことに注意されたい．したがって，点における正則性は内点でのみ問題とされる開集合的な性質である．明らかに領域 D で正則な函数はそのおのおのの点で正則であるが，逆に D のおのおのの点で正則な函数は D 自身で正則である．

∞ を含む領域については，まず ∞ での微分可能性とそこでの微分係数の定義の式をつぎのように修正する：

$$(13.3)\qquad \lim_{z\to\infty}\frac{f(z)}{z}=f'(\infty)\quad(\neq\infty).$$

ここでは $f(\infty)=\infty$ であってもよく，実はこの場合にだけ $f'(\infty)\neq 0$ となり得る．∞ で微分可能であっても，$f(1/\zeta)$ が ζ の函数として $\zeta=0$ で正則で

あるときに限って，$f(z)$ は $z=\infty$ で正則であるという；このときには必然的に $f'(\infty)=0$. 以後しばらくは，特にことわらない限り，有限な点だけについて考えることにする．

正則性は函数論において決定的に重要な概念である．実は，函数論でとりあつかわれる函数は，ほとんどもっぱら正則な函数ならびにそれと密接な関連をもつ函数である．

まず，微分法についての簡単な定理を列挙しておこう．

定理 13.1. $f(z)$ が z_0 で微分可能ならば，そこで連続である．

証明. 微分可能性の関係（13.1）が成り立っていれば，

$$\lim_{z\to z_0} f(z)=\lim_{z\to z_0}\left(f(z_0)+\frac{f(z)-f(z_0)}{z-z_0}(z-z_0)\right)$$

$$=f(z_0)+\lim_{z\to z_0}\frac{f(z)-f(z_0)}{z-z_0}\cdot\lim_{z\to z_0}(z-z_0)=f(z_0).$$

定理 13.2. $f(z)$, $g(z)$ が共に z_0 で微分可能ならば，$f(z)\pm g(z)$, $f(z)g(z)$, $f(z)/g(z)$ もまた z_0 で微分可能であって，微分係数はそれぞれ

$$f'(z_0)\pm g'(z_0),\qquad f'(z_0)g(z_0)+f(z_0)g'(z_0),\qquad \frac{f'(z_0)g(z_0)-f(z_0)g'(z_0)}{g(z_0)^2}$$

に等しい；ただし，商の場合には $g(z_0)\neq 0$ とする．また，$f(z)$ が $z=z_0$ で，$g(w)$ が $w=w_0\equiv f(z_0)$ で微分可能ならば，合成函数 $F(z)=g(f(z))$ は z_0 で微分可能であって，その微分係数はつぎの式で与えられる：

$$F'(z_0)=g'(w_0)f'(z_0)\qquad (w_0=f(z_0)). \tag{13.4}$$

証明. すべて実変数の函数の微分法における同型の定理と形式上全く同様にして証明される．例えば，合成函数の微分については，つぎの通り．$\varDelta z\neq 0$ として

$$\varDelta w=f(z_0+\varDelta z)-f(z_0),\quad \varDelta W=g(w_0+\varDelta w)-g(w_0)=F(z_0+\varDelta z)-F(z_0)$$

とおき，等式

$$\frac{\varDelta W}{\varDelta z}=\frac{\varDelta W}{\varDelta w}\frac{\varDelta w}{\varDelta z}$$

において $\varDelta z\to 0$ とすれば，$\varDelta w\to 0$ となるから，（13.4）を得る．ところで，$\varDelta z\to 0$ とするさいに $\varDelta w=0$ となるところが現われてくると，この論法はきかない．しかし，その場合にも，$\varDelta w=0$ に対しては $\varDelta W=0$ となるが，このとき

$\Delta W/\Delta w$ が $g'(w_0)$ を表わすものと新たに規約すれば，上の論法は生き返る．

さきに，§5 で複素平面上の曲線 (5.1)，すなわち

$$z=z(t)\equiv x(t)+iy(t) \qquad (t_0\leqq t\leqq T) \tag{13.5}$$

を考え，$x(t)$, $y(t)$ が共に連続なとき，それを連続曲線と呼んだ．もし $x(t)$, $y(t)$ が共に連続的微分可能ならば，すなわち連続な導函数をもつならば，曲線 (13.5) は——そして，実変数の複素函数 $z(t)$ もまた——**滑らか**であるという；ただし，端点では一側からの微分係数 $z'(t_0+0)$, $z'(T-0)$ をとるものとする．もしさらに，$z'(t)=x'(t)+iy'(t)\neq 0$ ならば，曲線は**正則**であるという．

いま，曲線 (13.5) を含む一つの領域 D で定義された函数 $f(z)$ があるとき，$f(z(t))$ は $t_0\leqq t\leqq T$ で定義された実変数 t の複素函数とみなされる．容易にわかるように，(13.5) が連続曲線であって $f(z)$ が D で連続ならば，$f(z(t))$ は $t_0\leqq t\leqq T$ で連続である．また，(13.5) が滑らかな曲線であって $f(z)$ が D で微分可能ならば，$f(z(t))$ は $t_0\leqq t\leqq T$ で微分可能であって，その導函数は $f'(z(t))z'(t)$ によって与えられる．

さて，微分可能性の定義 (13.1) をはじめとし，これまで述べてきた微分法の形式的な結果に関する限り，まだ複素函数に特有な事実はほとんど見当らない．殊に微分の定義自身は，外観上は実函数の場合と全く同じ形をもっている．しかし，独立変数を実変数に限定すれば，0 に近い $z-z_0$ としては正負の二種類が区別されるにすぎないのに反して，複素変数の場合には $\arg(z-z_0)$ の随意性に基いて，$z-z_0$ ははるかに広い自由度をもって 0 に近づくことができる．そして，条件 (13.1) は $z-z_0$ がどんな様式で 0 に近づこうとも，その極限値が一意的に確定することを要求しているのである．この条件がいかに本質的な内面的制限を与えるものであるかについては，今後の定理が如実に物語るであろう．

函数 $f(z)=\varphi(x, y)+i\psi(x, y)$ $(z=x+iy)$ の微分可能性の条件を，その実部と虚部を表わす函数 φ, ψ に対する形で求めよう．そのために，実函数についての一つの概念を準備する．一般に，xy 平面上の一点 (x_0, y_0) の近傍で定義された函数 $\chi(x, y)$ に対して，

$$\begin{gathered}\chi(x_0+h, y_0+k)-\chi(x_0, y_0)=Ah+Bk+\varepsilon(h, k),\\ \lim_{|h|+|k|\to 0}\frac{\varepsilon(h, k)}{|h|+|k|}=0\end{gathered} \tag{13.6}$$

が成り立つような h, k に無関係な A, B が存在するとき，函数 $\chi(x, y)$ は点 (x_0, y_0) で**全微分可能**あるいはシュトルツの意味で微分可能であるという．こ

のとき，$\chi(x,y)$ は (x_0,y_0) で偏微分可能であって，しかも

$$(13.7)\quad \begin{aligned} A&=\lim_{h\to 0}\left(\frac{\chi(x_0+h,\,y_0)-\chi(x_0,\,y_0)}{h}-\frac{\varepsilon(h,0)}{h}\right)=\chi_x(x_0,\,y_0),\\ B&=\lim_{k\to 0}\left(\frac{\chi(x_0,\,y_0+k)-\chi(x_0,\,y_0)}{k}-\frac{\varepsilon(0,k)}{k}\right)=\chi_y(x_0,\,y_0). \end{aligned}$$

したがって，定義 (13.6) 自身において，A, B として (13.7) の値を指定しておいてもよかったわけである．一つの領域のおのおのの点で全微分可能なとき，その領域で全微分可能であるという．

さて，複素函数の微分可能の条件は，つぎの基本的な定理によって与えられる：

定理 13.3. $z=x+iy$ の函数 $f(z)=\varphi(x,\,y)+i\psi(x,\,y)$ が $z_0=x_0+iy_0$ で微分可能であるために必要十分な条件は，$\varphi(x,\,y)$，$\psi(x,\,y)$ が点 $(x_0,\,y_0)$ で全微分可能であって，いわゆる**コーシー・リーマンの関係**

$$(13.8)\qquad \varphi_x(x_0,\,y_0)=\psi_y(x_0,\,y_0),\qquad \varphi_y(x_0,\,y_0)=-\psi_x(x_0,\,y_0)$$

をみたすことである．

証明． まず，$f(z)$ が z_0 で微分可能ならば，

$$(13.9)\qquad \frac{f(z)-f(z_0)}{z-z_0}=f'(z_0)+\rho(z),\qquad \rho(z)\to 0\quad (z\to z_0)$$

となる．ここで簡単のため

$$z-z_0=h+ik,\ \ f'(z_0)=P+iQ,\ \ \rho(z)=\sigma(h,k)+i\tau(h,k)$$

とおき，(13.9) の両辺へ $z-z_0$ を掛けてから両辺の実部と虚部を比較すると，

$$\varphi(x_0+h,\,y_0+k)-\varphi(x_0,\,y_0)=Ph-Qk+\sigma h-\tau k,$$
$$\psi(x_0+h,\,y_0+k)-\psi(x_0,\,y_0)=Qh+Pk+\tau h+\sigma k.$$

$|h|+|k|\to 0$ のとき $\sigma\to 0,\ \tau\to 0$ であるから，これで φ および ψ が $(x_0,\,y_0)$ で全微分可能なことならびに (13.7) で述べた注意により

$$(13.10)\quad P=\varphi_x(x_0,\,y_0)=\psi_y(x_0,\,y_0),\quad -Q=\varphi_y(x_0,\,y_0)=-\psi_x(x_0,\,y_0),$$

すなわち (13.8) の成立が示されている． 逆に，定理の条件がみたされていれば，あらためて P, Q を (13.10) で定義するとき，

$$\varphi(x_0+h,\,y_0+k)-\varphi(x_0,\,y_0)=Ph-Qk+\alpha(h,k),$$
$$\psi(x_0+h,\,y_0+k)-\psi(x_0,\,y_0)=Qh+Pk+\beta(h,k);$$

$$\frac{\alpha(h,k)}{|h|+|k|}\to 0, \qquad \frac{\beta(h,k)}{|h|+|k|}\to 0 \qquad (|h|+|k|\to 0)$$

という形の関係が成り立つ．したがって，順次に

$$f(z)-f(z_0)=(P+iQ)(h+ik)+\alpha+i\beta,$$

$$\left|\frac{\alpha+i\beta}{h+ik}\right|\leqq\frac{|\alpha|+|\beta|}{\sqrt{h^2+k^2}}\leqq\sqrt{2}\,\frac{|\alpha|+|\beta|}{|h|+|k|}\to 0 \qquad (|h|+|k|\to 0);$$

$$\lim_{z\to z_0}\frac{f(z)-f(z_0)}{z-z_0}=P+iQ.$$

すなわち，$f(z)$ は z_0 で微分可能である．

なお，この証明からわかるように，$f(z)=\varphi(x,y)+i\psi(x,y)$ が $z_0=x_0+iy_0$ で微分可能なときには，

$$(13.11) \qquad f'(z_0)=\varphi_x(x_0,y_0)+i\psi_x(x_0,y_0)=\psi_y(x_0,y_0)-i\varphi_y(x_0,y_0).$$

この式はつぎの形にも表わせる:

$$f'(z_0)=\frac{\partial f}{\partial x}(z_0)=\frac{\partial f}{\partial(iy)}(z_0).$$

定理 13.3 の系として，つぎの結果がみちびかれる:

定理 13.4. $z=x+iy$ の函数 $f(z)=\varphi(x,y)+i\psi(x,y)$ が領域 D で正則であるために必要十分な条件は，$\varphi(x,y)$, $\psi(x,y)$ が D で全微分可能であって，いわゆる**コーシー・リーマンの微分方程式**

$$(13.12) \qquad \frac{\partial\varphi(x,y)}{\partial x}=\frac{\partial\psi(x,y)}{\partial y}, \qquad \frac{\partial\varphi(x,y)}{\partial y}=-\frac{\partial\psi(x,y)}{\partial x}$$

をみたすことである．

この結果を利用すると，$\varphi(x,y)$ と $\psi(x,y)$ との間につぎのいちじるしい従属性が認められる:

定理 13.5. 領域 D で正則な函数 $f(z)=\varphi(x,y)+i\psi(x,y)$ は，$\varphi(x,y)=\Re f(z)$ が与えられさえすれば，高々(純虚の)付加定数を除いて確定する．

証明. $f(z)=\varphi(x,y)+i\psi(x,y)$ と共に $f^*(z)=\varphi(x,y)+i\psi^*(x,y)$ もまた D で正則だとすれば，コーシー・リーマンの方程式によって

$$\frac{\partial\psi}{\partial x}=-\frac{\partial\varphi}{\partial y}=\frac{\partial\psi^*}{\partial x}, \qquad \frac{\partial\psi}{\partial y}=\frac{\partial\varphi}{\partial x}=\frac{\partial\psi^*}{\partial y}$$

が成り立つ．したがって，$\Psi(x,y)=\psi^*-\psi$ とおけば，$\Psi_x=\Psi_y=0$．ところで，

任意な点 $(x_0, y_0)\in D$ に対して平均値の定理により

$$\Psi(x_0+h, y_0+k)-\Psi(x_0, y_0)=h\Psi_x(x_0+\theta h, y_0+\theta k)+k\Psi_y(x_0+\theta h, y_0+\theta k)$$
$$(0<\theta<1).$$

したがって，(x_0, y_0) のある近傍のすべての点 (x, y) に対してつねに $\Psi(x, y)=\Psi(x_0, y_0)$. 他方において，ハイネ・ボレルの定理5.4によって，D の任意な部分閉集合はかような近傍の有限個で覆われる．ゆえに，$\Psi(x, y)$ は領域 D のどんな部分閉集合においても，したがって，D 自身において一つの定数に等しくなければならない．いいかえれば，$\psi^*(x, y)$ と $\psi(x, y)$ は高々付加(実)定数だけしか相異ならない．

つぎの定理は，実変数の場合と全く同様である：

定理 13.6. 一つの領域で正則な函数は，その導函数が与えられさえすれば，高々付加定数を除いて確定する．

証明. $f(z)$ と共に $f^*(z)$ もまた領域 D で正則であって，D で $f^{*\prime}(z)=f'(z)$ が成り立つとすれば，$F(z)=f^*(z)-f(z)$ は D で正則であって $F'(z)=0$. ところで，$F(z)=\Phi(x, y)+i\Psi(x, y)$ とおけば，(13.11) で示したことに基いて，

$$F'(z)=\Phi_x+i\Psi_x=\Psi_y-i\Phi_y.$$

したがって，$F'(z)\equiv 0$ から $\Phi_x=\Phi_y=\Psi_x=\Psi_y\equiv 0$. ゆえに，定理13.5の証明におけると同様にして，Φ および Ψ はそれぞれ定数に等しい．すなわち，$f^*(z)-f(z)$ は一つの定数に等しい．

実変数の複素函数については，例えば $f(t)=e^{it}\neq\mathrm{const}$ に対して $|f(t)|\equiv 1$ となる．しかし，複素変数の正則函数については，かようなことが起らない．

定理 13.7. 領域 D で正則な函数 $f(z)$ に対して，$|f(z)|$ が D で一つの定数に等しいならば，$f(z)$ 自身が D で一つの定数に等しい．

証明. ふつうのように $f(z)=\varphi(x, y)+i\psi(x, y)$ とおけば，コーシー・リーマンの関係を用いることによって，一般に

$$\left(\frac{\partial}{\partial x}|f(z)|^2\right)^2+\left(\frac{\partial}{\partial y}|f(z)|^2\right)^2=\left(\frac{\partial}{\partial x}(\varphi^2+\psi^2)\right)^2+\left(\frac{\partial}{\partial y}(\varphi^2+\psi^2)\right)^2$$
$$=4(\varphi\varphi_x+\psi\psi_x)^2+4(\varphi\varphi_y+\psi\psi_y)^2$$
$$=4(\varphi\varphi_x+\psi\psi_x)^2+4(-\varphi\psi_x+\psi\varphi_x)^2$$

$$=4(\varphi^2+\psi^2)(\varphi_x{}^2+\psi_x{}^2)=4|f(z)|^2|f'(z)|^2.$$

もし $|f(z)|$ が定数ならば，この左辺は0に等しいから，$|f(z)||f'(z)|=0$ でなければならない．特に $|f(z)|\equiv 0$ ならばもちろん $f(z)\equiv 0$ であるが，$|f(z)|$ が0でない定数ならば $f'(z)\equiv 0$ となる．そして，後者の場合には，前定理によって $f(z)$ は一つの定数に等しい．

$f(z)$ の正則性の定義自身では，領域のおのおのの点における $f'(z)$ の存在を規定するだけである．しかし，後に(定理17.4)示すように，正則な函数の導函数は必然的に正則である．したがって，実は単にただ一回の微分可能性の仮定からすべての階数の導函数の存在がみちびかれる．この事実を前もって利用すれば，$f(z)=\varphi(x,y)+i\psi(x,y)$ が正則な範囲で，$\varphi(x,y)$ および $\psi(x,y)$ もまたすべての階数の偏導函数をもつ．したがって，特にコーシー・リーマンの方程式から

$$\frac{\partial^2\varphi}{\partial x^2}=\frac{\partial^2\psi}{\partial x\partial y},\quad \frac{\partial^2\varphi}{\partial y^2}=-\frac{\partial^2\psi}{\partial y\partial x},\quad \frac{\partial^2\psi}{\partial x^2}=-\frac{\partial^2\varphi}{\partial x\partial y},\quad \frac{\partial^2\psi}{\partial y^2}=\frac{\partial^2\varphi}{\partial y\partial x}.$$

すぐ上に述べたことから，これらの右辺にある混合偏導函数は微分の順序に関係しないから，$\varphi(x,y)$ および $\psi(x,y)$ はいずれも二階の偏微分方程式

$$\Delta U(x,y)\equiv\frac{\partial^2 U}{\partial x^2}+\frac{\partial^2 U}{\partial y^2}=0 \qquad \left(\Delta\equiv\frac{\partial^2}{\partial x^2}+\frac{\partial^2}{\partial y^2}\right) \tag{13.13}$$

をみたす．この方程式を**ラプラスの微分方程式**，それをみたす函数を**調和**であるという．したがって，正則函数の実部および虚部は共に調和でなければならないから，そのおのおのがすでに任意ではあり得ない；例えば x^2 を実部とする正則函数は存在しない．ちなみに，$f(z)=\varphi+i\psi$ が正則なとき，$\psi(x,y)$ を $\varphi(x,y)$ に**共役**な調和函数という．$-if(z)=\psi-i\varphi$ だから，ψ が φ に共役ならば，$-\varphi$ は ψ に共役である．定理13.5によって，$\varphi(x,y)$ に**共役**な調和函数 $\psi(x,y)$ は高々付加定数を除いて確定する．それでは，任意な調和函数が与えられたとき，それに共役な調和函数が果して存在するであろうか．この問題は肯定的に解決されるのであるが，その証明については後節(§19)にゆずる．

最後に，冪級数の項別微分可能性に関する重要な定理をあげよう：

定理 13.8. 冪級数はその収束円内で正則な函数を表わす．しかも，収束半径 $R>0$ をもつ冪級数によって定義された函数

(13.14) $$f(z)=\sum_{n=0}^{\infty}c_n(z-c)^n \qquad (|z-z_0|<R)$$

の導函数は，項別微分することによって得られる:

(13.15) $$f'(z)=\sum_{n=1}^{\infty}nc_n(z-c)^{n-1}\equiv\sum_{n=0}^{\infty}(n+1)c_{n+1}(z-c)^n.$$

この右辺の級数の収束半径もまた R に等しい.

証明. 一般性を失うことなく，$c=0$ としてよかろう．まず,

$$\overline{\lim_{n\to\infty}}\sqrt[n]{|nc_n|}=\lim_{n\to\infty}\sqrt[n]{n}\ \overline{\lim_{n\to\infty}}\sqrt[n]{|c_n|}=\overline{\lim_{n\to\infty}}\sqrt[n]{|c_n|}$$

だから，(13.15)の右辺の級数の収束半径は R に等しい，収束円内の任意な一点を z で表わし，$r=(|z|+R)/2$ とおけば，$0\leqq|z|<r<R$ である；ただし，$R=\infty$ のときは $|z|<r$ なる任意な正数 r をとる．$\sum c_nr^n$ は収束するから，数列 $\{c_nr^n\}$ は有界である:

(13.16) $$|c_n|r^n\leqq M \qquad (n=0,1,\cdots).$$

他方，(13.15) の右辺にある冪級数 ($c=0$) で表わされる函数を一応 $g(z)$ とすれば,

$$\frac{f(z+\Delta z)-f(z)}{\Delta z}-g(z)=\sum_{n=1}^{\infty}c_n\left(\frac{(z+\Delta z)^n-z^n}{\Delta z}-nz^{n-1}\right)$$

において,

$$\left|\frac{(z+\Delta z)^n-z^n}{\Delta z}-nz^{n-1}\right|=\left|\sum_{\nu=2}^{n}\binom{n}{\nu}z^{n-\nu}(\Delta z)^{\nu-1}\right|$$
$$\leqq\sum_{\nu=2}^{n}\binom{n}{\nu}|z|^{n-\nu}|\Delta z|^{\nu-1}=\frac{(|z|+|\Delta z|)^n-|z|^n}{|\Delta z|}-n|z|^{n-1}.$$

したがって，$|\Delta z|<r-|z|$ とすれば，$|z+\Delta z|\leqq|z|+|\Delta z|<r$ となるから，評価 (13.16) によって,

$$\left|\frac{f(z+\Delta z)-f(z)}{\Delta z}-g(z)\right|\leqq\sum_{n=1}^{\infty}|c_n|\left|\frac{(z+\Delta z)^n-z^n}{\Delta z}-nz^{n-1}\right|$$
$$\leqq M\sum_{n=1}^{\infty}\frac{1}{r^n}\left(\frac{(|z|+|\Delta z|)^n-|z|^n}{|\Delta z|}-n|z|^{n-1}\right).$$

ところで，$|z|/r<1$, $(|z|+|\Delta z|)/r<1$ だから，(10.7)，(10.8) を利用して，最後の式はさらに

$$M\left(\frac{1}{|\Delta z|}\left(\frac{|z|+|\Delta z|}{r-|z|-|\Delta z|}-\frac{|z|}{r-|z|}\right)-\frac{r}{(r-|z|)^2}\right)=\frac{Mr|\Delta z|}{(r-|z|)^2(r-|z|-|\Delta z|)}$$

となる．ゆえに，求める結果が得られる:

$$f'(z)=\lim_{\Delta z\to 0}\frac{f(z+\Delta z)-f(z)}{\Delta z}=g(z).$$

いま証明された定理によって，冪級数で表わされた函数は，その収束円内で何回でも微分可能であって，そのおのおのの階数の導函数は級数を逐次に項別微分することによって求められる．すなわち，任意な整数 $\nu\geqq 0$ に対して，$|z-c|<R$ において

(13.17) $$f^{(\nu)}(z)=\sum_{n=\nu}^{\infty}\frac{n!}{(n-\nu)!}c_n(z-c)^{n-\nu}=\sum_{n=0}^{\infty}\frac{(n+\nu)!}{n!}c_{n+\nu}(z-c)^n.$$

ここで特に $z=c$ とおくことによって，

(13.18) $$c_\nu=\frac{f^{(\nu)}(c)}{\nu!}\qquad(\nu=0,1,\cdots).$$

この最後の結果から，**冪級数展開の単独性**がみちびかれる．すなわち，$|z-c|<R$ で定義された函数 $f(z)$ がそこで c を中心とする冪級数に展開される限り，その係数は (13.18) によってただ一通りに定まる．

例えば，指数函数の定義の式 (11.1) から

(13.19) $$\frac{d}{dz}e^z=\frac{d}{dz}\sum_{n=0}^{\infty}\frac{z^n}{n!}=\sum_{n=1}^{\infty}\frac{z^{n-1}}{(n-1)!}=e^z.$$

同様にして，(11.3) から

(13.20) $$\frac{d}{dz}\cos z=-\sin z,\qquad \frac{d}{dz}\sin z=\cos z.$$

問 1. (i) $f(z)=x^2y(y-ix)/(x^4+y^2)$ $(z=x+iy\neq 0)$, $f(0)=0$ で定義された函数に対して，直線的に $z\to 0$ のとき $(f(z)-f(0))/z\to 0$ となるが，$\lim_{z\to 0}(f(z)-f(0))/z$ は存在しない．(ii) $f(z)=((1+i)x^3-(1-i)y^3)/(x^2+y^2)$ $(z=x+iy\neq 0)$, $f(0)=0$ で定義された函数に対しては，原点でコーシー・リーマンの関係が成り立つが，$f'(0)$ は存在しない．

問 2. e^z, $\cos z$, $\sin z$ は整函数である；すなわち，$|z|<\infty$ で正則である． ［例題 1］

問 3. 実軸に関して対称な領域 D で $f(z)$ が正則ならば，$\overline{f(\bar{z})}$ もまた D で正則である． ［例題 2］

問 4. $z=x+iy=re^{i\theta}$ について正則な函数 $f(z)=\varphi(x,y)+i\psi(x,y)=\Phi(r,\theta)+i\Psi(r,\theta)=\rho(x,y)e^{i\chi(x,y)}=R(r,\theta)e^{i\Theta(r,\theta)}$ に対して，$\varphi_x=\psi_y$, $\varphi_y=-\psi_x$; $r\Phi_r=\Psi_\theta$, $\Phi_\theta=-r\Psi_r$; $\rho_x=\rho\chi_y$, $\rho_y=-\rho\chi_x$; $rR_r=R\Theta_\theta$, $R_\theta=-rR\Theta_r$. ［例題 3］

問 5. $u(x,y)=e^x(x\sin y+y\cos y)$ は調和であることを示し，それに共役な調和函数

$v(x, y)$ および正則函数 $f(z)=u(x, y)+iv(x, y)$ $(z=x+iy)$ を定めよ．

問 6. 数球面の回転に対応する一次変換 $w=e^{i\lambda}(1+\bar{\zeta}z)/(z-\zeta)$ (問題2, 17参照) に対しては $|dw|/(1+|w|^2)=|dz|/(1+|z|^2)$.

§14. 写像の等角性

正則函数のいちじるしい特性の一つは，それによる写像の等角性である．いま一般に，$z=x+iy$ 平面上の一つの領域 D を $w=u+iv$ 平面上の一つの領域 B と一対一に対応させる写像

$$(14.1) \qquad w=f(z) \qquad (u=\varphi(x, y),\ v=\psi(x, y))$$

があって，$\varphi(x, y)$ および $\psi(x, y)$ は D で全微分可能であるとする．このとき，おのおのの点 $z_0\in D$ から出る二曲線のなす角が $w_0=f(z_0)$ から出る対応する二曲線のなす角と向きをもこめて相等しいならば，この写像は**等角**であるという．ただし，$z_0=\infty$ または $w_0=\infty$ の場合には，それぞれ変換 $\zeta=1/z$ または $\omega=1/w$ を行なって原点で考えるものとする．しかし，以下簡単のため有限点の場合を取り扱うことにする．

さて，函数 $f(z)$ が D で正則ならば，定理13.3で示したように，$\varphi(x, y)$ および $\psi(x, y)$ は D で全微分可能であって，コーシー・リーマンの微分方程式

$$(14.2) \qquad \varphi_x=\psi_y, \qquad \varphi_y=-\psi_x$$

をみたす．ところが，後に(§17)示すように，$f(z)$ が正則ならば，$f'(z)$ も正則であり，したがって特に，$\varphi(x, y)$ および $\psi(x, y)$ は連続的微分可能である．この事実を利用すると，つぎのいわゆる**領域保存の定理**が得られる:

定理 14.1. 領域 D で正則な $f(z)$ に対して一点 $z_0\in D$ で $f'(z_0)\neq 0$ ならば，$w=f(z)$ によって z_0 の十分小さい近傍は $w_0=f(z_0)$ のある近傍と一対一に対応する．すなわち，w_0 の近傍で一価な逆函数 $z=F(w)$ が存在する．しかも，$F(w)$ は w_0 の近傍で正則である．

証明. $f(z)=\varphi(x, y)+i\psi(x, y)$ $(z=x+iy)$ とおくとき，φ, ψ の函数行列式(ヤコビの行列式)を $J(x, y)$ で表わせば，コーシー・リーマンの関係(14.2)を利用することによって，

$$(14.3)\quad J(x,y)\equiv\frac{\partial(\varphi,\psi)}{\partial(x,y)}=\varphi_x\psi_y-\varphi_y\psi_x=\varphi_x{}^2+\psi_x{}^2=|\varphi_x+i\psi_x|^2=|f'(z)|^2.$$

仮定 $f'(z_0)\neq 0$ によって，$J(x_0, y_0)\neq 0$ $(z_0=x_0+iy_0)$. $J(x, y)$ の連続性によって，点 (x_0, y_0) のある近傍でも $J(x, y)\neq 0$. ゆえに，微分学からのよく知られた定理により，z_0 の適当な近傍は w_0 のある近傍と一対一に対応する．しかも，そのとき逆函数 $z=F(w)=\Phi(u, v)+i\Psi(u, v)$ $(w=u+iv)$ については，Φ, Ψ は点 (u_0, v_0) の近傍で連続的微分可能である．恒等式

$$\varphi(\Phi(u, v), \Psi(u, v))=u,\qquad \psi(\Phi(u, v), \Psi(u, v))=v$$

のおのおのを u および v について微分することによって，

$$\varphi_x\Phi_u+\varphi_y\Psi_u=1,\qquad \psi_x\Phi_u+\psi_y\Psi_u=0,$$

$$\varphi_x\Phi_v+\varphi_y\Psi_v=0,\qquad \psi_x\Phi_v+\psi_y\Psi_v=1.$$

したがって，$J(x,y)\neq 0$ に注意すれば，さらに

$$(14.4)\quad \Phi_u=\frac{\psi_y}{J},\qquad \Psi_u=-\frac{\psi_x}{J},\qquad \Phi_v=-\frac{\varphi_y}{J},\qquad \Psi_v=\frac{\varphi_x}{J}.$$

ゆえに，$\varphi+i\psi$ に対するコーシー・リーマンの関係 (14.2) によって，

$$\Phi_u=\Psi_v,\qquad \Phi_v=-\Psi_u$$

となるが，これは $F(w)=\Phi(u, v)+i\Psi(u, v)$ が $w=u+iv$ の正則函数であることを示すコーシー・リーマンの関係にほかならない．

なお，(14.4) と (14.3) からわかるように，

$$F'(w)=\Phi_u+i\Psi_u=\frac{\psi_y-i\psi_x}{J}=\frac{\varphi_x-i\psi_x}{\varphi_x{}^2+\psi_x{}^2}=\frac{\overline{f'(z)}}{|f'(z)|^2}=\frac{1}{f'(z)}=\frac{1}{f'(F(w))}.$$

逆函数については，§26 参照.

定理 14.1 によって，$f(z)$ が領域 D で正則であって $f'(z)\neq 0$ のとき，写像 (14.1) が D を w 平面上の集合 B と一対一に対応させているならば，B は必然的に領域である．そこで，写像の等角性が正則函数の特性であることを，つぎの両定理にわたって示そう:

定理 14.2. $f(z)$ が z_0 で正則であって $f'(z_0)\neq 0$ ならば，写像 (14.1) は z_0 において等角である．

証明. z_0 を始点としそこで接線をもつ任意な一つの曲線 C: $z=z(t)$ $(t_0\leqq t\leqq T)$ の $z_0=z(t_0)$ での接線が正の z 実軸に対してなす角は $\theta=\arg z'(t_0)$ で

与えられる．写像(14.1)による C の像曲線を Γ: $w=w(t)\equiv f(z(t))$ $(t_0\leqq t\leqq T)$ とすれば，

(14.5)　　$$w'(t_0)=f'(z_0)z'(t_0).$$

仮定 $f'(z_0)\neq 0$ により，Γ もまた始点 $w_0=f(z_0)$ で接線をもち，それが正の w 実軸に対してなす角は

$$\Theta=\arg w'(t_0)=\arg z'(t_0)+\arg f'(z_0)=\theta+\arg f'(z_0).$$

ゆえに，曲線 C が z_0 で z 実軸に対してなす角 θ に一定な(個々の C に無関係な)値 $\arg f'(z_0)$ を加えたものが，像曲線 Γ が w_0 で w 実軸に対してなす角 Θ に等しい．特に，z_0 から出る二つの曲線 C_1, C_2 のなす角は，それらの像曲線 Γ_1, Γ_2 のなす角と向きをもこめて一致する．——ちなみに，$f'(z)$ の連続性を利用すれば，z_0 の近傍で $f'(z)\neq 0$ となるから，この等角性は z_0 の近傍のおのおのの点で保たれている．

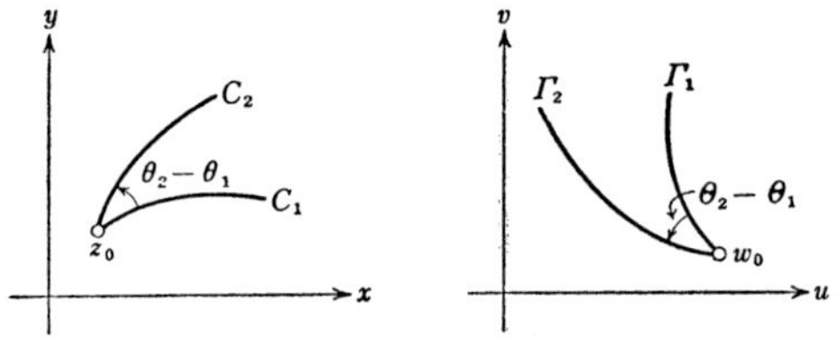

図　9

定理 14.3. 全微分可能な函数 $\varphi(x, y)$, $\psi(x, y)$ をもってつくられた変換 $w=f(z)=\varphi(x, y)+i\psi(x, y)$ $(z=x+iy)$ が点 $z_0=x_0+iy_0$ の近傍で等角な写像をなすならば，$f(z)$ は z_0 で正則であってしかも $f'(z_0)\neq 0$.

証明. z_0 を始点とし接線をもつ曲線 C の z_0 での接線が正の z 実軸に対してなす角を θ，その像曲線 Γ の点 $w_0=f(z_0)$ での接線が正の w 実軸に対してなす角を Θ とすれば，仮定によって，個々の曲線 C に無関係な一定の角 α をもって $\Theta=\theta+\alpha$ が成り立つ．ゆえに，θ について恒等的に

$$\frac{\tan\theta+\tan\alpha}{1-\tan\theta\tan\alpha}=\tan\Theta=\frac{dv}{du}=\frac{\psi_x+\psi_y dy/dx}{\varphi_x+\varphi_y dy/dx}=\frac{\psi_x+\psi_y\tan\theta}{\varphi_x+\varphi_y\tan\theta};$$

ここに $\varphi_x=\varphi_x(x_0, y_0)$ など．特に，この右辺の $\tan\theta$ についての一次分数式は定数でないから，その係数行列式は0でない．この $\tan\theta$ についての恒等式から係数を比較することによって，

$$\psi_x:\psi_y:\varphi_x:\varphi_y=\tan\alpha:1:1:-\tan\alpha.$$

これからコーシー・リーマンの関係 $\varphi_x=\psi_y$, $\varphi_y=-\psi_x$ がみちびかれる．しか

も，すぐ上に注意したことにより

$$|f'(z_0)|^2=\varphi_x{}^2+\psi_x{}^2=\varphi_x\psi_y-\varphi_y\psi_x=-\begin{vmatrix}\psi_x & \psi_y\\ \varphi_x & \varphi_y\end{vmatrix}\neq 0,$$

すなわち $f'(z_0)\neq 0$. z_0 の近傍でも同じことが成り立つ.

定理 14.2 の仮定のもとに，(14.5) から

$$\lim_{t\to t_0+0}\left|\frac{w(t)-w_0}{z(t)-z_0}\right|=\left|\frac{w'(t_0)}{z'(t_0)}\right|=|f'(z_0)| \tag{14.6}$$

を得る. これは，z_0 を始点とする C の微小弧の長さに対する w_0 を始点とする Γ の対応する微小弧の長さの比が，個々の C のえらび方に無関係にほぼ(すなわち，高位の無限小を省略すると)相等しく，しかも $|f'(z_0)|$ ($\neq 0$) なる割合の伸縮がなされることを表わしている. したがって，$f'(z)$ の連続性を前もって利用すれば，無限小の部分での対応は相似であるということができる. この性質のことを**線分比が一定**であるという. 正則函数による写像については，さらにつぎの定理が成り立つ:

定理 14.4. z_0 の近傍で $f(z)$ が正則であって $f'(z)\neq 0$ ならば，(14.1) によって線分比が一定な写像が行なわれる. 逆に，全微分可能な $\varphi(x,y)$, $\psi(x,y)$ をもってつくられた変換 (14.1) によって線分比が一定な写像がなされるならば，角の向きが不変に保たれる限り，その写像は等角である.

証明. 前半については，すぐ上に示した通りである. 後半については，特に z_0 から出る線分 $z=z(t)=z_0+te^{i\theta}$ ($0\leqq t\leqq T$) を考えれば，その像曲線

$$\begin{aligned}w&=w(t)=f(z_0+te^{i\theta})\\&=\varphi(x_0+t\cos\theta,\ y_0+t\sin\theta)+i\psi(x_0+t\cos\theta,\ y_0+t\sin\theta)\end{aligned}$$

に対しては，

$$\begin{aligned}0\neq\left|\frac{w'(0)}{z'(0)}\right|^2&=\lim_{t\to+0}\left|\frac{\varphi(x_0+t\cos\theta,\ y_0+t\sin\theta)-\varphi(x_0,\ y_0)}{te^{i\theta}}\right.\\&\qquad\left.-i\frac{\psi(x_0+t\cos\theta,\ y_0+t\sin\theta)-\psi(x_0,\ y_0)}{te^{i\theta}}\right|^2\\&=(\varphi_x\cos\theta+\varphi_y\sin\theta)^2+(\psi_x\cos\theta+\psi_y\sin\theta)^2;\end{aligned}$$

ここに $\varphi_x=\varphi_x(x_0,y_0)$ など. 仮定により，これが θ にかかわらず一定な値をもっている(実は $\mathrm{mod}\,\pi$ で一致しない三方向に対してそうなっていれば十分であ

る）．例えば，順次に $\theta=0, \pi/4, \pi/2$ とおくことによって，

$$\varphi_x{}^2+\psi_x{}^2=\frac{1}{2}((\varphi_x+\varphi_y)^2+(\psi_x+\psi_y)^2)=\varphi_y{}^2+\psi_y{}^2\neq 0$$

を得るが，これから容易に

$$\varphi_x=\psi_y,\quad \varphi_y=-\psi_x \quad \text{または} \quad \varphi_x=-\psi_y,\quad \varphi_y=\psi_x.$$

ところで，角の向きの不変性が仮定されていれば，じっさいには前者のコーシー・リーマンの関係が成り立ち，したがって $f'(z_0)\neq 0$ の存在することがわかる．z_0 の近傍でも同じことが成り立つ．

問 1. $w=z^2$ による $\Re z=a$ $(\neq 0)$，$\Im z=b$ $(\neq 0)$ の像はいずれも放物線であって，互に直交する．　　［例題 1］

問 2. m を実定数として，$u=x^2+my^2$，$v=2x^{-m}y$ のとき，$u=\text{const}$ および $v=\text{const}$ に対応する $x+iy$ 平面上の両曲線族は直交するが，$x+iy$ から $u+iv$ への写像は，$m=-1$ の場合を除けば，等角ではない．　　［例題 3］

問 3. $0<\alpha<\pi/4$ のとき，$w=4z\cot\alpha/(1+2z\cot\alpha-z^2)$ による写像は，四点 $z=\pm i$，$\cot(\alpha/2)$，$-\tan(\alpha/2)$ 以外では等角である．これによる $|z|=1$，$\Re z>0$ の像は，中心角 4α の円弧である．　　［練 3.10］

§15. 複素積分

まず，曲線積分について説明する．xy 平面上で一つの連続曲線

$$C:\quad x=x(t),\quad y=y(t)\quad (t_0\leqq t\leqq T) \tag{15.1}$$

が与えられ，函数 $P(x,y)$ および $Q(x,y)$ がその上で定義されているとする．媒介変数区間の一つの分割

$$\varDelta:\quad t_0<t_1<\cdots<t_m=T \tag{15.2}$$

と $t_{\nu-1}\leqq\tau_\nu\leqq t_\nu$ なる任意な τ_ν $(1\leqq\nu\leqq m)$ とをもって，和

$$\begin{aligned}S[\varDelta;\tau]=\sum_{\nu=1}^{m}(P(x(\tau_\nu),y(\tau_\nu))(x(t_\nu)-x(t_{\nu-1}))\\+Q(x(\tau_\nu),y(\tau_\nu))(y(t_\nu)-y(t_{\nu-1})))\end{aligned} \tag{15.3}$$

をつくる．もし分割を一様に細かくしていくとき，$\{\varDelta;\tau\}$ のとり方に関せず，この和が確定した有限な極限値をもつならば，その極限値を曲線 C に沿う**曲線積分**または**線積分**といい，

$$\int_C(P(x,y)\,dx+Q(x,y)\,dy) \tag{15.4}$$

で表わす．これは曲線の表示には無関係であって，向きだけを異にする曲線に対しては符号だけが逆になる． 定義に現われた近似和 (15.3) の式からわかるように，曲線積分は実はいわゆるスティルチェス積分に関連している．積分法でよく知られた結果に基いて，つぎのことが成り立つ:

$P(x,y)$，$Q(x,y)$ が長さの有限な曲線 (15.1) 上で連続ならば， 曲線積分 (15.4) が存在して

$$(15.5)\quad \int_C (P\,dx+Q\,dy)=\int_{t_0}^{T}(P(x(t),\,y(t))\,dx(t)+Q(x(t),\,y(t))\,dy(t));$$

この右辺はスティルチェス積分である．もし特に $x(t), y(t)$ が連続的微分可能ならば，すなわち曲線 C が滑らかならば，

$$(15.6)\quad \int_C (P\,dx+Q\,dy)=\int_{t_0}^{T}(P(x(t),\,y(t))x'(t)+Q(x(t),\,y(t))y'(t))\,dt;$$

この右辺はリーマン積分である．

つぎに，複素積分へうつる． $z=x+iy$ 平面上に一つの**路**すなわち長さの有限な連続曲線

$$(15.7)\qquad C:\qquad z=z(t)\equiv x(t)+iy(t)\qquad (t_0\leqq t\leqq T)$$

が与えられ，函数 $f(z)$ がその上で定義されているとする．(15.3) と同様にして，和

$$(15.8)\qquad \sum_{\nu=1}^{m} f(z(\tau_\nu))(z(t_\nu)-z(t_{\nu-1}))$$

をつくる．もし分割を一様に細かくしていくとき，$\{\varDelta;\ \tau\}$ のとり方に関せず，この和が確定した有限な極限値をもつならば，その極限値を $f(z)$ の C にわたる(複素)**積分**といい，

$$\int_C f(z)\,dz \quad \text{または} \quad {}^{(C)}\!\!\int f(z)\,dz \qquad \text{など}$$

で表わす．

$f(z)=\varphi(x,y)+i\psi(x,y)$ とおけば，上記の近似和 (15.8) は

$$\sum_{\nu=1}^{m}(\varphi(x(\tau_\nu),y(\tau_\nu))(x(t_\nu)-x(t_{\nu-1}))-\psi(x(\tau_\nu),y(\tau_\nu))(y(t_\nu)-y(t_{\nu-1})))$$

$$+i\sum_{\nu=1}^{m}(\psi(x(\tau_\nu),y(\tau_\nu))(x(t_\nu)-x(t_{\nu-1}))+\varphi(x(\tau_\nu),y(\tau_\nu))(y(t_\nu)-y(t_{\nu-1})))$$

となる．したがって，$f(z)$ が C 上で連続ならば，その積分が存在し，しかもそれは曲線積分をもってつぎの形に表わされる:

$$\int_C f(z)\,dz=\int_C(\varphi(x,y)\,dx-\psi(x,y)\,dy)+i\int_C(\psi(x,y)\,dx+\varphi(x,y)\,dy).$$

特に，曲線 C が滑らかならば，この右辺は(複素数値函数の)リーマン積分に帰着される:

(15.9)
$$\begin{aligned}\int_C f(z)\,dz&=\int_{t_0}^{T}(\varphi(x(t),y(t))+i\psi(x(t),y(t)))(x'(t)+iy'(t))\,dt\\&=\int_{t_0}^{T}f(z(t))z'(t)\,dt.\end{aligned}$$

近似和 (15.8) とならんで，これと類似な和

$$\sum_{\nu=1}^{m}f(z(\tau_\nu))|z(t_\nu)-z(t_{\nu-1})|$$

を考える．これに対しても，$f(z)$ が C 上で連続ならば，分割を一様に細かくしたときの確定した有限な極限値の存在が示される．この極限値を

$$\int_C f(z)|dz|$$

で表わす．特に，$f(z)\equiv 1$ のとき，これは曲線 C の**長さ** $l[C]$ を与える:

(15.10)
$$l[C]=\int_C|dz|.$$

定義から明らかなように，積分が存在する限り，つぎの評価が成り立つ:

(15.11)
$$\left|\int_C f(z)dz\right|\leqq\int_C|f(z)||dz|.$$

つぎの諸性質もまた，積分の定義から容易にみちびかれる．

(i)
$$\int_C(f(z)\pm g(z))\,dz=\int_C f(z)\,dz\pm\int_C g(z)\,dz.$$

($f(z)$, $g(z)$ の C にわたる積分が存在すれば，$f(z)\pm g(z)$ の C にわたる積分も存在してこの等式が成り立つと読む．以下もこれに準ずる．)

(ii)
$$\int_C kf(z)\,dz=k\int_C f(z)\,dz \qquad (k\text{ は定数}).$$

(iii)　C がその上の一点で二つの弧 C_1, C_2 に分けられるとき，

$$\int_C f(z)\,dz=\int_{C_1} f(z)\,dz+\int_{C_2} f(z)\,dz.$$

(iv)　C の向きを逆にした曲線を C^- で表わせば,

$$\int_{C^-} f(z)\,dz=-\int_C f(z)\,dz.$$

後に利用するために，特殊な函数に対して複素積分の値を求めておこう．まず，函数 $f(z)\equiv 1$ を考え，C の始点，終点をそれぞれ $z(t_0)=z_0$，$z(T)=Z$ で表わす．このとき，分割 (15.2) に対する近似和 (15.8) の値は

$$\sum_{\nu=1}^{m}(z(t_\nu)-z(t_{\nu-1}))=z(t_m)-z(t_0).$$

ゆえに,

$$\int_C dz=Z-z_0. \tag{15.12}$$

つぎに，函数 $f(z)=z$ を考える．近似和 (15.8) で $\tau_\nu=t_{\nu-1}$ $(\nu=1,\cdots,m)$ とおいたものと $\tau_\nu=t_\nu$ $(\nu=1,\cdots,m)$ とおいたものとの算術平均をつくれば,

$$\frac{1}{2}\sum_{\nu=1}^{m}(z(t_{\nu-1})+z(t_\nu))(z(t_\nu)-z(t_{\nu-1}))=\frac{1}{2}(z(t_m)^2-z(t_0)^2)$$

ゆえに,

$$\int_C z\,dz=\frac{1}{2}(Z^2-z_0^2). \tag{15.13}$$

ここでしらべた二つの例 (15.12), (15.13) では，積分の値が路 C の途中の経過には関せず，その両端点だけで確定する．したがって，特に C が閉曲線ならば，積分の値は 0 に等しい．この事実は一般的な観点から深い意義をもつのであって，それについては次節で詳説するであろう．しかし，どんな函数に対しても事情がそうなっているのではない．例えば，函数 $f(z)=1/z$ を原点を中心とする円周

$$C:\qquad z=z(t)\equiv re^{it}\qquad (0\leqq t\leqq 2\pi)$$

にわたって積分してみよう．このとき，$z(t)$ は連続な導函数 $z'(t)=iz(t)$ をもつから，(15.9) によって

$$\int_C \frac{dz}{z}=\int_0^{2\pi}\frac{z'(t)}{z(t)}dt=\int_0^{2\pi} i\,dt=2\pi i. \tag{15.14}$$

すなわち，C が閉曲線であるにかかわらず，C にわたる $1/z$ の積分の値は 0 に等しくない．あるいは函数 $f(z)=\Re z$ を同じ積分路にわたって積分すれば,

$$\int_C \Re z\cdot dz=\int_0^{2\pi}\Re z(t)\cdot z'(t)\,dt=\int_0^{2\pi} r\cos t\cdot r(-\sin t+i\cos t)\,dt=i\pi r^2 \tag{15.15}$$

となって，やはり 0 に等しくはない．

つぎに，函数項の級数の項別積分についての一つの十分条件を，函数列に対する形であげておこう．函数項の無限級数の場合への移行は容易になされよう．

定理 15.1. 路 C 上で連続な函数から成る列 $\{f_n(z)\}$ が C 上で一様に収束するならば，

$$\lim_{n\to\infty}\int_C f_n(z)\,dz=\int_C \lim_{n\to\infty} f_n(z)\,dz. \tag{15.16}$$

証明. 定理 9.1 によって，極限函数 $f(z)=\lim f_n(z)$ は C 上で連続だから，積分可能である．一様収束の仮定によって，

$$\varepsilon_n\equiv \max_{z\in C}|f_n(z)-f(z)|\to 0 \qquad (n\to\infty).$$

ゆえに，一般な評価 (15.11) に基いて，

$$\left|\int_C f_n(z)\,dz-\int_C f(z)\,dz\right|=\left|\int_C (f_n(z)-f(z))\,dz\right|$$
$$\leqq\int_C |f_n(z)-f(z)||dz|\leqq\varepsilon_n\int_C |dz|=\varepsilon_n l[C];$$

ここに $l[C]$ は C の長さを表わす．極限関係 (15.16) はこの評価から明らかであろう．

最後に，次節で利用するために，一つの**近似定理**をあげておく：

定理 15.2. 領域 D で連続な函数 $f(z)$ の D 内にある路 C にわたる積分は，C と両端点を共有する C の内接屈折線 Π にわたる積分によって，任意に精密に近似される．いいかえれば，任意な $\varepsilon>0$ に対してかような Π を適当にとれば，

$$\left|\int_C f(z)\,dz-\int_\Pi f(z)\,dz\right|<\varepsilon. \tag{15.17}$$

証明. C と ∂D との距離を $d>0$ で表わし，C からの距離が $d/2$ 以下のすべての点から成る集合を E とする；ただし，D が有限な境界点をもたないときには $d/2$ として任意な正数をとる．E は D に含まれる有界閉集合だから，$f(z)$ は E で一様に連続である．したがって，適当な正数 $\delta=\delta(\varepsilon)<d/2$ をとれば，$z,\ z^*\in E,\ |z-z^*|<\delta$ である限り $|f(z)-f(z^*)|<\varepsilon/2l$ となる；ここに $l=l[C]$ は C の長さを表わす．C の方程式を $z=z(t)\ (t_0\leqq t\leqq T)$ とし，一つの分割 Δ: $t_0<t_1<\cdots<t_m=T$ に対して $z_\nu=z(t_\nu)$ とおく．この分割を十分細かくとっておけば，

$$|z(t)-z_{\nu-1}|<\delta \qquad (t_{\nu-1}\leqq t\leqq t_\nu;\ \nu=1,\cdots,m).$$

ゆえに，$z_{\nu-1}$ から z_ν までの C の弧を C_ν で表わせば，

$$\left|\int_C f(z)\,dz-\sum_{\nu=1}^{m}f(z_{\nu-1})(z_\nu-z_{\nu-1})\right|=\left|\sum_{\nu=1}^{m}\int_{C_\nu}(f(z)-f(z_{\nu-1}))\,dz\right|$$

$$\leqq\sum_{\nu=1}^{m}\int_{C_\nu}|f(z)-f(z_{\nu-1})|\,|dz|<\frac{\varepsilon}{2l}\sum_{\nu=1}^{m}\int_{C_\nu}|dz|=\frac{\varepsilon}{2}.$$

そこで，分点 z_ν ($\nu=0,1,\cdots,m$) を順次に線分で結ぶことによって得られる C の内接屈折線を Π とすれば，これは C と両端点を共有し，しかも $\delta<d/2$ だから，Π は E に含まれている．ゆえに，$z_{\nu-1}$ から z_ν までの Π の辺を Π_ν で表わせば，すべての点 $z\in\Pi_\nu$ に対して $|z-z_{\nu-1}|<\delta$ となるから，

$$\left|\int_\Pi f(z)\,dz-\sum_{\nu=1}^{m}f(z_{\nu-1})(z_\nu-z_{\nu-1})\right|=\left|\sum_{\nu=1}^{m}\int_{\Pi_\nu}(f(z)-f(z_{\nu-1}))\,dz\right|$$

$$\leqq\sum_{\nu=1}^{m}\int_{\Pi_\nu}|f(z)-f(z_{\nu-1})|\,|dz|<\frac{\varepsilon}{2l}\sum_{\nu=1}^{m}\int_{\Pi_\nu}|dz|\leqq\frac{\varepsilon}{2}.$$

以上の二つの評価から (15.17) を得る．

問 1. 路 C 上で連続函数項の級数 $\sum f_n(z)$ が一様に収束するならば，

$$\int_C \sum f_n(z)\,dz=\sum\int_C f_n(z)\,dz.$$

問 2. 路 C を含む領域 D で正則な函数 $F(z)$ が D で連続な導函数 $f(z)$ をもつならば，C の始点，終点をそれぞれ z_0，Z で表わすとき，

$$\int_C f(z)\,dz=[F(z)]_{z_0}^{Z}\equiv F(Z)-F(z_0).$$ ［例題 1］

問 3. 有限領域 D で到るところ $F'(z)\equiv 0$ ならば，D で $F(z)\equiv\text{const.}$ ［例題 2］

§16. コーシーの積分定理

前節で複素積分について説明したが，これはいわば定積分に当るものである．それに対して，不定積分に相当する概念を導入しようと試みると，事情はやや複雑である．不定積分というからには，積分路の始点を固定するとき，積分の値がその終点の函数とみなされるべきであろう．ところが，一般には連続函数に限っても複素積分の値は，路の端点だけでなく，その途中の経過にも関係する；(15.14)，(15.15) 参照．したがって，不定積分を考えうるためには，被積分函数の範囲を適当に制限しなければならない．

さきに §13 で，われわれは理論の主要な対象を微分可能性の条件に基いて正則函数に限定することを述べた．それに対して不定積分の概念を導入するた

めに，ここでふたたび対象とする函数族について新たな制限を設けねばならないであろうか．ところが幸いにも，正則函数の範囲で一応は不定積分を考え得るのであって，その保証の根拠をなすのがいわゆる**コーシーの積分定理**である．これは解析学における最も重要な成果の一つであって，**函数論の基本定理**と呼ばれている．この定理はつぎのように述べられる:

定理 16.1. $f(z)$ を有限な単連結領域 D で正則とすれば，D 内の路に沿うその積分の値は，路の端点だけで定まり，路の途中の経過には無関係である．

コーシーの定理はつぎの同値な形にも述べかえられる；そして，ふつうはこの形でよく利用される:

定理 16.2. $f(z)$ を有限な単連結領域 D で正則とすれば，D 内の任意な閉じた路 C に対して

$$\int_C f(z)\,dz=0. \tag{16.1}$$

証明. 路 C が閉屈折線 Π の場合に定理が証明されたとすれば，近似定理 15.2 によって，$f(z)$ の任意な閉じた路 C にわたる積分は，絶対値において任意な正数 ε より小さく，したがってそれ自身 0 に等しいことになる．C が閉屈折線 Π の場合には，そのある二辺が互に逆向きに通過される線分を共有するならば，かような部分を消し去っても積分の値は変わらない．かようにして残る部分は，いくつかの単一閉屈折線の和とみなされる．ところで，単一閉屈折線で囲まれた多角形は，三角形でない限りは，それに含まれる一つの対角線によって辺数の少ない二つの多角形に分けられる．そのおのおのの多角形の周へ，それがもとの閉屈折線と共有する辺上でつけられているのと一致する向きをつける．このとき，対角線には両多角形において逆の向きがつけられる．したがって，もとの閉屈折線にわたる積分は，これらの両多角形の周上を指定の向きにとられた積分の和に等しい．同じ操作を両多角形のおのおのの対角線を引くことによって続けていく．かようにして，結局は，Π が D に属する一つの三角

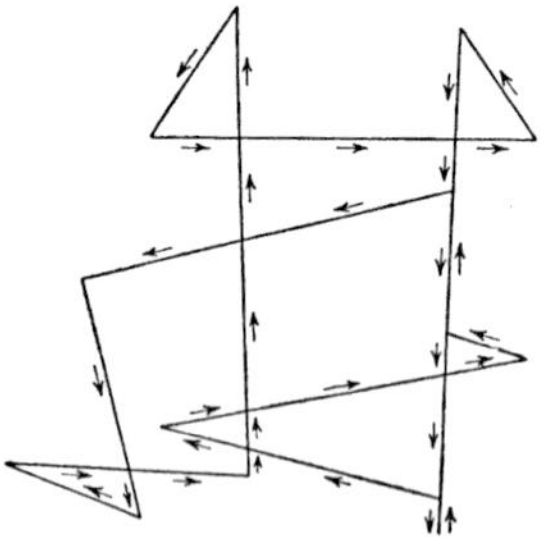

図 10

形の周 Γ である場合について定理の関係を示せばよい．さて，

$$\left|\int_{\Gamma} f(z)\,dz\right| = M$$

とおくとき，$M=0$ であることを示せばよい．Γ のおのおのの辺の中点を結ぶ線分によって，Γ の内部を四つの合同な部分三角形に分ければ，Γ にわたる

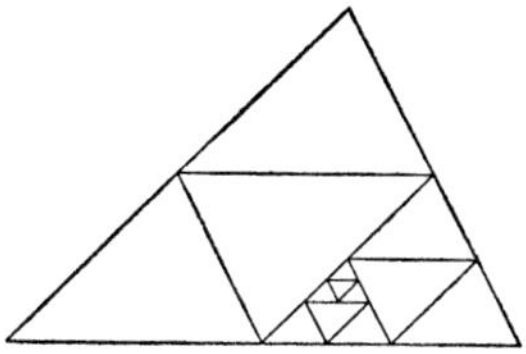

図 11

積分はこれらの周にわたる積分の和に等しい．ゆえに，それらのうちの少なくとも一つの周 Γ_1 に対して

$$\left|\int_{\Gamma_1} f(z)\,dz\right| \geqq \frac{M}{4}.$$

Γ の長さを l で表わせば，Γ_1 の長さは $l/2$ である．つぎに，Γ から Γ_1 をつくったのと同じ操作を Γ_1 にほどこすことにより Γ_2 をつくる．以下，この操作を反復することによって，帰納的に三角形の周から成る列 $\{\Gamma_n\}$ が定められる．Γ_n は Γ_{n-1} の内部をおのおのの辺の中点を結ぶ線分により四つの合同な三角形に分けたときの一つの周であって，

$$(16.2)\qquad \left|\int_{\Gamma_n} f(z)\,dz\right| \geqq \frac{M}{4^n}, \qquad \int_{\Gamma_n} |dz| = \frac{l}{2^n}.$$

Γ_n を境界とする閉三角形を Δ_n で表わせば，$\{\Delta_n\}$ は減少列であって，Δ_n の直径は $l/2^{n+1}$ $(<l/2^n)$ をこえない．したがって，定理 5.3 に基いて，すべての Δ_n に共通な一点 $z_0 \in D$ が存在する．$f'(z_0)$ が存在するから，任意な $\varepsilon>0$ に対して適当な $\delta(\varepsilon)>0$ をとれば，D に含まれる z_0 の近傍 U: $|z-z_0|<\delta(\varepsilon)$ において

$$\frac{f(z)-f(z_0)}{z-z_0} = f'(z_0) + \rho(z, z_0), \qquad |\rho(z, z_0)| < \frac{\varepsilon}{l^2}.$$

ところで，$\delta(\varepsilon)$ に対して適当な自然数 $n_0 = n_0(\varepsilon)$ をとれば，Δ_n $(n \geqq n_0)$ はすべて U に属する．さて，(15.12,13) で注意したように，閉曲線 Γ_n にわたる 1, z の積分は 0 に等しい．ゆえに，

$$\int_{\Gamma_n} f(z)\,dz = \int_{\Gamma_n} \bigl(f(z_0) + f'(z_0)(z-z_0) + \rho(z, z_0)(z-z_0)\bigr)\,dz$$

$$=\int_{\Gamma_n}\rho(z, z_0)(z-z_0)dz.$$

$z\in\Gamma_n$ $(n>n_0)$ のとき，$|\rho(z, z_0)|<\varepsilon/l^2$，$|z-z_0|<l/2^n$ であるから，

$$(16.3)\qquad \left|\int_{\Gamma_n}f(z)dz\right|=\left|\int_{\Gamma_n}\rho(z, z_0)(z-z_0)dz\right|<\frac{\varepsilon}{l^2}\frac{l}{2^n}\int_{\Gamma_n}|dz|=\frac{\varepsilon}{4^n}.$$

(16.2) と (16.3) を比較することによって，$n\geqq n_0$ である限り $M/4^n<\varepsilon/4^n$ すなわち $(0\leqq)$ $M<\varepsilon$ を得るが，$\varepsilon>0$ は任意だから，$M=0$ でなければならない．これで定理が完全に証明されている．

いま証明した積分定理は，つぎのしばしば応用される形に少しく拡張しておくと便利である:

定理 16.3. 長さの有限な単一閉曲線 C およびその内部で正則な函数 $f(z)$ に対して，C 上にわたるその積分は0に等しい．

証明. 仮定によって，$f(z)$ は C のおのおのの点を中心とするある円板で正則である．ハイネ・ボレルの定理5.4によって，有界閉集合 C はこれらの円板の有限個で覆われる．C の内部とこれらの有限個の円板との合併は，C および C の内部を含む一つの領域である．それの単連結な部分領域であって C をその内部に含むものを D として，定理16.2を適用すればよい．

この定理ではなお，函数の正則性が C の内部だけでなく C の上でも仮定されている．しかし，実は函数の正則性を C の内部でだけ仮定し，C を含めたジョルダン閉領域では連続性を仮定するだけでよいことが示されるのである．積分定理をこの強い形で証明するさいに，大別して二つの流儀がみられる．一つは積分路を他方は被積分函数を近似することによって，問題をより簡単な場合へ帰着させようとするものである．本節で採用したのは前者の流儀にしたがうもので，近似定理15.2がその基礎をなしている．そして，これによって積分路が三角形の周である場合へ帰着されている．ところで，この近似定理は被積分函数の正則性にはふれず，その連続性だけに関している．もし C がジョルダン曲線の場合に，近似屈折線 Π を C の内部にえらんで評価 (15.17) が成り立つようにできたならば，積分定理が強い形で証明できるはずである．つぎに，後者の流儀は，C を境界とするジョルダン閉領域で積分定理の成立が保証されるような函数によって被積分函数を一様近似しようとするものである．近似函数として多項式をとることによるこの証明法については，§31で詳説しよう．なお，両者の方法を折衷して，等角写像の手段により領域を円板へ変換した後，函数を多項式で一様近似するという方法があり，ハイルブロンによりその証明がなされている．

さて，本論へもどる．積分定理16.1,2では有限領域 D の単連結性の仮定が

本質的である．それは(15.14)にあげた例からもわかる．しかし，複連結領域の場合には，積分定理がつぎの形で一般化される：

定理 16.4. 単一閉曲線 C_0 ならびにそれで囲まれた有界領域で互に他の外部にある m 個の単一閉曲線 C_μ $(\mu=1,\cdots,m)$ がことごとく有限な長さをもつとする．このとき，C_μ $(\mu=0,1,\cdots,m)$ を境界とする $m+1$ 重連結領域 D へその境界を付加して得られる閉領域で一価正則な函数 $f(z)$ に対して

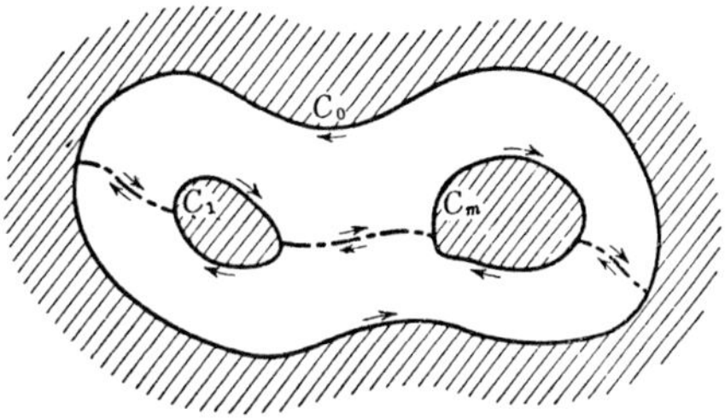

図 12

$$\int_{C_0} f(z)\,dz = \sum_{\mu=1}^{m} \int_{C_\mu} f(z)\,dz. \tag{16.4}$$

ただし，$m+1$ 個のおのおのの積分はその積分路だけで囲まれた有界領域に関して正の向きにとる．

証明. C_0 の一点から C_1 の一点へ，C_1 の一点から C_2 の一点へ，…，C_{m-1} の一点から C_m の一点へ，C_m の一点から C_0 の一点へ $m+1$ 個の長さの有限な単一曲線(横断線)を，D 内で互に共通点をもたないようにつくる．それによって領域 D は定理16.3が適用できるような二つの単連結領域に分けられる．この定理に基いて得られる二つの関係式を加えれば，横断線の部分からの寄与は両岸で打消し合うから，C_μ と向きだけが逆な曲線を C_μ^- で表わすとき，

$$0=\int_{C_0} f(z)\,dz+\sum_{\mu=1}^{m}\int_{C_\mu^-} f(z)\,dz=\int_{C_0} f(z)\,dz-\sum_{\mu=1}^{m}\int_{C_\mu} f(z)\,dz,$$

すなわち(16.4)を得る．

問 1. $1/(1+z^2)$ をつぎのおのおのの円周を内部に関して正の向きに一周する路に沿って積分せよ：(a) $|z-i|=1$，(b) $|z+i|=1$，(c) $|z|=2$，(d) $|z|=1$．　[練 3.18]

問 2. 同心円環 $q<|z|<Q$ で一価正則な函数 $f(z)$ に対して，円周 $|z|=r$ $(q<r<Q)$ にわたるその積分の値は，r に無関係である．

§17. 積分公式

一般函数論の多くの結果が，コーシーの積分定理からみちびき出される．そ

の一つの応用として，それ自身としても重要な**コーシーの積分公式（積分表示）**をあげよう：

定理 17.1. 長さの有限な単一閉曲線 C の上およびその内部で $f(z)$ が正則ならば，C の内部にあるおのおのの点 z に対して

$$f(z)=\frac{1}{2\pi i}\int_C \frac{f(\zeta)}{\zeta-z}d\zeta. \tag{17.1}$$

ここに右辺の積分は C 上をその内部に対して正の向きにまわるものとする．

証明. z を C の内部の任意な一点とし，変点を一般に ζ で表わす． z を中心として C の内部にある小円周 κ: $|\zeta-z|=r$ をとる． $f(\zeta)/(\zeta-z)$ を ζ の函数とみなせば，C と κ とで囲まれた（二重連結の）環状領域で一価正則であるから，定理 16.4 によって，

$$\int_C \frac{f(\zeta)}{\zeta-z}d\zeta=\int_\kappa \frac{f(\zeta)}{\zeta-z}d\zeta=f(z)\int_\kappa \frac{d\zeta}{\zeta-z}+\int_\kappa \frac{f(\zeta)-f(z)}{\zeta-z}d\zeta. \tag{17.2}$$

ところで，円周 κ の方程式 $\zeta=z+re^{i\theta}$ $(0\leqq\theta\leqq 2\pi)$ に対しては $d\zeta=re^{i\theta}id\theta=i(\zeta-z)d\theta$ となるから，

$$\int_\kappa \frac{d\zeta}{\zeta-z}=\int_0^{2\pi} i\,d\theta=2\pi i. \tag{17.3}$$

他方において，$f(\zeta)$ の連続性により，任意な $\varepsilon>0$ に対して $r=r(\varepsilon)>0$ を十分小さくとっておけば，$|\zeta-z|=r$ のとき $|f(\zeta)-f(z)|<\varepsilon$ となる．ゆえに，評価

$$\left|\int_\kappa \frac{f(\zeta)-f(z)}{\zeta-z}d\zeta\right|<\varepsilon\int_\kappa \frac{|d\zeta|}{|\zeta-z|}=\varepsilon\int_0^{2\pi}d\theta=2\pi\varepsilon \tag{17.4}$$

が成り立つ．(17.3) と (17.4) によって (17.2) から

$$\left|\frac{1}{2\pi i}\int_C \frac{f(\zeta)}{\zeta-z}d\zeta-f(z)\right|<\varepsilon$$

となるが，$\varepsilon>0$ の任意性によってこれから (17.1) が得られる．

定理 17.2. 定理 16.4 におけると同じ仮定のもとに，おのおのの点 $z\in D$ に対して

$$f(z)=\frac{1}{2\pi i}\int_{C_0} \frac{f(\zeta)}{\zeta-z}d\zeta-\sum_{\mu=1}^{m}\frac{1}{2\pi i}\int_{C_\mu} \frac{f(\zeta)}{\zeta-z}d\zeta.$$

定理 17.1 にあげた積分公式 (17.1) からわかるように，境界 C の内部における函数値

$f(z)$ が，その C 上の境界値によってすでに完全に決定される．この極めていちじるしい現象は単なる函数の連続性からは到底望めない．微分可能性(正則性)がいかに決定的な条件となっているか，そして，そのゆえにこそ正則函数についての豊かな成果が期待されるかということが，この点からも推察されよう．

なお，定理 17.1 でもし点 z が C の外部にあるならば，被積分函数は C の上および内部でいたるところ ζ について正則であるから，

$$\frac{1}{2\pi i}\int_C \frac{f(\zeta)}{\zeta - z}d\zeta = 0 \tag{17.5}$$

が成り立つ．したがって，z の函数

$$F(z) = \frac{1}{2\pi i}\int_C \frac{f(\zeta)}{\zeta - z}d\zeta \tag{17.6}$$

は，C 上の点を除いていたるところ定義され，C の内部では $f(z)$ と一致するが，C の外部では 0 に等しい．しかし，z が C 上にある場合には，別に考えなければならない．もし $z \in C$ で $f(z)=0$ となるならば，容易に示されるように，$F(z)=0$ となるが，$f(z) \neq 0$ ならば，(17.6) の右辺の積分は本来の意味 (proper sense) では存在しない．しかしながら，積分の主値の概念を導入すると，それについてある種の結論をひき出すことができる．

そのために，定理 17.1 の仮定のもとで，さらに曲線 C がその上の点 z で接線をもつと仮定する．z を中心とする小円周 κ_r: $|\zeta - z| = r$ をえがき，z から出発して C 上を正および負の向きに進むとき，κ_r と出会う点をそれぞれ ζ_r^+, ζ_r^- で表わす; r が 0 に十分近ければ，接線が存在するとの仮定から C は κ_r とこれらの二点だけを共有する．点 ζ_r^+ から C 上を正の向きに ζ_r^- にまでいたる弧を C_r で表わすとき，積分の**主値**を

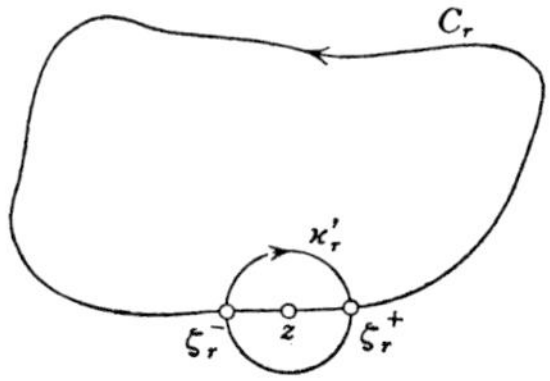

図 13

$$(\mathrm{P})\int_C \frac{f(\zeta)}{\zeta - z}d\zeta = \lim_{r\to+0}\int_{C_r} \frac{f(\zeta)}{\zeta - z}d\zeta \tag{17.7}$$

で定義する．そこで，点 z での C の接線が存在するという仮定のもとで，この主値積分が存在することを示し，さらにその値を求めよう．

点 ζ_r^- から κ_r 上を円板の内部に関して負の向きに点 ζ_r^+ にいたる円弧を

κ_r' で表わせば，これは両端点を除いて C で囲まれた有界領域の内部にある．ゆえに，閉曲線 $C_r \cup \kappa_r'$ に対して(17.5)の関係を用いれば，z がその外部にあることから，

$$\int_{C_r}\frac{f(\zeta)}{\zeta-z}d\zeta+\int_{\kappa_r'}\frac{f(\zeta)}{\zeta-z}d\zeta=0.$$

さて，z における C の接線が正の実軸となす角を θ_0 とすれば $\arg(\zeta_\nu{}^{\pm}-z)=\theta_r{}^{\pm}$ (の連続な分枝)を考えるとき，

$$\theta_r{}^{-}\to\theta_0+\pi,\qquad \theta_r{}^{+}\to\theta_0\qquad\qquad (r\to+0).$$

したがって，函数 $f(\zeta)$ の点 z における連続性によって，

$$\int_{\kappa_r'}\frac{f(\zeta)}{\zeta-z}d\zeta=i\int_{\theta_r{}^-}^{\theta_r{}^+}f(z+re^{i\theta})\,d\theta\to-\pi i f(z)\qquad (r\to+0).$$

ゆえに，(17.6)の右辺の積分を主値積分と解するとき，$z\in C$ に対して

(17.8)
$$F(z)\equiv\frac{1}{2\pi i}(\mathrm{P})\int_C\frac{f(\zeta)}{\zeta-z}d\zeta=\frac{1}{2}f(z).$$

さて，コーシーの積分公式(17.1)では

(17.9)
$$G(z)=\frac{1}{2\pi i}\int_\Gamma\frac{g(\zeta)}{\zeta-z}d\zeta$$

という形の式が現われた．ここでは，Γ は必ずしも閉じているを要しない長さの有限な曲線とし，$g(\zeta)$ は Γ で定義された連続函数(必ずしも正則性を要求しない)と仮定して，(17.9)で定義された函数 $G(z)$ についてしらべよう．それによって，特殊な場合としての(17.6)の $F(z)$ の性質が同時にみちびかれるわけである．

定理 17.3. 長さの有限な曲線 Γ 上で定義された連続函数 $g(\zeta)$ をもって(17.9)で与えられる函数 $G(z)$ は，Γ 上にないおのおのの点 z で何回でも微分可能であって，しかも

(17.10)
$$G^{(n)}(z)=\frac{n!}{2\pi i}\int_\Gamma\frac{g(\zeta)}{(\zeta-z)^{n+1}}d\zeta\qquad (n=0,1,\cdots).$$

証明. (17.10)で $n=0$ の場合は，$G(z)$ の定義の式(17.9)にほかならない．帰納法によるために，(17.10)がある n ($\geqq 0$) に対して成り立つと仮定する．任意な一点 $z\notin\Gamma$ と Γ との距離を $\delta=\delta(z)$ (>0) で表わせば，$|\Delta z|\leqq\delta/2$ のとき，$\zeta\in\Gamma$ に対して $|\zeta-z|\geqq\delta$, $|\zeta-z-\Delta z|\geqq\delta/2$．このとき，

$$J_n(z,\Delta z)\equiv\frac{G^{(n)}(z+\Delta z)-G^{(n)}(z)}{\Delta z}-\frac{(n+1)!}{2\pi i}\int_\Gamma\frac{g(\zeta)}{(\zeta-z)^{n+2}}d\zeta$$

$$=\frac{n!}{2\pi i}\int_\Gamma g(\zeta)\left(\frac{1}{\Delta z}\left(\frac{1}{(\zeta-z-\Delta z)^{n+1}}-\frac{1}{(\zeta-z)^{n+1}}\right)-\frac{n+1}{(\zeta-z)^{n+2}}\right)d\zeta$$

において,

$$\frac{1}{\Delta z}\left(\frac{1}{(\zeta-z-\Delta z)^{n+1}}-\frac{1}{(\zeta-z)^{n+1}}\right)-\frac{n+1}{(\zeta-z)^{n+2}}$$

$$=\frac{1}{(\zeta-z-\Delta z)^{n+1}(\zeta-z)^{n+1}}\sum_{\nu=0}^{n}(\zeta-z)^{n-\nu}(\zeta-z-\Delta z)^{\nu}-\frac{n+1}{(\zeta-z)^{n+2}}$$

$$=\frac{1}{(\zeta-z)^{n+2}}\sum_{\nu=0}^{n}\frac{1}{(\zeta-z-\Delta z)^{n+1-\nu}}((\zeta-z)^{n+1-\nu}-(\zeta-z-\Delta z)^{n+1-\nu})$$

$$=\frac{1}{(\zeta-z)^{n+2}}\sum_{\nu=0}^{n}\frac{\Delta z}{(\zeta-z-\Delta z)^{n+1-\nu}}\sum_{\mu=0}^{n-\nu}(\zeta-z)^{n-\nu-\mu}(\zeta-z-\Delta z)^{\mu}$$

$$=\Delta z\sum_{\nu=0}^{n}\sum_{\mu=0}^{n-\nu}\frac{1}{(\zeta-z-\Delta z)^{n+1-\nu-\mu}(\zeta-z)^{\nu+\mu+2}}$$

であるから,

$$|J_n(z,\Delta z)|\leqq\frac{n!|\Delta z|}{2\pi}\sum_{\nu=0}^{n}\sum_{\mu=0}^{n-\nu}\frac{1}{(\delta/2)^{n+1-\nu-\mu}\delta^{\nu+\mu+2}}\int_\Gamma|g(\zeta)||d\zeta|$$

$$=\frac{n!|\Delta z|}{2\pi}\frac{2(2^{n+2}-3-n)}{\delta^{n+3}}\int_\Gamma|g(\zeta)||d\zeta|.$$

したがって, $J_n(z,\Delta z)\to0$ $(\Delta z\to0)$ となるが, これは公式 (17.10) が一般に成り立つことを示している. ——なお, 定理 20.1 直後の注意参照.

この定理から特に, $G(z)$ は Γ の点を含まないおのおのの領域で正則なことがわかる. すでに注意しておいたように, この定理の系としてつぎの結果がみちびかれる:

定理 17.4. 定理 17.1 と同じ仮定のもとで, C の内部にあるおのおのの点 z でつぎの公式が成り立つ:

(17.11) $$f^{(n)}(z)=\frac{n!}{2\pi i}\int_C\frac{f(\zeta)}{(\zeta-z)^{n+1}}d\zeta\qquad(n=0,1,\cdots).$$

この定理によって, 単に一階導函数の存在に基いて規定された正則函数は, 実は必然的にすべての階数の導函数をもつ. したがって特に, 正則函数の導函数はもとの函数が正則な範囲で連続である. この最後の命題は, 時には**グール**

サの定理と呼ばれている．

一般に，$|z|<\infty$ で正則な函数を**整函数**という．そのうちで，多項式(有理整函数)でないものを**超越整函数**という．整函数についてのつぎの**リウビユの定理**は，しばしば有用である：

定理 17.5. 有界な整函数は定数である．

証明. $f(z)$ を有界な整函数とすれば，コーシーの積分公式(定理 17.1)により，任意に大きな整数 R をもって $|z|<R$ のとき，

$$f(z)-f(0)=\frac{1}{2\pi i}\int_{|\zeta|=R}f(\zeta)\left(\frac{1}{\zeta-z}-\frac{1}{\zeta}\right)d\zeta=\frac{z}{2\pi i}\int_{|\zeta|=R}\frac{f(\zeta)}{(\zeta-z)\zeta}d\zeta.$$

仮定に基いて $|f(z)|\leqq M$ とする．任意な一点 z に対して，$|z|<R$ なる R をとれば，これからつぎの評価を得る：

$$|f(z)-f(0)|\leqq\frac{|z|}{2\pi}\int_{|\zeta|=R}\frac{|f(\zeta)|}{(|\zeta|-|z|)|\zeta|}|d\zeta|\leqq\frac{|z|}{2\pi}\frac{M}{(R-|z|)R}\cdot 2\pi R=\frac{M|z|}{R-|z|}.$$

ここで R は任意に大きくとれるから，$f(z)=f(0)$ でなければならない．z はあらかじめ任意な点としたから，$f(z)\equiv f(0)$．

ここでついでに，リウビユの定理の一つの応用として，**代数方程式論の基本定理**の証明をあげる：

定理 17.6. 複素係数をもつ n ($\geqq 1$) 次の代数方程式

$$P(z)\equiv c_0+c_1z+\cdots+c_nz^n=0 \qquad (c_n\neq 0)$$

は，複素数の範囲でちょうど n 個の根をもつ．ただし，重根はその重複度に応じて数える．

証明. 少なくとも一根が存在することが示されれば，根の個数が n に等しいことは，帰納法によって容易にわかる．いま，仮に根がなかったとすれば，$P(z)$ は零点をもたない整函数だから，その逆数 $f(z)=1/P(z)$ もまた整函数となる．十分大きい正数 r に対して，$|z|>r$ のとき，

$$|P(z)|\geqq|c_n|r^n\left(1-\frac{|c_{n-1}|}{|c_n|r}-\cdots-\frac{|c_0|}{|c_n|r^n}\right)\geqq\frac{|c_n|}{2}r^n\geqq 1.$$

また，閉円板 $|z|\leqq r$ において連続な函数 $|P(z)|$ の最小値を m で表わせば，仮定 $P(z)\neq 0$ によって $m>0$ である．したがって，すべての z に対して $|f(z)|\leqq 1+1/m$ となるから，リウビユの定理 17.5 によって，$f(z)\equiv f(0)$ すなわち

$P(z)\equiv P(0)$ となるが，これは明らかに不合理である．

問 1. 長さの有限な曲線 Γ 上で連続な函数 $g(\zeta)$ と自然数 m とをもって

$$f(z)=\int_\Gamma \frac{g(\zeta)}{(\zeta-z)^{m+1}}d\zeta$$

で定義された函数は，Γ 以外で正則であって

$$f^{(n)}(z)=\frac{(m+n)!}{m!}\int_\Gamma \frac{g(\zeta)}{(\zeta-z)^{m+n+1}}d\zeta \qquad (n=1,2,\cdots).$$

[練3.19]

問 2. $\zeta=0$ を正の向きに一周する路 C に対して

$$\left(\frac{z^n}{n!}\right)^2=\frac{1}{2\pi i}\int_C \frac{z^n e^{z\zeta}}{n!\,\zeta^{n+1}}d\zeta \qquad (n=0,1,\cdots).$$

これからさらに，つぎの関係がみちびかれる：

$$\sum_{n=0}^{\infty}\frac{z^{2n}}{n!^2}=\frac{1}{2\pi}\int_0^{2\pi}e^{2z\cos\theta}d\theta.$$

[例題 1]

問 3. $|z-z_0|<a$，$|w-w_0|<b$ で連続な函数 $f(z,w)$ がおのおのの変数について正則ならば，$|z-z_0|<\alpha<a$，$|w-w_0|<\beta<b$ に対して

$$f(z,w)=\frac{1}{(2\pi i)^2}\int_{|\zeta-z_0|=\alpha}\int_{|\omega-w_0|=\beta}\frac{f(\zeta,\omega)}{(\zeta-z)(\omega-w)}d\zeta d\omega.$$

§18. 不定積分；対数函数

前節で示したように，正則函数の導函数は正則である．この事実を利用して，コーシーの積分定理の逆とみなされるつぎの**モレラの定理**が証明される：

定理 18.1. 領域 D で連続な函数 $f(z)$ に対して，D 内にある任意な閉じた路 C についてつねに

$$\int_C f(z)\,dz=0 \tag{18.1}$$

ならば，$f(z)$ は D で正則である．

証明. 任意な一点 $z_0\in D$ を固定すれば，仮定 (18.1) によって z_0 から一点 $z\in D$ に到る路に沿っての $f(z)$ の積分は，個々の路に無関係に終点 z だけで確定する．したがって，それを z の一価函数として

$$F(z)=\int_{z_0}^{z} f(\zeta)\,d\zeta \tag{18.2}$$

という形に表わすことができる．D の任意な二点 z，$z+\Delta z$ に対して

$$\frac{F(z+\Delta z)-F(z)}{\Delta z}-f(z)=\frac{1}{\Delta z}\int_z^{z+\Delta z}(f(\zeta)-f(z))\,d\zeta$$

となる．右辺の積分は z から $z+\Delta z$ にいたる D 内の任意な路に沿ってとることができる．Δz が0に十分近ければ，z と $z+\Delta z$ とを結ぶ線分が D に含まれるから，それを積分路としてとることにする．他方において，$f(\zeta)$ は連続だから，任意な $\varepsilon>0$ に対して適当な $\delta(\varepsilon)>0$ をとれば，$|\zeta-z|<\delta(\varepsilon)$ のとき $|f(\zeta)-f(z)|<\varepsilon$ となる．ゆえに，$|\Delta z|<\delta(\varepsilon)$ のとき，

$$\left|\frac{F(z+\Delta z)-F(z)}{\Delta z}-f(z)\right|<\frac{1}{|\Delta z|}\int_z^{z+\Delta z}\varepsilon|d\zeta|=\varepsilon.$$

$\varepsilon>0$ は Δz と共に任意に0に近くとれるから，$F'(z)=f(z)$．すなわち，$F(z)$ は D で正則な函数である．したがって，$F(z)$ はすべての階数の導函数をもつ．特に，$f'(z)=F''(z)$ の存在によって，$f(z)$ は D で正則である．

ここでついでに，モレラの定理がもっと精密な形で証明されることを注意しておこう：

定理 18.2. 領域 D で連続な函数 $f(z)$ に対して，あらかじめ指定された任意な正数より短い軸に平行な辺をもち内部と共に D に属する長方形の周にわたる $f(z)$ の積分がつねに0に等しいならば，$f(z)$ は D で正則である．

証明. 任意な一点 $z=x+iy\in D$ を含み定理にいう条件をみたす一つの長方形の一頂点を $a+ib$ で表わせば，仮定によって一価函数

$$F(z)\equiv\int_b^y f(a+i\eta)i\,d\eta+\int_a^x f(\xi+iy)\,d\xi=\int_a^x f(\xi+ib)\,d\xi+\int_b^y f(x+i\eta)i\,d\eta$$

がその長方形内で定義される．いま，

$$f(z)=\varphi(x,y)+i\psi(x,y),\qquad F(z)=\Phi(x,y)+i\Psi(x,y)$$

とおけば，これらから実虚部を分離して

$$\Phi(x,y)=-\int_b^y\psi(a,\eta)\,d\eta+\int_a^x\varphi(\xi,y)\,d\xi=\int_a^x\varphi(\xi,b)\,d\xi-\int_b^y\psi(x,\eta)\,d\eta,$$

$$\Psi(x,y)=\int_b^y\varphi(a,\eta)\,d\eta+\int_a^x\psi(\xi,y)\,d\xi=\int_a^x\psi(\xi,b)\,d\xi+\int_b^y\varphi(x,\eta)\,d\eta.$$

したがって，これらの式から

$$\Phi_x(x,y)=\varphi(x,y)=\Psi_y(x,y),\quad \Phi_y(x,y)=-\psi(x,y)=-\Psi_x(x,y)$$

となるから，$F(z)=\Phi(x,y)+i\Psi(x,y)$ についてコーシー・リーマンの関係がみたされている．しかもさらに，函数

$$f(z)=\varphi(x,y)+i\psi(x,y)=\Phi_x(x,y)+i\Psi_x(x,y)=F'(z)$$

は正則函数の導函数として，それ自身正則である.

有限な単連結領域 D で正則な函数 $f(z)$ に対しては，コーシーの積分定理16.1によって，D 内の路に沿うその積分は，路の途中の経過に無関係である. したがって，定点 $z_0\in D$ から任意な一点 $z\in D$ にいたるその積分を，D における一価函数として，(18.2) の形に表わすことができる. このとき，$F(z)$ を $f(z)$ の**不定積分**という. 定理18.1の証明で示したように，正則な函数 $f(z)$ の不定積分 $F(z)$ は正則であって，$F'(z)=f(z)$ が成り立つ.

他方において，与えられた函数 $f(z)$ に対して $G'(z)=f(z)$ となる函数 $G(z)$ を，$f(z)$ の**原始函数**という. すぐ上に述べたように，正則な函数の不定積分はその一つの原始函数であるが，実は原始函数は付加定数を除いて不定積分でつくされることが示される:

定理 18.3. $G(z)$ を単連結領域 D で正則な函数 $f(z)$ の任意な原始函数とすれば，D の二点 z_0, Z に対して

$$\int_{z_0}^{Z} f(z)\,dz=[G(z)]_{z_0}^{Z}\equiv G(Z)-G(z_0). \tag{18.3}$$

証明. z_0 を始点としたときの $f(z)$ の不定積分を $F(z)$ とすれば，$F'(z)=f(z)=G'(z)$. したがって，定理13.6によって，$F(z)=G(z)+c$ (c は定数). ゆえに,

$$\int_{z_0}^{Z} f(z)\,dz=F(Z)-F(z_0)=G(Z)-G(z_0).$$

不定積分の一例として，対数函数について説明しよう. $f(z)=1/z$ は原点以外では正則である. したがって，z 平面を負の実軸に沿って切ることによって得られる単連結領域 $-\pi<\arg z<\pi$ で $f(z)$ は正則である. その不定積分

$$F(z)=\int_1^z \frac{d\zeta}{\zeta} \tag{18.4}$$

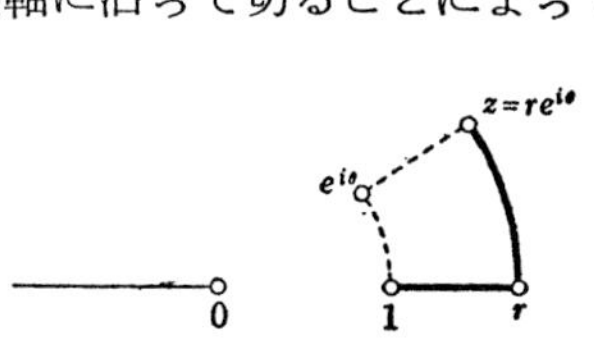

図 14

を考える. 点1から実軸上の線分に沿って点 r (>0) にいたり，ついで r から原点のまわりの円周上の弧に沿って $z=re^{i\theta}$ ($-\pi<\theta<\pi$) にいたる積分路をとれば,

$$F(z)=\int_1^r\frac{d\zeta}{\zeta}+\int_r^{re^{i\theta}}\frac{d\zeta}{\zeta}=\log r+i\theta \qquad (z=re^{i\theta}).$$

もし z を截線平面に制限しなければ，同様にして得られる函数は $\theta=\arg z$ に由来する多価性をもつことになる．その函数を

(18.5)
$$\log z=\log|z|+i\arg z$$

で表わし，複素変数の**対数函数**と定義する．これは $0<|z|<\infty$ で正則であって，**周期母数** $2\pi i$ をもつ無限多価函数である．$\arg z$ の主値を採用したときの $\log z$ の値をその**主値**という．

実変数の場合と同じく，対数函数が指数函数の逆函数となっている．じっさい，(11.9,11) で示したように(文字をとりかえて)，$z=e^w$ のとき，

$$\Re w=\log|z|, \qquad \Im w\equiv\arg z \pmod{2\pi}$$

となるから，$w=\log z$ に対して (18.5) を得る．指数函数の周期 $2\pi i$ がその逆函数としての対数函数の周期母数となっているのである．$w=\log z$ が $z=e^w$ の逆函数であることは，(18.4) からもたしかめられる．じっさい，(18.4) で $w=F(z)=\log z$ とおいて z について微分すれば，

(18.6)
$$\frac{dw}{dz}=\frac{1}{z}, \qquad \frac{dz}{dw}=z.$$

したがって，

$$\frac{d(ze^{-w})}{dw}=\frac{dz}{dw}e^{-w}-ze^{-w}=ze^{-w}-ze^{-w}=0.$$

$z=1$ のとき $w=0$ であることから，

$$ze^{-w}=1, \qquad z=e^w.$$

さて，(18.6) の第一式から

$$\frac{d}{dz}\log z=\frac{1}{z}=\frac{1}{1+(z-1)}=\sum_{n=0}^{\infty}(-1)^n(z-1)^n \qquad (|z-1|<1).$$

ゆえに，$\log 1=0$ なる主値に対しては，定理 13.8 によって，その冪級数による表示を得る：

(18.7)
$$\log z=\sum_{n=0}^{\infty}\frac{(-1)^n}{n+1}(z-1)^{n+1}=\sum_{n=1}^{\infty}\frac{(-1)^{n-1}}{n}(z-1)^n \qquad (|z-1|<1).$$

§10 末で説明した指導原理にしたがって実変数の対数函数を複素変数の場合へ拡張するという立場からは，むしろ (18.7) を $\log z$ の主値の定義として採用することになるわけ

である.

さきに，§11 で指数函数の写像と関連して，一つのリーマン面 Φ をつくりあげた．あらためて z 平面の代りにその上におかれたこの面 Φ を採用したとすれば，$w=\log z$ によってこれは $|w|<\infty$ と一対一に対応する．このとき，面 Φ を対数函数の**リーマン面**またはその**存在領域**という．$z=0, \infty$ がその分岐点である.

対数函数の多価性は z が分岐点のまわりをまわることによって現われる．すなわち，(18.4) の被積分函数を円周 $|\zeta|=\rho$ 上を原点に関して正の向きに一周する路に沿って積分すれば，対数函数の周期母数

$$\int_{|\zeta|=\rho}\frac{d\zeta}{\zeta}=2\pi i$$

が現われる．逆に，対数函数のこの多価性を利用して，原点(と∞)を通らない閉曲線 C が与えられたとき，その原点のまわりの**回転数**を

(18.8)
$$\mu[C]=\frac{1}{2\pi i}\int_C\frac{dz}{z}$$

で定義する．この右辺の積分の値は同じ射影をもつ点における対数函数の二つの分枝の値の差として $2\pi i$ の整数倍に等しいから，$\mu[C]$ の値はつねに整数である.

対数函数と関連して，c を任意な複素数とするとき，z の**冪函数**が

(18.9)
$$z^c=e^{c\log z}$$

によって定義される．z が原点を正の向きに一周するとき，$\log z$ の周期母数に応じて，z^c には因子 $e^{c2\pi i}$ が掛かる．もし c が整数ならば，この因子は1に等しいから，z^c は一価であり，ふつうの整数冪としての函数と一致する．しかし，c が整数でなければ，z^c は多価である．z が原点のまわりを正の向きに q 回まわると，z^c には因子 $e^{c2\pi iq}$ が掛かる．ゆえに，c が有理数であって，その既約分数表示を p/q $(q>1)$ とすれば，z^c は q 価の多価函数である．そして，この場合に冪函数 $z^{p/q}$ のリーマン面は，対数函数のそれよりはむしろ簡単につくられる．すなわち，$\log z$ の場合に用いられる葉のうちで q 枚のもの Π_ν' $(\nu=0, 1, \cdots, q-1)$ だけをとって，順次に Π_ν' $(\nu=0, 1, \cdots, q-2)$ の截線下岸を $\Pi_{\nu+1}'$ の截線上岸と連結し，ついで Π_{q-1}' の截線下岸を Π_0' の截線上岸と連結

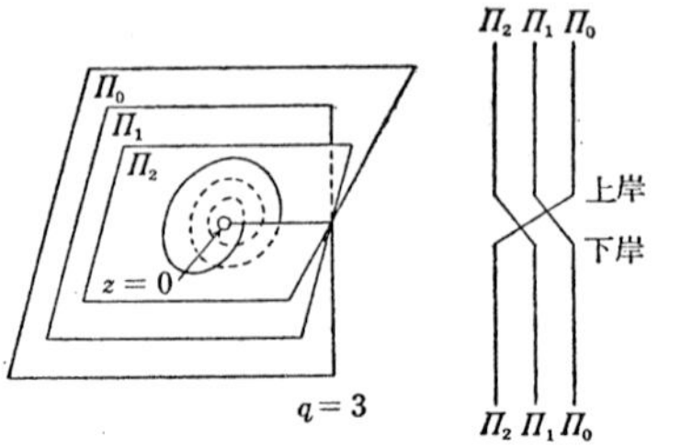

図 15

する．これによって得られる q 葉の面が $z^{p/q}$ のリーマン面である．

c が有理数でなければ(すなわち，実の無理数または虚数ならば)，z^c は無限多価函数である．そのリーマン面としては，対数函数のものがそのまま用いられるわけである．

つぎに，**逆余弦函数**，**逆正弦函数**を不定積分

(18.10) $$\arccos z=\frac{\pi}{2}-\int_0^z\frac{d\zeta}{(1-\zeta^2)^{1/2}},$$

(18.11) $$\arcsin z=\int_0^z\frac{d\zeta}{(1-\zeta^2)^{1/2}}$$

によって定義する．被積分函数は，$\zeta=\pm1$ に分岐点をもつ二価函数であるが，原点で1に等しい分枝を採用する．そして，z 平面を正の実軸に沿って1から ∞ までおよび負の実軸に沿って -1 から ∞ まで切ることによって得られる単連結領域では，これらの函数の一価な主値が定められる．しかし，±1 をまわることを許せば，無限多価性が現われる．

以前の対数函数の場合と同様にして，逆余弦函数，逆正弦函数はそれぞれ余弦函数，正弦函数の逆函数であることがたしかめられる．そして，

$$z=\cos w\equiv\frac{1}{2}(e^{iw}+e^{-iw}),\qquad z=\sin w\equiv\frac{1}{2i}(e^{iw}-e^{-iw})$$

から w について解くことによって，それぞれ

(18.12) $$\arccos z=-i\log(z+i\sqrt{1-z^2}),$$

(18.13) $$\arcsin z=-i\log(iz+\sqrt{1-z^2})$$

を得る．主値に対しては $\arccos 0=\pi/2$, $\arcsin 0=0$.

一般に，z の多項式を係数とする代数方程式

$$P_0(z)+P_1(z)w+\cdots+P_n(z)w^n=0$$

で定義される函数 $w=A(z)$ を**代数函数**という．例えば，p, q を自然数として冪函数 $w=z^{p/q}$ は $z^p-w^q=0$ で定義された代数函数とみなされる．

代数函数，指数函数，対数函数をつくる演算を有限回合成することによって

得られる函数を総称して**初等函数**といい，代数函数でない初等函数を**初等超越函数**という．実変数の函数の場合に初等函数を構成するための礎石となった三角函数，逆三角函数は，複素変数の場合には残りのものに統御されてしまう．

さきに，§7, §9 でそれぞれ定数項，函数項の無限乗積にふれた．§7 でもみたように，無限乗積の収束判定条件として，関連した級数の収束性が利用される．しかし，そこではまだ複素対数の定義が与えられていなかったので，乗積の絶対収束性をもっぱら問題とした．ここで，いくらかの追補を述べよう．

定理 18.4. 数列 $\{z_n\}_{n=1}^{\infty}$ が 0 を含んでいないとき，無限乗積 Πz_n と無限級数 $\sum \log z_n$ とは同時に収束発散する；ただし，対数については $-\pi < \Im \log z_n \leqq \pi$ なる主値をとるものとする．しかも収束の場合には，つぎの関係がある：

$$\prod_{n=1}^{\infty} z_n = \exp \sum_{n=1}^{\infty} \log z_n. \tag{18.14}$$

証明. まず，乗積が収束して値 p をもつとすれば，

$$p_n \equiv \prod_{\nu=1}^{n} z_\nu \to \prod_{\nu=1}^{\infty} z_\nu \equiv p \neq 0 \qquad (n \to \infty).$$

$\log p = \log r + i\theta$ とすれば，$\log p_n = \log r_n + i\theta_n$ において適当な θ_n をえらぶとき，$\theta_n \to \theta$ $(n \to \infty)$．そこで，

$$\log p_n = \log r_n + i\theta_n = \sum_{\nu=1}^{n} \log z_\nu + 2m_n\pi i \qquad (n = 1, 2, \cdots) \tag{18.15}$$

とおけば，m_n は整数である．$\theta_n \to \theta$ $(n \to \infty)$ だから，ある自然数 N に対して $|\theta_n - \theta| < \pi/2$ $(n \geqq N)$．$n \geqq N$ のとき，仮定によって $|\Im \log z_{n+1}| \leqq \pi$ だから，(18.15) に基いて，$n \geqq N$ のとき，

$$\theta_{n+1} - \theta_n = \Im \log z_{n+1} + 2(m_{n+1} - m_n)\pi,$$

$$|m_{n+1} - m_n| \leqq \frac{1}{2\pi}(|\Im \log z_{n+1}| + |\theta_{n+1} - \theta_n|) \leqq \frac{1}{2\pi}(\pi + |\theta_{n+1} - \theta| + |\theta_n - \theta|) < 1.$$

$\{m_n\}$ は整数列だから，$m_n = m_N$ $(n \geqq N)$ でなければならない．したがって，(18.15) で $\log p_n \to \log p$ $(n \to \infty)$ となることから，

$$\sum_{\nu=1}^{\infty} \log z_\nu = \log p - 2m_N\pi i.$$

すなわち，級数は収束する．逆に，級数が収束すれば，その和を s で表わすとき，

$$s_n \equiv \sum_{\nu=1}^{n} \log z_\nu \to \sum_{\nu=1}^{\infty} \log z_\nu \equiv s \qquad (n\to\infty);$$

$$\prod_{\nu=1}^{n} z_\nu = e^{s_n} \to e^{s} \qquad (n\to\infty).$$

すなわち，乗積は収束する．しかも，これで定理の最後の部分も同時に証明されている．

定理 18.5. 集合 E で級数 $\sum \log(1+f_n(z))$ が一様に収束するならば，乗積 $\Pi(1+f_n(z))$ もまたそこで一様に収束する．

証明. 仮定によって $\log(1+f_n(z))\to 0$ $(n\to\infty)$ だから，対数分枝は殆んどすべての n に対して $|\Im\log(1+f_n(z))|<\pi$ をみたすものとして確定する．さて，$0<\varepsilon<1$ なる任意な ε に対して適当な $n_0(\varepsilon)$ をとれば，

$$\left|\sum_{\nu=n+1}^{m} \log(1+f_\nu(z))\right| < \frac{4}{7}\varepsilon \ (<1) \qquad (m>n\geqq n_0(\varepsilon)).$$

ところで，一般に $|\omega|<1$ のとき，

$$|e^{\omega}-1| = \left|\sum_{k=1}^{\infty}\frac{\omega^k}{k!}\right| \leqq |\omega|\sum_{k=1}^{\infty}\frac{|\omega|^{k-1}}{k!} \leqq |\omega|\sum_{k=1}^{\infty}\frac{1}{k!} = (e-1)|\omega| \leqq \frac{7}{4}|\omega|.$$

ゆえに，上の評価から

$$\left|\prod_{\nu=n+1}^{m}(1+f_\nu(z))-1\right| = \left|\exp\sum_{\nu=n+1}^{m}\log(1+f_\nu(z))-1\right| < \varepsilon \qquad (m>n\geqq n_0(\varepsilon)).$$

これは $\Pi(1+f_n(z))$ の一様収束性を示している．

問 1. 単連結領域 D で正則な函数列 $\{f_n(z)\}$ が D で広義の一様に収束すれば，極限函数 $f(z)$ は D で正則である．　［例題1；定理 25.1］

問 2. $f(z)$ が領域 D で 0 とならない正則函数ならば，D で正則な函数 $g(z)$ をもって $f(z)=e^{g(z)}$ という形に表わされる．　［例題2］

問 3. $z=re^{i\theta}$ $(r>0)$ のとき，つぎのおのおのについて，可能なすべての値をあげよ:

（i）$2\log z$;　（ii）$\log z^2$;　（iii）$\log(z/\bar{z})$.　［練 3.23］

問 4. $\log z$ の主値(正の実軸上で実数値をとる分枝)に対して $|\log z|\leqq k/(1-k)$ $(|z-1|\leqq k<1)$.

問 5. 冪函数 $w=z^c$ による $z=re^{i\theta}$ 平面上の円周 $r=\text{const}$，半直線 $\theta=\text{const}$ の像は，いずれも対数螺線であって，互に直交する．

問 6.
$$\arctan z = \int_0^z \frac{d\zeta}{1+\zeta^2} = \frac{1}{2i}\log\frac{1+iz}{1-iz}.$$

問 7. $\arccos 0=\pi/2$，$\arcsin 0=0$ なる分枝に対して

$$\arccos z = \frac{\pi}{2} - \sum_{n=0}^{\infty} \frac{(2n)!}{n!^2 2^{2n}} \frac{z^{2n+1}}{2n+1}, \quad \arcsin z = \sum_{n=0}^{\infty} \frac{(2n)!}{n!^2 2^{2n}} \frac{z^{2n+1}}{2n+1} \qquad (|z|<1).$$

問 8. $\sum \log(1+f_n(z))$ が E で一様に収束するならば，$\Pi(1+f_n(z))$ もまた E で一様に収束する．　［例題 4］

§19. ポアッソンの積分表示

領域 D で正則な函数を実部と虚部に分けて

$$f(z) = \varphi(x, y) + i\psi(x, y) \qquad (z = x+iy)$$

とおくとき，定理 13.4 でみたように，コーシー・リーマンの方程式 $\varphi_x(x, y) = \psi_y(x, y)$，$\varphi_y(x, y) = -\psi_x(x, y)$ が成り立ち，$f(z)$ の導函数に対しては

$$(19.1) \qquad f'(z) = \varphi_x(x, y) + i\psi_x(x, y) = \varphi_x(x, y) - i\varphi_y(x, y).$$

ところで，§17 で示したように，単に導函数の存在によって規定された正則函数は，実は任意回微分可能である．したがって，$\varphi(x, y)$，$\psi(x, y)$ は D ですべての階数の(連続な)偏導函数をもつ．この事実に基いて，あらかじめ §13 で述べておいたように，$\varphi(x, y) = \Re f(z)$，$\psi(x, y) = \Im f(z)$ は共に D で調和であることがたしかめられたわけである．

さて，なるほど一つの領域で正則な函数の実部(および虚部)はそこで調和なことが示されたが，逆に任意な調和函数が与えられたとき，それを実部としてもつ正則函数が存在するであろうか．§13 でも述べたこの疑問に対して，基礎領域が単連結の場合に肯定的な解決を与えるのがつぎの定理である:

定理 19.1. 単連結領域 D で調和な函数 $\varphi(x, y)$ は，D で正則な函数 $f(z)$ の実部とみなされる．しかも，$f(z)$ は純虚の付加定数を除いて確定する．

証明. (19.1) からの示唆に基いて，函数

$$(19.2) \qquad g(z) = \varphi_x(x, y) - i\varphi_y(x, y) \qquad (z = x+iy)$$

を導入する．$\varphi(x, y)$ が調和なことならびに φ_{xy}, φ_{yx} が連続なことによって $\varphi_{xx} = -\varphi_{yy}$，$\varphi_{xy} = \varphi_{yx}$ となるが，これは函数 (19.2) に対してコーシー・リーマンの関係が成り立つことを示している．ゆえに，$g(z)$ は D で正則である．任意な定点 $z_0 \in D$ を始点とする $g(z)$ の不定積分を

$$(19.3) \qquad f(z) = \int_{z_0}^{z} g(\zeta)\, d\zeta$$

で表わせば，$f'(z)=g(z)$ である．ゆえに，定理13.6により，$\varphi(x,y)\equiv\Re f(z)+a$（$a$は実定数）となる．すなわち，$\varphi(x,y)$ は D で正則な函数 $f(z)+c$（$a=\Re c$）の実部に等しい．定理の最後の部分は，定理13.5から明らかであろう．

ちなみに，一般に $\Re w=\Im(iw)$ であるから，調和函数は正則函数の虚部ともみなされる．定理19.1はその直前に述べた事実とあわせて，正則函数と調和函数との交渉を示すものとして有用である．

なお，定理19.1の仮定で D の単連結性は，与えられた調和函数を実部としてもつ一価な正則函数の存在にとって本質的である．例えば，二重連結領域 $1/2<|z|<2$ で調和な函数

$$\varphi(x,y)=\frac{1}{2}\log(x^2+y^2)$$

に対して，$z_0=1$ として(19.2)，(19.3)をつくると，

$$g(z)=\varphi_x-i\varphi_y=\frac{x-iy}{x^2+y^2}=\frac{1}{z},\qquad f(z)=\int_1^z g(z)\,dz=\int_1^z\frac{dz}{z}=\log z.$$

なるほど $\varphi(x,y)=\Re f(z)$ とはなるが，$\Im f(z)=\arg z$ は多価性をそなえている．

さて，閉円板 $|z|\leqq R$ で正則な函数 $f(z)$ に対するコーシーの積分公式(17.1)は

$$f(z)=\frac{1}{2\pi i}\int_{|\zeta|=R}\frac{f(\zeta)}{\zeta-z}d\zeta \qquad (|z|<R) \tag{19.4}$$

と書ける．この公式を変形することによって，正則函数ならびに調和函数に関するいわゆる**ポアッソンの積分表示**をみちびこう：

定理 19.2. $|z|\leqq R$ で正則な函数 $f(z)$ に対して

$$f(z)=\frac{1}{2\pi}\int_0^{2\pi}f(\zeta)K(\zeta,z)\,dt \qquad (\zeta=Re^{it},\ |z|<R) \tag{19.5}$$

が成り立つ．$|z|\leqq R$ で調和な函数 $\varphi(x,y)$（$z=x+iy$）に対して

$$\varphi(x,y)=\frac{1}{2\pi}\int_0^{2\pi}\varphi(\xi,\eta)K(\zeta,z)\,dt \tag{19.6}$$

$$(\zeta=\xi+i\eta=Re^{it},\ z=x+iy,\ |z|<R)$$

が成り立つ．ここに，実数値函数

$$K(\zeta,z)=\Re\frac{\zeta+z}{\zeta-z}=\frac{|\zeta|^2-|z|^2}{|\zeta-z|^2}=\frac{R^2-r^2}{R^2-2Rr\cos(t-\theta)+r^2} \tag{19.7}$$

$$(\zeta=Re^{it},\ z=re^{i\theta})$$

はいわゆる**ポアッソン核**である．

証明. まず，$0<|z|<R$ とすれば，$|R^2/\bar{z}|>R$. ゆえに，コーシーの積分定理によって，$|\zeta|=R$ のとき $\zeta\bar{\zeta}=R^2$ であることに注意すれば，

$$0=\frac{1}{2\pi i}\int_{|\zeta|=R}\frac{f(\zeta)}{\zeta-R^2/\bar{z}}d\zeta=\frac{1}{2\pi}\int_0^{2\pi}\frac{f(\zeta)}{\zeta-R^2/\bar{z}}\zeta\,dt=\frac{1}{2\pi}\int_0^{2\pi}\frac{f(\zeta)\bar{z}}{\bar{z}-\bar{\zeta}}dt$$

$$(\zeta=Re^{it}).$$

この最後の辺は $z=0$ に対しても 0 に等しい．したがって，$|z|<R$ とすれば，この最後の関係を (19.4) から引くことによって，

$$f(z)=\frac{1}{2\pi}\int_0^{2\pi}f(\zeta)\left(\frac{\zeta}{\zeta-z}-\frac{\bar{z}}{\bar{z}-\bar{\zeta}}\right)dt$$

$$=\frac{1}{2\pi}\int_0^{2\pi}f(\zeta)\frac{|\zeta|^2-|z|^2}{|\zeta-z|^2}dt=\frac{1}{2\pi}\int_0^{2\pi}f(\zeta)K(\zeta,z)\,dt,$$

すなわち，(19.5) を得る．つぎに，$|z|\leqq R$ で調和な $\varphi(x,y)$ が与えられたとき，定理 19.1 に基いて，それを実部とする一つの正則な函数 $f(z)$ をとれば，(19.5) が成り立つ．その両辺の実部を比較すれば，(19.6) となる．

定理 19.2 で $f(z)$ は $|z|\leqq R$ で正則と仮定したが，実は $|z|<R$ で正則かつ $|z|\leqq R$ で連続と仮定するだけでも，(19.5) はそのまま成り立つ．じっさい，そのとき $|z|<R$ なる任意な一つの z に対して $(R+|z|)/2\leqq R_1<R$ とすれば，$K(R_1e^{it},z)$ は一様に有界だから，定理を R の代りに R_1 をもって適用した後 $R_1\to R-0$ とすればよい．(19.6) についても同様である．

定理 19.2 の系として，つぎの**ガウスの平均値の定理**が得られる:

系. 定理 19.2 の仮定のもとで，$\varphi(x,y)$ の原点における値は，その $|z|=R$ 上での平均値に等しい:

$$\varphi(0,0)=\frac{1}{2\pi}\int_0^{2\pi}\varphi(R\cos t,\ R\sin t)dt.$$

表示 (19.5) は函数自身の境界値 $f(\zeta)$ から円内での $f(z)$ を定める公式である．ところが，$\varphi(x,y)=\Re f(z)$ の境界値が与えられたならば，(19.6) により $\varphi(x,y)$ が定まり，したがって定理 19.1 によって $f(z)$ が純虚の付加定数を除いて定まるわけである．境界値 $\Re f(\zeta)$ から円内での $f(z)$ を定めるためのつぎの具体的な公式もまた，**ポアッソン表示**と呼ばれる:

定理 19.3. $f(z)$ が $|z|<R$ で正則，$|z|\leqq R$ で連続ならば，

$$(19.8)\qquad f(z)=\frac{1}{2\pi}\int_0^{2\pi}\Re f(Re^{it})\cdot\frac{Re^{it}+z}{Re^{it}-z}dt+i\Im f(0)\qquad (|z|<R).$$

証明. (19.8) の右辺の第一項を $f^*(z)$ で表わせば,

$$f^*(z)=\frac{1}{2\pi}\int_{|\zeta|=R}\Re f(\zeta)\left(1+\frac{2z}{\zeta-z}\right)\frac{d\zeta}{i\zeta}$$
$$=\frac{1}{2\pi i}\int_{|\zeta|=R}\frac{\Re f(\zeta)}{\zeta}d\zeta+\frac{z}{\pi i}\int_{|\zeta|=R}\frac{\Re f(\zeta)}{\zeta}\frac{d\zeta}{\zeta-z}$$

と書ける. 定理 17.3 によって, これは $|z|<R$ で正則である. 他方において, 定理 19.2 の関係 (19.5) あるいはむしろ (19.6) を用いることによって(定理の証明直後の注意参照),

$$\Re f(z)=\frac{1}{2\pi}\int_0^{2\pi}\Re f(Re^{it})\cdot K(Re^{it},z)dt=\Re f^*(z).$$

ゆえに, 定理 13.5 によって, 一つの実定数 b をもって $f(z)=f^*(z)+ib$ となるが, 特に $z=0$ とおくことによって得られる関係

$$f(0)=\frac{1}{2\pi}\int_0^{2\pi}\Re f(\zeta)\,dt+ib$$

の右辺の第一項 ($f^*(0)$) は実数だから, $b=\Im f(0)$ でなければならない.

ちなみに, 等式 (19.8) の両辺から実部を分離することによっても, ふたたび (19.6) がみちびかれる. ところで, このポアッソン表示 (19.6) は, 与えられた調和函数 $\varphi(x,y)$ がその境界値 $\varphi(\xi,\eta)$ をもってその積分の形に表わされることを示している. それに対して, つぎに述べる**シュワルツの定理** 19.4 は, 任意に与えられた連続実函数 $h(t)$ $(0\leqq t\leqq 2\pi)$ が円内調和函数の境界値となり得ることを主張するものである. ただし, $h(t)$ の連続性については, それを周期 2π で接続したときの連続性, すなわち $h(0)=h(2\pi)$ の成立も要請されるものとする.

定理 19.4. 連続な実函数 $h(t)$ $(0\leqq t\leqq 2\pi)$ が与えられたとき, ポアッソン核 (19.7) をもって定義された実数値函数

$$(19.9)\qquad u(z)=\frac{1}{2\pi}\int_0^{2\pi}h(t)K(Re^{it},z)\,dt$$

は $|z|<R$ で調和である. しかも, $u(z)$ は境界値 $h(t)$ をもつ; すなわち, z が円内から任意な一点 Re^{it_0} に近づくとき, $u(z)$ は一様に $h(t_0)$ に近づく.

証明. 定理 19.3 からわかるように，函数

$$f(z)=\frac{1}{2\pi}\int_0^{2\pi} h(t)\frac{Re^{it}+z}{Re^{it}-z}dt$$

は $|z|<R$ で正則である．したがって，$u(z)=\Re f(z)$ はそこで調和である．つぎに，(19.6) を特に $\varphi(x,y)\equiv 1$ なる函数に適用することによって，

$$1=\frac{1}{2\pi}\int_0^{2\pi} K(Re^{it},z)\,dt. \tag{19.10}$$

$|z|<R$ のとき $K(Re^{it},z)>0$ であるから，任意な正数 δ $(<\pi)$ をとるとき，被積分函数の周期性に基いて，

$$\begin{aligned}|u(z)-h(t_0)|&=\frac{1}{2\pi}\left|\int_0^{2\pi}(h(t)-h(t_0))K(Re^{it},z)\,dt\right|\\ &\leqq\frac{1}{2\pi}\int_{t_0-\delta}^{t_0+\delta}|h(t)-h(t_0)|K(Re^{it},z)\,dt\\ &\quad+\frac{1}{2\pi}\left(\int_{t_0-\pi}^{t_0-\delta}+\int_{t_0+\delta}^{t_0+\pi}\right)|h(t)-h(t_0)|K(Re^{it},z)\,dt.\end{aligned} \tag{19.11}$$

$h(t)$ は連続だから，任意な $\varepsilon>0$ に対して適当な正数 $\delta=\delta(\varepsilon)$ $(<\pi)$ をとれば，$|t-t_0|\leqq\delta$ のとき，$|h(t)-h(t_0)|<\varepsilon$．点 $z=re^{i\theta}$ を扇形 $|\arg z-t_0|<\delta/2$, $0<|z|<R$ 内に限定すれば，ポアッソン核の分母に対して，$|t-t_0|\geqq\delta$ のとき評価

$$R^2-2Rr\cos(t-\theta)+r^2=(R-r)^2+4Rr\sin^2\frac{t-\theta}{2}>4Rr\sin^2\frac{\delta}{4}$$

が成り立つ．したがって，(19.11) で $\delta=\delta(\varepsilon)$ とし，ふたたび関係 (19.10) と $K(Re^{it},z)>0$ であることを用いれば，

$$\begin{aligned}&|u(z)-h(t_0)|\\ &<\frac{\varepsilon}{2\pi}\int_{t_0-\delta}^{t_0+\delta}K(Re^{it},z)\,dt+\frac{1}{2\pi}\frac{R^2-r^2}{4Rr\sin^2(\delta/4)}\left(\int_{t_0-\pi}^{t_0-\delta}+\int_{t_0+\delta}^{t_0+\pi}\right)|h(t)-h(t_0)|\,dt\\ &<\varepsilon+\frac{1}{2\pi}\frac{R^2-r^2}{4Rr\sin^2(\delta/4)}\int_0^{2\pi}|h(t)-h(t_0)|\,dt.\end{aligned}$$

ところで，円内から $z\to Re^{it_0}$ のとき一様に $r\to R$ だから，一様に

$$\varlimsup_{z\to Re^{it_0}}|u(z)-h(t_0)|\leqq\varepsilon.$$

$\varepsilon>0$ は任意に 0 に近くとっておけるから，これは $z\to Re^{it_0}$ のとき一様に

$u(z)\to h(t_0)$ となることを示している.

以上の証明からわかるように, $h(t)$ は必ずしも全区間で連続であるを要しない. $h(t)$ がその絶対値と共に積分可能ならば, (19.9) はやはり $|z|<R$ で調和な函数を表わし, $h(t)$ の連続点 t_0 では, $u(z)\to h(t_0)$ $(z\to Re^{it_0})$ が成りたつのである.

問 1. $|z|\leqq R$ で正則な函数 $f(z)$ に対して,

$$f(z)=\frac{1}{2\pi i}\int_{|\zeta|=R} f(\zeta)\frac{R^2-z\bar{z}}{(\zeta-z)(R^2-\bar{z}\zeta)}d\zeta \qquad (|z|<R).$$

これからさらにポアッソンの公式 (19.5) をみちびけ.　　[例題 1]

問 2. ポアッソン核について, $0\leqq r<R$ のとき,

$$\frac{R-r}{R+r}\leqq\frac{R^2-r^2}{R^2-2Rr\cos\phi+r^2}\leqq\frac{R+r}{R-r},$$

$$\frac{R^2-r^2}{R^2-2Rr\cos\phi+r^2}=\Re\frac{R+re^{i\phi}}{R-re^{i\phi}}=1+2\sum_{n=1}^{\infty}\left(\frac{r}{R}\right)^n\cos n\phi.$$

問 3. $|z|\leqq 1$ で正則な函数 $f(z)$ が実軸上の直径上でつねに実数値をとるならば, この直径上で

$$f(x)=\frac{1}{\pi}\int_0^{2\pi}\Im f(e^{it})\frac{x\sin t}{1-2x\cos t+x^2}dt \qquad (-1<x<1).$$

[練 3.28]

問 4. $f(z)$ が $|z|<R$ で正則ならば,

$$\frac{1}{2\pi}\int_0^{2\pi}((\Re f(re^{i\theta}))^2-(\Im f(re^{i\theta}))^2)\,d\theta=(\Re f(0))^2-(\Im f(0))^2 \qquad (0\leqq r<R).$$

[練 3.30]

問 5. $u(z)$ が $|z|<R$ で調和, $u(z)\geqq 0$ ならば,

$$\frac{R-|z|}{R+|z|}u(0)\leqq u(z)\leqq\frac{R+|z|}{R-|z|}u(0) \qquad (|z|<R).$$

(ハルナックの不等式) [例題 2]

問　題　3

1. $f(z)=x^2+iy^2$ $(z=x+iy)$ は原点でコーシー・リーマンの関係をみたすが, そこで正則ではない.

2. 原点のまわりで正則な初等函数 $f(z)=u(x,y)+iv(x,y)$ $(z=x+iy)$ に対して, $f(z)=2u(z/2,z/2i)-\overline{f(0)}=2iv(z/2,z/2i)+\overline{f(0)}$.

3. $u(x,y)+iv(x,y)$ において, $z=x+iy$ と $\bar{z}=x-iy$ とを形式的に独立変数とみなして $u(x,y)+iv(x,y)=F(z,\bar{z})$ とおけば, コーシー・リーマンの関係は $\partial F(z,\bar{z})/\partial\bar{z}=0$. さらに, $\Delta u=\Delta v=0$ $(\Delta\equiv\partial^2/\partial x^2+\partial^2/\partial y^2)$ は $\partial^2F(z,\bar{z})/\partial z\partial\bar{z}=0$ と同値である.

4. $f(z)$ が $z=x+iy$ について正則なとき，ラプラス演算を $\Delta=\partial^2/\partial x^2+\partial^2/\partial y^2$ として，$\Delta|f(z)|$ および $\Delta\log(1+|f(z)|^2)$ を $f(z)$ とその導函数で表わせ．

5. $u(x,y)=e^x(x\cos y-y\sin y)$ を実部とする正則函数 $f(z)$ $(z=x+iy)$ を求めよ．

6. 正則函数 $f(z)=u(x,y)+iv(x,y)$ $(z=x+iy)$ を条件 $u(x,y)-v(x,y)=(e^y-\cos x+\sin x)/(\cosh y-\cos x)$，$f(\pi/2)=0$ の下で定めよ．

7. 連続な二階偏導函数をもつ与えられた $u(x,y)\neq\mathrm{const}$ に対して $\varphi(u(x,y))$ が x,y について調和となるような $\varphi(u)$ が存在するための条件は，$\Delta u/(u_x{}^2+u_y{}^2)$ が u だけの函数とみなせることである．

8. 調和性は等角写像によって保存される．

9. 正則函数 $f(z)$ の等高線 $|f(z)|=c$ が単一閉曲線ならば，$\arg f(z)$ はその上で狭義の単調に変化する．

10. (i) z 平面上の滑らかな曲線 C の正則函数 $w=f(z)$ による像曲線の長さは

$$L=\int_C|f'(z)||dz|.$$

(ii) z 平面上の領域 D の正則函数 $w=f(z)$ による像領域の(重複度に応じてはかられた)面積は

$$A=\iint_D|f'(z)|^2dxdy \qquad (z=x+iy).$$

11. 写像 $w=2/(1+z)^2$ による半円周 $|z|=1$, $|\arg z|<\pi/2$ の像曲線の長さを求めよ．

12. $w=\cosh z$ による $0<\Re z<2$, $0<\Im z<\pi/4$ の像の面積を求めよ．

13. 一次変換 $w=(az+b)/(cz+d)$ $(ad-bc=1,\ c\neq0)$ に対して，円周 $|cz+d|=1$ の内(外)部に含まれる曲線の長さ，面分の面積は，この変換によって像へうつるとき，増す(減る)．

14. $w_n\neq-1$ $(n=1,2,\cdots)$ とするとき，$\prod(1+w_n)$ と $\sum\log(1+w_n)$ とは同時に絶対収束する．ただし，$-\pi<\Im\log(1+w_n)\leqq\pi$ とする．

15. z_0 から Z に到る滑らかな曲線 C 上で正則な函数 $f(z)=u(z)+iv(z)$ の原始函数を $F(z)$ とするとき，点 $z\in C$ における C の接線が正の実軸に対してなす角を $\tau=\tau(z)$，C の線素を ds で表わせば，

$$\int_C(u\cos\tau-v\sin\tau)\,ds=[\Re F(z)]_{z_0}^{Z}.$$

16. x,y を実数とするとき，(両辺の可能な値が全体として一致するという意味で)

$$\log(\sin(x+iy)\operatorname{cosec}(x-iy))=2i\arctan(\cot x\tanh y).$$

17. ディリクレ級数 $\sum_{n=1}^{\infty}c_n/n^z$ の部分和の列が一点 z_0 で有界ならば，級数は半平面 $\Re z>\Re z_0$ で広義の一様に収束する．ここに $n^z=e^{z\log n}$ において，$\log n$ は実数値をとるものとする．

18. $u(x,y)$ が x,y について調和ならば，$\partial u/\partial z$ は $z=x+iy$ について正則である．

19. $f(z)$ が $\Re z>0$ で正則，$\Re z\geqq0$ で(∞ もこめて)連続ならば，

$$f(z)=\frac{1}{\pi}\int_{-\infty}^{\infty}\Re f(it)\cdot\left(\frac{1}{z-it}-\frac{it}{1+t^2}\right)dt+i\Im f(1) \qquad (\Re z>0).$$

20. $h(t)/(1+t^2)$ $(-\infty<t<\infty)$ を可積函数とすれば,

$$u(z)=\frac{1}{\pi}\int_{-\infty}^{\infty}h(t)\frac{x}{x^2+(y-t)^2}dt \qquad (z=x+iy)$$

は $x>0$ で調和である．t_0 を $h(t)$ の連続点とすれば，$u(z)\to h(t_0)$ $(\Re z>0,\ z\to it_0)$.

第4章　正　則　函　数

§20. テイラー展開

さきに§13で，複素変数の複素函数について，その正則性を**微分可能性**によって定義した．これはコーシー，リーマンが函数論を打ち樹てるために，その実質的な対象としての函数の範囲を規定する条件として採用した立場である．そして，定理13.8において，冪級数はその収束円内で微分可能な函数を表わすことを証明した．ところで，函数論を樹立するための他の一つの大きな主流として，函数の正則性をその**冪級数展開可能性**によって定義するワイエルシュトラスの立場がある．これらの両方の立場が同値であることを示すためには，微分可能な函数がつねに冪級数に展開できることをここで証明すればよいわけである．かような函数 $f(z)$ に対しては，定理17.1によっていわゆる積分表示

$$f(z)=\frac{1}{2\pi i}\int_C \frac{f(\zeta)}{\zeta-z}d\zeta \tag{20.1}$$

が成り立つ．しかし，ここではさらに一般に，定理17.3で論じた(17.9)の形の函数

$$G(z)=\frac{1}{2\pi i}\int_\Gamma \frac{g(\zeta)}{\zeta-z}d\zeta \tag{20.2}$$

について，その冪級数展開の可能性を示そう:

定理 20.1. 長さの有限な曲線 Γ 上で定義された連続函数 $g(\zeta)$ をもって(20.2)で与えられる函数 $G(z)$ は，おのおのの点 $z_0\notin\Gamma$ と Γ との距離を $R=R_{z_0}\,(>0)$ で表わすとき，z_0 を中心とする冪級数に展開される:

$$G(z)=\sum_{n=0}^{\infty}c_n(z-z_0)^n \qquad (|z-z_0|<R). \tag{20.3}$$

ここに展開の係数に対しては

$$c_n=\frac{G^{(n)}(z_0)}{n!}=\frac{1}{2\pi i}\int_\Gamma \frac{g(\zeta)}{(\zeta-z_0)^{n+1}}d\zeta \qquad (n=0,1,\cdots). \tag{20.4}$$

証明. 任意な一点 $z_0\notin\Gamma$ を固定すれば，$|z-z_0|<R$ であるおのおのの点 z に対して ζ を Γ 上の任意な点とするとき，

$$\left|\frac{z-z_0}{\zeta-z_0}\right| \leqq \frac{|z-z_0|}{R} = k \equiv k_z < 1.$$

したがって，展開

$$\frac{1}{\zeta-z} = \sum_{n=0}^{\infty} \frac{(z-z_0)^n}{(\zeta-z_0)^{n+1}} \tag{20.5}$$

は $|z-z_0|<R$ のとき Γ 上の ζ について一様に収束する．ゆえに，この両辺へ $g(\zeta)/2\pi i$ を掛けて積分するさいに，定理 15.1（の級数になおした形）によって，右辺で項別積分が許される．それによって，$|z-z_0|<R$ のとき

$$G(z) = \sum_{n=0}^{\infty} \frac{(z-z_0)^n}{2\pi i} \int_\Gamma \frac{g(\zeta)}{(\zeta-z_0)^{n+1}} d\zeta \tag{20.6}$$

を得るが，これは（20.4）をもって展開（20.3）が成り立つことを示している．$c_n = G^{(n)}(z_0)/n!$ となることは，(17.10)で示したが，これは実は(13.18)でもすでに示されている．

なお，この証明によって $G(z)$ の冪級数展開可能性が直接に示されているから，定理 13.8 とあわせて，定理 17.3 にあげた $G(z)$ の冪級数展開可能性が新たに証明されたわけである．さらに，定理 13.8 の直後に述べた注意（13.17）によって，（20.5）および（20.6）から任意な整数 $\nu\,(\geqq 0)$ に対して $|z-z_0| < R$ のとき，

$$\frac{\nu!}{(\zeta-z)^{\nu+1}} = \sum_{n=\nu}^{\infty} \frac{n!}{(n-\nu)!} \frac{(z-z_0)^{n-\nu}}{(\zeta-z_0)^{n+1}} \qquad (\zeta \in \Gamma), \tag{20.7}$$

$$G^{(\nu)}(z) = \sum_{n=\nu}^{\infty} \frac{n!}{(n-\nu)!} \frac{(z-z_0)^{n-\nu}}{2\pi i} \int_\Gamma \frac{g(\zeta)}{(\zeta-z_0)^{n+1}} d\zeta. \tag{20.8}$$

そして，(20.7) の右辺にある級数もまた，$|z-z_0|<R$ のとき Γ 上の ζ について一様に収束するから，項別積分を用いて

$$\frac{\nu!}{2\pi i} \int_\Gamma \frac{g(\zeta)}{(\zeta-z)^{\nu+1}} d\zeta = \sum_{n=\nu}^{\infty} \frac{n!}{(n-\nu)!} \frac{(z-z_0)^{n-\nu}}{2\pi i} \int_\Gamma \frac{g(\zeta)}{(\zeta-z_0)^{n+1}} d\zeta.$$

これを（20.8）と比較すれば，

$$G^{(\nu)}(z) = \frac{\nu!}{2\pi i} \int_\Gamma \frac{g(\zeta)}{(\zeta-z)^{\nu+1}} d\zeta. \tag{20.9}$$

z は Γ 上以外で任意にとれるから，これで定理 17.3 も新たに証明されている．

定理 20.2. 点 z_0 で正則な函数 $f(z)$ は，z_0 を中心としてその正則領域に含

まれる最大円板で冪級数に展開される．しかも，その展開を

(20.10) $$f(z)=\sum_{n=0}^{\infty}c_n(z-z_0)^n$$

とすれば，展開係数はつぎの式で与えられる：

(20.11) $$c_n=\frac{f^{(n)}(z_0)}{n!}=\frac{1}{2\pi i}\int_\kappa\frac{f(\zeta)}{(\zeta-z_0)^{n+1}}d\zeta \qquad (n=0,1,\cdots).$$

ここに右辺の積分は，内部とともに函数の正則な領域内にあって z_0 を正の向きに一周する任意な路 κ にわたるものとする．

証明． 特に，積分路 κ のえらび方の随意性は，積分定理からの直接の結果である．

この定理にあげた展開

(20.12) $$f(z)=\sum_{n=0}^{\infty}\frac{f^{(n)}(z_0)}{n!}(z-z_0)^n$$

を z_0 のまわりの $f(z)$ の**テイラー展開**という．すでに定理 13.8 に引き続く注意で述べたように，冪級数で定義された函数のテイラー展開は，もとの冪級数自身にほかならない．

一般に，$f(z^*)=0$ となる点 z^* を $f(z)$ の**零点**という．このとき，つぎの定理が成り立つ：

定理 20.3. z_0 で正則な函数 $f(z)$ がその近傍で恒等的に 0 でなければ，z_0 は $f(z)$ の零点の集積点ではない．

証明． z_0 のまわりの $f(z)$ のテイラー展開 (20.10) は，仮定によって少なくとも一つの 0 でない係数をもつ．初めて 0 でない係数を c_k $(k\geqq 0)$ とすれば，$f(z)$ の正則な範囲に含まれる円板 $|z-z_0|<R$ において

$$f(z)=\sum_{n=k}^{\infty}c_n(z-z_0)^n=(z-z_0)^k\sum_{\nu=0}^{\infty}c_{k+\nu}(z-z_0)^\nu.$$

したがって，$f_k(z)=f(z)/(z-z_0)^k$ は $0<|z-z_0|<R$ で正則である．さらに，あらためて $f_k(z_0)=c_k$ と定義すれば，$f_k(z)$ は $|z-z_0|<R$ で正則である．$f_k(z_0)=c_k\neq 0$ だから，$f_k(z)$ の連続性によって，z_0 のある近傍で $f_k(z)\neq 0$．したがって，$f(z)=(z-z_0)^k f_k(z)$ はその近傍から高々 z_0 を除いた範囲で零点をもたない．すなわち，z_0 は $f(z)$ の零点の集積点ではない．

つぎに，この定理を利用して，一般な正則函数についての**一致の定理**がみちびかれる:

定理 20.4. 領域 D で正則な二つの函数 $f(z)$，$f^*(z)$ が D の内部に集積点をもつ点集合 E で共通な値をとるならば，D で $f(z)\equiv f^*(z)$.

証明. $z_0\in D$ を E の一つの集積点とすれば，前定理によって，$F(z)=f(z)-f^*(z)$ は z_0 の近傍で恒等的に0に等しい．ゆえに，z_0 のまわりの $F(z)$ のテイラー展開の係数はすべて0に等しい．この展開は z_0 を中心として D に含まれる最大な円板 $|z-z_0|<R_0$ で成り立つから，そこで $F(z)\equiv 0$. $Z\in D$ を任意な一点とし，z_0 と Z を D 内で結ぶ長さの有限な一つの連続曲線 L をとる．L と ∂D との距離 δ は正である．L 上に有限個の点 $z_0, z_1, \cdots,\ z_n=Z$ を順次にえらび，L 上の弧 $\widehat{z_{\nu-1}z_\nu}$ $(\nu=1, \cdots, n)$ の長さをことごとく δ より小さくなるようにする．まず，上に述べたことから $|z-z_0|<\delta\ (\leqq R_0)$ で $F(z)\equiv 0$. ところで，z_1 は集合 $|z-z_0|<\delta$ の集積点だから，z_1 の近傍で $F(z)\equiv 0$. ゆえに，z_1 のまわりの $F(z)$ のテイラー展開の係数はすべて0に等しく，それによって $|z-z_1|<\delta$ で $F(z)\equiv 0$. この論法を反復すれば，結局 $|z-z_{n-1}|<\delta$ で $F(z)\equiv 0$. したがって，特に $F(z_n)=0$. $z_n=Z$ は D の任意な点であったから，D 全体で $F(z)\equiv 0$ すなわち $f(z)\equiv f^*(z)$.

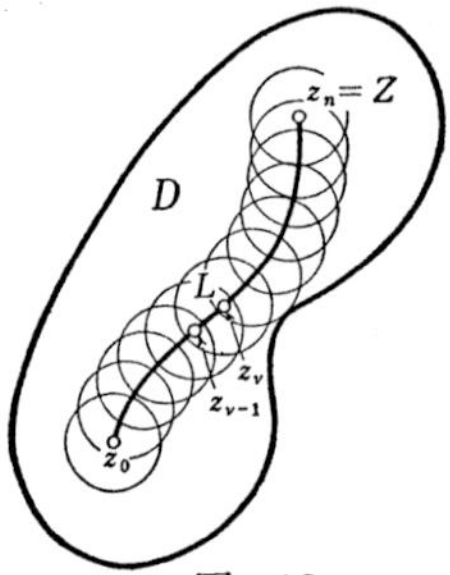

図　16

これまでの議論では，D は ∞ を含まないことが暗に仮定されている．$\infty\in D$ の場合には，$f(z)$ の $z=\infty$ のまわりでの状態は規約により $f(1/z')$ の $z'=0$ のまわりの状態で表現される．たとえば，$f(z)$ の $z=\infty$ のまわりのテイラー展開は，$f(1/z')$ の $z'=0$ のまわりのテイラー展開から変換 $z'=1/z$ によって得られ，その形は

$$f(z)=\sum_{n=0}^{\infty}\frac{c_n}{z^n} \qquad (|z|>\rho). \tag{20.13}$$

上記の定理20.3，4などは，$\infty\in D$ の場合にもそのままの形で成り立つ．

さて，有限な正数 R を収束半径とする冪級数で定義された函数

$$f(z)=\sum_{n=0}^{\infty}c_n(z-z_0)^n \qquad (|z-z_0|<R) \tag{20.14}$$

について考える．もし収束円周上の一点 ζ の近傍 U_ζ で z について正則な函数 $g(z;\zeta)$ が存在して，収束円内にある U_ζ の部分で $f(z)\equiv g(z;\zeta)$ が成り立つならば，ζ を $f(z)$ の**正則点**という．ζ に対してこの条件がみたされなければ，ζ を**特異点**という． 定理 20.2 で述べたように，z_0 で正則な $f(z)$ のテイラー展開（20.14）は，z_0 を中心としてこの函数の正則な領域に含まれる最大円板で収束する．この事実から予期されるところであるが，つぎの定理が成り立つ:

定理 20.5. 有限な正数 R を収束半径とする冪級数で定義された函数（20.14）は，その収束円周上に少なくとも一つの特異点をもつ．

証明. 仮に $|z-z_0|=R$ 上のすべての点が正則点であったとすれば，そのおのおのの点 ζ の一つの(開円板)近傍 U_ζ で正則な函数 $g(z;\zeta)$ が存在して，U_ζ と $|z-z_0|<R$ との共通部分で $f(z)\equiv g(z;\zeta)$ が成り立つ．ハイネ・ボレルの定理 5.4 により，収束円周はこれらの近傍の有限個 $U_j=U_{\zeta_j}$ $(j=1,\cdots,m)$ で覆われる．収束円とこれらの m 個の近傍との合併集合 Δ は，z_0 を中心とし R より大きい半径の円板 $|z-z_0|<R'$ を含む． さて，$U_j\cap U_k$ が空でなければ，これと $|z-z_0|<R$ との共通部分で $g(z;\zeta_j)=f(z)=g(z;\zeta_k)$ となるから，一致の定理 20.4 によって，$U_j\cap U_k$ で $g(z;\zeta_j)=g(z;\zeta_k)$ が成り立つ．ゆえに，Δ で正則な函数 $F(z)$ を

$$F(z)=f(z)\ (|z-z_0|<R),\quad F(z)=g(z;\zeta_j)\ (z\in U_j;\ j=1,\cdots,m)$$

によって定義することができる．これの z_0 のまわりのテイラー展開は $f(z)$ のそれと一致するが，定理 20.2 によって $|z-z_0|<R'$ でたしかに収束する．これは $f(z)$ のテイラー展開の収束半径が R であることと矛盾する．

一つの領域で正則な函数をその一点のまわりでテイラー展開したとき，それの収束円外にこの領域の点が存在しても，そこではもとの函数を表示しないわけである．例えば，函数 $1/(1-z)$ は点 $z=1$ 以外でいたるところ正則であるが， 原点を中心とするその展開 $\sum_{n=0}^{\infty} z^n$ は収束半径 1 をもつ． したがって， これは $|z|<1$ で $1/(1-z)$ と一致するが，$|z|>1$（実は $|z|\geqq 1$）ではもとの函数の表示となっていない． 他方で， 収束円周上でいたるところ収束する冪級数が存在することは，すでに（10.6, ii）で例示した． これによって，定理 20.5 とあわせ考えれば，収束円周上の収束点は必ずしもその冪級数で表わされる函数の正則点ではない．

そこで，つぎの**プリンクスハイムの定理**がある:

定理 20.6. 有限な正数 R を収束半径とする冪級数で定義された函数 (20.14) に対して，殆んどすべての係数の実部が負でなくてかつ冪級数

$$\sum_{n=0}^{\infty} \Re c_n \cdot (z-z_0)^n \tag{20.15}$$

もまた R を収束半径とするならば，点 z_0+R は $f(z)$ の(したがってまた (20.15) の)特異点である．

証明. 必要に応じて $z^*=(z-z_0)/R$ とおいて z^* についての冪級数に変換すればよいから，簡単のため $z_0=0$, $R=1$ と仮定しても一般性を失わない．さらに，すべての n に対して $\Re c_n \geqq 0$ と仮定してよかろう． このとき，$f(z)$ をあらためて点 1/2 のまわりで展開したときの収束半径が 1/2 に等しいことを示せばよい．仮にこの展開

$$\sum_{\nu=0}^{\infty} \frac{1}{\nu!} f^{(\nu)}\left(\frac{1}{2}\right)\left(z-\frac{1}{2}\right)^{\nu} \tag{20.16}$$

が 1/2 より大きい収束半径 $R'/2$ をもつとすれば，$0<\delta<(R'-1)/2$ とするとき，$1+\delta$ はその収束点である．そこでの (20.16) の和は

$$s=\sum_{\nu=0}^{\infty} \frac{1}{\nu!} f^{(\nu)}\left(\frac{1}{2}\right)\left(\frac{1}{2}+\delta\right)^{\nu}=\sum_{\nu=0}^{\infty}\left(\frac{1}{2}+\delta\right)^{\nu}\sum_{n=\nu}^{\infty}\binom{n}{\nu} c_n \frac{1}{2^{n-\nu}}.$$

仮定に基いて，正項二重級数の総和の順序を交換することによって，

$$\Re s=\sum_{\nu=0}^{\infty}\left(\frac{1}{2}+\delta\right)^{\nu}\sum_{n=\nu}^{\infty}\binom{n}{\nu}\Re c_n \cdot \frac{1}{2^{n-\nu}}=\sum_{n=0}^{\infty}\Re c_n \sum_{\nu=0}^{n}\binom{n}{\nu}\frac{1}{2^{n-\nu}}\left(\frac{1}{2}+\delta\right)^{\nu}$$

$$=\sum_{n=0}^{\infty}\Re c_n\left(\frac{1}{2}+\left(\frac{1}{2}+\delta\right)\right)^{n}=\sum_{n=0}^{\infty}\Re c_n (1+\delta)^n.$$

ところが， これは (20.15) が ($z_0=0$, $R=1$ なる仮定のもとに) $1+\delta$ で収束することを示しているから，不合理である．ゆえに，点 1 (一般には z_0+R) は $f(z)$ の特異点である．

収束円周上の収束点でも冪級数で表わされた函数の正則性は保たれないことがある．しかし，連続性はある意味で保たれるのである．一つの円の周上の一点を ζ とし， ζ を頂点として ζ を通るこの円の直径に関して対称で中心を内部に含む π より小さい開きの角領域 W をつくる．終点 ζ を除いて円と W との共通部分に含まれる路を，一般に**シュトルツの路**という．このとき，つぎの

アーベルの連続定理がある:

定理 20.7. $|z-z_0|<R\ (<\infty)$ で正則な函数 $f(z)$ のテイラー展開

$$f(z)=\sum_{n=0}^{\infty}c_n(z-z_0)^n \tag{20.17}$$

が収束円周上の一点 ζ で収束するならば, z がシュトルツの路に沿って ζ に近づくとき,

$$\lim_{z\to\zeta}f(z)=\sum_{n=0}^{\infty}c_n(\zeta-z_0)^n. \tag{20.18}$$

ここに極限は, 角領域を固定すれば, それに含まれるシュトルツの路に関して一様である.

証明. 必要に応じて $f(z)$ の代りに $f((z-z_0)/(\zeta-z_0))$ を考えればよいから, $z_0=0$, $R=1$, $\zeta=1$ と仮定する. このとき, 簡単のため

$$s_n=\sum_{\nu=0}^{n}c_\nu,\qquad s=\lim_{n\to\infty}s_n=\sum_{n=0}^{\infty}c_n$$

とおけば, $|z|<1$ のとき,

$$\frac{f(z)}{1-z}=\sum_{n=0}^{\infty}z^n\sum_{n=0}^{\infty}c_nz^n=\sum_{n=0}^{\infty}s_nz^n,\qquad f(z)-s=(1-z)\sum_{n=0}^{\infty}(s_n-s)z^n.$$

シュトルツの路に沿って 1 に近づく z に対しては, 適当な正数 K をとれば,

$$\frac{|1-z|}{1-|z|}<K; \tag{20.19}$$

§3問8参照. また, 仮定によって, 任意な $\varepsilon>0$ に対して自然数 $n_0(\varepsilon)$ を適当にえらべば, $n\geqq n_0(\varepsilon)$ のとき $|s_n-s|<\varepsilon/2K$. ゆえに, $|z|<1$ のとき,

$$|f(z)-s|\leqq|1-z|\left(\sum_{n=0}^{n_0}|(s_n-s)z^n|+\sum_{n=n_0+1}^{\infty}\frac{\varepsilon}{2K}|z|^n\right)$$

$$<|1-z|\left(\sum_{n=0}^{n_0}|s_n-s|+\frac{\varepsilon}{2K}\sum_{n=0}^{\infty}|z|^n\right)=|1-z|\sum_{n=0}^{n_0}|s_n-s|+\frac{\varepsilon}{2K}\frac{|1-z|}{1-|z|}.$$

最後の辺の第一項は z が 1 に十分近ければ $\varepsilon/2$ より小さく, 第二項はシュトルツの路に沿っては (20.19) により $\varepsilon/2$ より小さい. ゆえに, シュトルツの路に沿って 1 に近い z に対して一様に $|f(z)-s|<\varepsilon$. これは (20.18) が ($z_0=0$, $\zeta=1$ として) 一様に成り立つことを示している.

この定理によって, $|z-z_0|<R$ で正則な函数 $f(z)$ のテイラー展開が収束円

周上の一点 ζ で収束するならば，その和をあらためて $f(\zeta)$ と定義するとき，点 ζ への接近をシュトルツの路に制限する限り，$f(z)$ は点 ζ をも含めて連続となる．これが連続定理という名のゆえんである．

連続定理の逆は，一般には成り立たない．たとえば，$f(z)=1/(1+z)$ は $z\to1$ のとき $1/2$ に近づくが，その原点のまわりのテイラー展開は $z=1$ で収束しない．したがって，$f(z)\to s$ $(z\to1)$ から $\sum c_n$ の収束を結論できるためには，何らかの付帯条件がいることになる；$\sum c_n$ が収束すれば，連続定理によってその和は必然的に s に等しい．一般に，この種の付帯条件を求める問題を総称して**タウベル型の問題**という．つぎの**タウベルの定理**は，この型の問題を提起する機縁を与えたものである：

定理 20.8. $|z|<1$ で正則な函数のテイラー展開 $f(z)=\sum_{n=0}^{\infty}c_nz^n$ の係数列が条件 $nc_n\to0$ $(n\to\infty)$ をみたすとき，z が半径に沿って 1 に近づくときの $f(z)$ の有限な極限値 s が存在するならば，$\sum_{n=0}^{\infty}c_n=s$.

証明. テイラー展開の点 1 における部分和を s_n で表わせば，任意な $n\geqq1$ に対して

$$s_n-f(z)=\sum_{\nu=1}^{n}c_\nu(1-z^\nu)-\sum_{\nu=n+1}^{\infty}c_\nu z^\nu \qquad (|z|<1).$$

簡単な関係

$$0<1-\left(1-\frac{1}{n}\right)^\nu=\left(1-\left(1-\frac{1}{n}\right)\right)\sum_{\mu=0}^{\nu-1}\left(1-\frac{1}{n}\right)^\mu\leqq\frac{\nu}{n}$$

に注意する．また，仮定 $nc_n\to0$ $(n\to\infty)$ によって，任意な $\varepsilon>0$ に対して適当な $n_0(\varepsilon)$ をえらべば，$\nu>n_0(\varepsilon)$ のとき $|c_\nu|<\varepsilon/3\nu$．したがって，$n\geqq n_0(\varepsilon)$ のとき，

$$\left|s_n-f\left(1-\frac{1}{n}\right)\right|\leqq\sum_{\nu=1}^{n}|c_\nu|\frac{\nu}{n}+\sum_{\nu=n+1}^{\infty}\frac{\varepsilon}{3\nu}\left(1-\frac{1}{n}\right)^\nu$$
$$<\frac{1}{n}\sum_{\nu=1}^{n}\nu|c_\nu|+\frac{\varepsilon}{3n}\sum_{\nu=n+1}^{\infty}\left(1-\frac{1}{n}\right)^\nu<\frac{1}{n}\sum_{\nu=1}^{n}\nu|c_\nu|+\frac{\varepsilon}{3}.$$

ふたたび仮定 $nc_n\to0$ $(n\to\infty)$ により，最後の辺の第一項は $n\to\infty$ のとき，0 に近づく．ゆえに，適当な $n_1(\varepsilon)\geqq n_0(\varepsilon)$ をとると，$n>n_1(\varepsilon)$ に対してそれは $\varepsilon/3$ より小さい．また，仮定により $f(1-1/n)\to s$ $(n\to\infty)$ だから，適当な

$n_2(\varepsilon)\geqq n_1(\varepsilon)$ をもって $n>n_2(\varepsilon)$ のとき，$|f(1-1/n)-s|<\varepsilon/3$．したがって，$n>n_2(\varepsilon)$ のとき，

$$|s_n-s|<\frac{1}{n}\sum_{\nu=1}^{n}\nu|c_\nu|+\frac{\varepsilon}{3}+\left|f\left(1-\frac{1}{n}\right)-s\right|<\varepsilon.$$

すなわち，$s_n\to s\,(n\to\infty)$．

最後に，テイラー展開の収束円周上の点がすべて特異点である場合を例示しておこう．

$$f(z)=\sum_{n=1}^{\infty}z^{n!} \tag{20.20}$$

の右辺の収束半径は1に等しい．p，q を任意な自然数の対として $\zeta=e^{2\pi ip/q}$ とおく．$\zeta^q=1$ だから，$n\geqq q$ のときつねに $\zeta^{n!}=1$．ゆえに，$z=r\zeta$，$0<r<1$ のとき，任意な自然数 $N\geqq q$ に対して

$$|f(r\zeta)|=\left|\sum_{n=1}^{q-1}(r\zeta)^{n!}\right|+\sum_{n=q}^{\infty}r^{n!}>\sum_{n=q}^{N}r^{n!}-\sum_{n=1}^{q-1}r^{n!}\geqq(N-q+1)r^{N!}-(q-1).$$

したがって，

$$\varliminf_{r\to1-0}|f(r\zeta)|\geqq N-2(q-1)$$

となるが，N はあらかじめ任意に大きくえらんでおけるから，$f(r\zeta)\to\infty$ $(r\to1-0)$．ゆえに，点 ζ で $f(z)$ は連続ですらあり得ない．ところで，ζ の形をもつ点は単位円周上でいたるところ稠密に存在する．したがって，単位円周上のすべての点が，特異点の集積点として，それ自身特異点である．——なお，$f(\zeta z)$ は $f(z)$ と多項式だけ異なるにすぎない．

問 1. m を定数とするとき，$z=0$ で1となる分枝に対して

$$(1+z)^m=\sum_{n=0}^{\infty}\binom{m}{n}z^n \qquad (|z|<1). \qquad [例題2]$$

問 2. 領域 D で $f(z)$，$g(z)$ が正則であって，一点 $z_0\in D$ に集積する D の点列 $\{\zeta_\nu\}$ 上で $f(z)g(z)\neq0$，$f'(z)/f(z)=g'(z)/g(z)$ が成り立つならば，D で $f(z)=cg(z)$ ($c\neq0$ は定数)．

問 3. $|z_1-z_0|<2R$ のとき，$f(z)$ が $|z-(z_0+z_1)/2|<R$ で正則ならば，

$$f(z_1)=f(z_0)+2\sum_{n=1}^{\infty}\frac{(z_1-z_0)^{2n-1}}{(2n-1)!\,2^{2n-1}}f^{(2n-1)}\left(\frac{z_0+z_1}{2}\right).$$

問 4. $f(z)=\sum_{n=1}^{\infty}(z^{4n-3}/(4n-3)+z^{4n-1}/(4n-1)-z^{2n}/2n)$ は $|z|<1$ で正則であるが，実軸に沿って $z\to1-0$ のときの $f(z)$ の極限値と右辺の級数の $z=1$ のときの値とは一致しない． [練 4.5]

問 5. n を自然数とするとき，n 次の多項式 $\phi_n(z)$ が条件 $\phi_n(0)=0$，$\phi_n(z+1)-\phi_n(z)=nz^{n-1}$ によって確定する．N 次の任意な多項式 $P(z)$ は，つぎの形に表わされる：

$$P(z)=P(0)+\textstyle\sum_{n=1}^{N}(P^{(n-1)}(1)-P^{(n-1)}(0))\phi_n(z)/n!. \qquad [例題7]$$

問 6. 領域 D で調和な函数 $u(z)$ が $z_0\in D$ の近傍で0に等しいならば，D で $u(z)\equiv0$．

［例題12］

§21. ローラン展開

さきに定理20.2で正則点のまわりでの正則函数の表示として，そのテイラー展開を求めた．ここではそれを一般にして，必ずしも正則でない点のまわりでの正則函数の表示をみちびき，ついで孤立特異点の分類に及ぼう．

定理 21.1. 点 z_0 を中心とする同心円環 $(0\leqq)\rho<|z-z_0|<R(\leqq+\infty)$ で一価正則な函数 $f(z)$ は，そこでいわゆる**ローラン級数**によって

$$f(z)=\sum_{n=-\infty}^{\infty}c_n(z-z_0)^n \tag{21.1}$$

なる形に展開される．その展開係数に対しては

$$c_n=\frac{1}{2\pi i}\int_\kappa\frac{f(\zeta)}{(\zeta-z_0)^{n+1}}d\zeta \qquad (n=0,\pm1,\cdots). \tag{21.2}$$

ここに右辺の積分は，同心円環内にあって z_0 を正の向きに一周する任意な路 κ にわたる．

証明. 円環 $\rho<|z-z_0|<R$ に属する任意な一点を z とする．このとき，同心円環 $|z-z_0|<|\zeta-z_0|<R$, $\rho<|\zeta-z_0|<|z-z_0|$ のおのおのに属しかつ z_0 を正の向きに一周する路 C, γ をとれば，定理17.2によって

$$f(z)=\frac{1}{2\pi i}\int_C\frac{f(\zeta)}{\zeta-z}d\zeta-\frac{1}{2\pi i}\int_\gamma\frac{f(\zeta)}{\zeta-z}d\zeta. \tag{21.3}$$

右辺の第一項は，定理20.1によって

$$\frac{1}{2\pi i}\int_C\frac{f(\zeta)}{\zeta-z}d\zeta=\sum_{n=0}^{\infty}(z-z_0)^n\frac{1}{2\pi i}\int_C\frac{f(\zeta)}{(\zeta-z_0)^{n+1}}d\zeta. \tag{21.4}$$

という形に展開される．第二項については，$\zeta\in\gamma$ のとき，$|\zeta-z_0|<|z-z_0|$ だから，展開

$$-\frac{1}{\zeta-z}=\frac{1}{z-z_0}\Big/\left(1-\frac{\zeta-z_0}{z-z_0}\right)=\sum_{n=1}^{\infty}\frac{(\zeta-z_0)^{n-1}}{(z-z_0)^n}=\sum_{n=-\infty}^{-1}\frac{(z-z_0)^n}{(\zeta-z_0)^{n+1}}$$

が成り立ち，これは固定された z に対して $\zeta\in\gamma$ について一様に収束する．ゆえに，$f(\zeta)/2\pi i$ を掛けて項別積分を行なうことにより

$$-\frac{1}{2\pi i}\int_\gamma\frac{f(\zeta)}{\zeta-z}d\zeta=\sum_{n=-\infty}^{-1}(z-z_0)^n\frac{1}{2\pi i}\int_\gamma\frac{f(\zeta)}{(\zeta-z_0)^{n+1}}d\zeta. \tag{21.5}$$

(21.4, 5) を (21.3) の右辺に用いれば，(21.1) の形の展開となる．係数表示について (21.2) のように積分路をとれることは，積分定理 16.4 からただちにわかる．

ローラン展開 (21.1) で非負冪の部分 (21.4) は $|z-z_0|<R$ で，負冪の部分 (21.5) は $|z-z_0|>\rho$ でそれぞれ広義の一様に収束する．特に，$f(z)$ が $|z-z_0|<R$ で正則ならば，(21.2) において c_n ($n<0$) は積分定理に基いてことごとく 0 だから，(21.1) はテイラー展開となる．また，$f(z)$ が $|z-z_0|>\rho$ で正則ならば，$g(Z)\equiv f(z_0+1/Z)$ が $|Z|<1/\rho$ で正則となるから，c_n ($n>0$) はことごとく 0 となる．したがって，(20.13) で現われた ∞ のまわりのテイラー展開は，$\rho<|z|<\infty$ におけるローラン展開の特殊なものとみなされる．

つぎの定理は，**ローラン展開の単独性**に関するものである：

定理 21.2. 一つの同心円環で一価正則な函数のローラン級数による表示は，ただ一通りに定まる．

証明. $\rho<|z-z_0|<R$ で一価正則な $f(z)$ に対して

$$f(z)=\sum_{n=-\infty}^{\infty}c_n(z-z_0)^n=\sum_{n=-\infty}^{\infty}c_n^*(z-z_0)^n \qquad (\rho<|z-z_0|<R)$$

が成り立つとする．このとき，$|z-z_0|=r$ ($\rho<r<R$) 上で級数は一様に収束するから，$2\pi i(z-z_0)^{n+1}$ で割って項別に積分することができる．さらに，整数 ν に対して

$$\frac{1}{2\pi i}\int_{|z-z_0|=r}(z-z_0)^\nu dz=\begin{cases}1 & (\nu=-1),\\ 0 & (\nu\neq-1)\end{cases}$$

であることに注意すれば，それによって，

$$c_n=c_n^* \qquad (n=0, \pm1, \cdots).$$

さて，一般に一つの円板からその中心を除いて得られる環状領域 $0<|z-z_0|<R(\leqq+\infty)$ で一価正則な函数 $f(z)$ が $|z-z_0|<R$ では正則でないとき，境界点 z_0 を $f(z)$ の**孤立特異点**という．$z_0=\infty$ の場合にはここで $|z-z_0|$ の代りに $1/|z|$ を用いるだけでよいから，以下もっぱら $z_0\neq\infty$ の場合について説明する．

$f(z)$ の $0<|z-z_0|<R$ におけるローラン展開を

(21.6)　$$f(z)=\sum_{n=-\infty}^{\infty}c_n(z-z_0)^n=\sum_{n=1}^{\infty}\frac{c_{-n}}{(z-z_0)^n}+\sum_{n=0}^{\infty}c_n(z-z_0)^n$$

とする．最後の辺の第二の和は $|z-z_0|<R$ で収束するから，z_0 における $f(z)$ の特異性はもっぱらその第一の和に起因する．この意味で第一の和を z_0 における $f(z)$ のローラン展開の**主要部**という．主要部の性状に基いて，z_0 における特異性をつぎのように分類する:

（i）主要部を欠く場合，すなわち $c_{-n}=0$ $(n=1,2,\cdots)$ である場合には，z_0 を**除去可能な特異点**という．このとき，(21.6) は

$$f(z)=\sum_{n=0}^{\infty}c_n(z-z_0)^n \qquad (0<|z-z_0|<R)$$

となる．したがって，z_0 における特異性は単に $f(z_0)$ が定義されていないかあるいは不自然に定義されているかによるもので，いずれにしてもあらためて $f(z_0)=c_0$ と定義すれば，$f(z)$ は $|z-z_0|<R$ で正則となる．函数論では，除去可能な特異点が現われるごとに，かような修正を行なうことによって，その特異性を除いておくものと規約される．

例えば，二つの多項式 $P(z)$，$Q(z)$ が $z-z_0$ という因子をそれぞれ p 個，q 個含んでいて $p\geqq q$ (>0) である場合に，$P(z)=(z-z_0)^qP_1(z)$，$Q(z)=(z-z_0)^qQ_1(z)$ とおくとき，$P(z)/Q(z)$ は $P_1(z)/Q_1(z)$ と同じ意味をもつとみなされる．また，$\sin z/z$ は原点で1という値をとる整函数とみなされる．

（ii）主要部が有限級数である場合に，z_0 を**極**という．特に，ローラン展開が

$$f(z)=\sum_{n=1}^{k}\frac{c_{-n}}{(z-z_0)^n}+\sum_{n=0}^{\infty}c_n(z-z_0)^n, \qquad c_{-k}\neq 0,$$

となるとき，z_0 を**位数** k の極または k 位の極という．これに対して，$|z-z_0|<R$ で正則な函数

$$g(z)=\sum_{n=1}^{k}c_{-n}(z-z_0)^{k-n}+\sum_{n=0}^{\infty}c_n(z-z_0)^{k+n}=\sum_{n=0}^{\infty}c_{n-k}(z-z_0)^n$$

を導入すれば，$g(z_0)=c_{-k}\neq 0$ であって

(21.7)　$$f(z)=\frac{g(z)}{(z-z_0)^k} \qquad (0<|z-z_0|<R).$$

（iii）主要部が無限級数である場合には，すなわち無限に多くの c_{-n} が0で

ないとき，z_0 を(孤立)**真性特異点**という．

孤立特異点について基本的な定理を列挙しよう．まず，除去可能な特異点に関する**リーマンの定理**からはじめる:

定理 21.3. $0<|z-z_0|<R$ で一価正則な $f(z)$ がそこで有界ならば，z_0 は $f(z)$ の除去可能な特異点である．

証明. $f(z)$ のローラン展開を (21.6) とする．仮定によって，一つの定数 K が存在して $0<|z-z_0|<R$ で $|f(z)|\leqq K$ となるから，

$$|c_{-n}|=\left|\frac{1}{2\pi i}\int_{|z-z_0|=r}f(z)(z-z_0)^{n-1}dz\right|\leqq Kr^n \qquad (0<r<R).$$

ここで $r\to+0$ とすることによって，$c_{-n}=0$ ($n=1,2,\cdots$)．すなわち，z_0 は $f(z)$ の除去可能な特異点である．

なお，この証明からわかるように，z_0 を中心とし半径が 0 に収束するような一つの円周列の上での $f(z)$ の有界性を仮定すれば十分である．

一般に，z_0 で正則な函数 $f(z)\neq 0$ の z_0 のまわりのテイラー展開の 0 でない最初の係数をもつ項の冪が $k\geqq 1$ のとき，z_0 を $f(z)$ の**位数** k の零点または k 位の**零点**という．ω を複素数として $f(z)-\omega$ の k 位の零点を $f(z)$ の k 位の ω 点という．$f(z)$の k 位の極をその k 位の ∞ 点ともいう．つぎの定理は，極の特性を述べている:

定理 21.4. z_0 が $f(z)$ の極であるために必要十分な条件は，$f(z)\to\infty$ ($z\to z_0$).

証明. まず，z_0 が $f(z)$ の k 位の極ならば，z_0 のまわりで正則な $g(z)$，$(gz_0)\neq 0$，が存在して (21.7) の形の表示が成り立つから，$f(z)\to\infty$ ($z\to z_0$) となる．逆に，この条件がみたされていれば，ある $R>0$ に対して $0<|z-z_0|<R$ で $f(z)\neq 0$ となるから，$1/f(z)$ もそこで正則であって，$1/f(z)\to 0$ ($z\to z_0$)．ゆえに，定理 21.3により，z_0 での値を 0 と定めれば，$1/f(z)$ は $|z-z_0|<R$ で正則である．z_0 を $1/f(z)$ の k 位の零点とすれば，$h(z)\equiv(1/f(z))/(z-z_0)^k$ は $|z-z_0|<R$で正則であって，$h(z_0)\neq 0$ である; もちろん，z_0 での見掛けの特異性は除去されたものとする．ゆえに，$(z-z_0)^kf(z)=1/h(z)$ は z_0 の近傍で正則であって，z_0 で 0 とならない．したがって，$f(z)$ は z_0 を k 位の極とし

てもつ.

一般に，一つの領域 D で定義された一価函数 $f(z)$ が高々極を除いて正則なとき，$f(z)$ は D で**有理型**であるという．有理型函数については，$0<|z-z_0|<R$ で有理型だが $|z-z_0|<R$ では有理型でないとき，z_0 をその(孤立)**真性特異点**という．これについては，つぎの**ワイエルシュトラスの定理**がある:

定理 21.5. $0<|z-z_0|<R$ で有理型な $f(z)$ が z_0 を真性特異点としてもつならば，z_0 の任意の近くに $f(z)$ が任意な値に任意に近い値をとる点が存在する．いいかえれば，ω を任意な複素数または ∞ とするとき，条件

(21.8)　　$0<|z_\nu-z_0|<R,\quad z_\nu\to z_0\ (\nu\to\infty),\quad f(z_\nu)\to\omega\ (\nu\to\infty)$

をみたす点列 $\{z_\nu\}$ が存在する.

証明. まず，$\omega=\infty$ に対して，仮にかような点列が存在しなかったとすれば，ある $R_1>0$ に対して $f(z)$ は $0<|z-z_0|<R_1$ で有界となり，z_0 は除去可能な特異点となってしまう．つぎに，ω を任意な一つの複素数とするとき，$1/(f(z)-\omega)$ もまた $0<|z-z_0|<R$ で有理型であって z_0 を真性特異点としている．ゆえに，証明の前半によって，$0<|z_\nu-z_0|<R$，$z_\nu\to z_0\ (\nu\to\infty)$ である適当な点列 $\{z_\nu\}$ をとれば，$1/(f(z_\nu)-\omega)\to\infty$ すなわち $f(z_\nu)\to\omega\ (\nu\to\infty)$.

定理 21.5 は**カソラチ・ワイエルシュトラスの定理**とも呼ばれる．そして，これは近代函数論の動向に転回点を与えたいわゆるピカールの定理の先駆をなすものとみなされる．ピカールの定理については，後に§37 で詳説しよう.

一般に，$0<|z-z_0|<R$ で有理型な $f(z)$ が与えられたとき，$0<|z-z_0|<R$ 内で z_0 に近づくおのおのの点列 $\{z_\nu\}$ に対して $\{f(z_\nu)\}$ の集積値から成る集合を考え，すべての可能な点列についてかような集合の合併集合 $C(z_0)$ をつくる; $\{z_\nu\}$ としては $\{f(z_\nu)\}$ が((21.8) の意味の)極限値をもつような点列だけを考えても，実質上は同じことである．この $C(z_0)$ を境界点 z_0 における $f(z)$ の**集積値集合**という．これはつぎのようにも定義される: $0<r<R$ として $0<|z-z_0|<r$ における $f(z)$ の値域を W_r で表わし，その閉苞を $\overline{W}_r$ とするとき，すべての r に対する $\overline{W}_r$ の共通集合を

$$C(z_0)=\bigcap_{0<r<R}\overline{W}_r$$

とする．――z_0 の特異性の種類に応じて，w 平面上の点集合とみなされた集

積値集合 $C(z_0)$ は，つぎの性状をもつ:

（i） z_0 が除去可能な特異点ならば，$C(z_0)$ は有限な一点から成る;

（ii） z_0 が極ならば，$C(z_0)$ は点 ∞ だけから成る;

（iii） z_0 が真性特異点ならば，$C(z_0)$ は全平面から成る．

そして，集積値集合のこれらの性状は，それぞれの特異点の特性を表わしている．

問 1. 全複素平面で有理型な函数は，有理函数である． ［例題 2］

問 2. 偶(奇)函数の原点のまわりのローラン展開は，奇(偶)数冪の項を欠く． ［練 4.13］

問 3. z_0 が $f(z)$ の k 位の極(零点)ならば，z_0 は $1/f(z)$ の k 位の零点(極)である． ［練 4.15］

問 4. 領域 D において，$f(z)$ が有理型ならば，$f'(z)$ もまた有理型である． ［練 4.16］

問 5. $f(z)$ が $0<|z-z_0|<R$ で一価正則であって，ある $m\geqq 0$ と $0<r_\nu<R$，$r_\nu\to 0$ ($\nu\to\infty$) なる列 $\{r_\nu\}$ に対して $f(z)=O(r_\nu^{-m})$ ($|z-z_0|=r_\nu$; $\nu=1,2,\cdots$) ならば，z_0 は $f(z)$ の高々 $[m]$ 位の極である． ［例題 5］

問 6. $0<|z|<R$ で有理型な函数 $f(z)$ に対して，ω を一つの複素数または ∞ として，z_0 が $f(z)$ の ω 点の集積点ならば，$f(z)\not\equiv\omega$ である限り，z_0 は $f(z)$ の真性特異点である．

問 7. $e^{1/z}$ は原点の任意な近傍で 0，∞ 以外のすべての値を無限回とる．

問 8. 収束半径 1 をもつ冪級数 $f(z)=\sum_{n=0}^{\infty}c_nz^n$ がその収束円周上にただ一つの極 ζ をもつ以外は $|z|\leqq 1$ で正則ならば，$\zeta=\lim_{n\to\infty}(c_n/c_{n+1})$． ［例題 11］

§22. 解析接続

一致の定理 20.4 からわかるように，一つの領域で正則な函数は，その内点を集積点とする点集合上の値によってすでに完全に決定される．これによっても，正則性が強い内面的な拘束条件であることが如実に示されている．この性質に基いて，一つの領域で正則な函数が与えられたとき，その正則性を保ちながら定義域をできるだけひろめていくことによって，解析函数の概念に達する．その手段として用いられるのが解析接続である．

共通点をもつ二つの領域 D_1，D_2 でそれぞれ正則な $f_1(z)$，$f_2(z)$ が与えられているとする．D_1 と D_2 に共通な一つの領域 G で $f_1(z)\equiv f_2(z)$ が成り立っているならば，

$$f(z)=f_j(z) \qquad (z\in D_j;\ j=1,2)$$

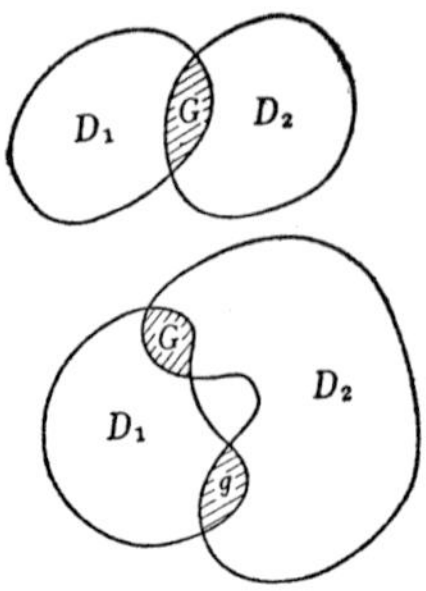

図　17

によって $D=D_1\cup D_2$ で正則な函数 $f(z)$ が定義される．もっとも，$D_1\cap D_2$ が二つ以上の領域から成る場合には，$f(z)$ は必ずしも一価とはならないが，しばらくは簡単のため，$D_1\cap D_2$ が一つの領域である場合について考えよう．さらに，$f_j(z)$ のおのおのは，一致の定理に基いて，それらの G における値によって完全に決定される．したがって，$f_j(z)$ のおのおのは他方が与えられることによって完全に定まる．この事実からわかるように，一つの領域 D_1 で正則な函数 $f_1(z)$ および D_1 と領域 G を共有する一つの領域 D_2 が与えられたとき，D_2 で正則であって G で $f_1(z)$ と一致する函数 $f_2(z)$ は，まったく存在しないかさもなければただ一つ存在する．かような函数 $f_2(z)$ が存在するとき，D_1 で与えられた正則函数 $f_1(z)$ が D_2 へ解析的に接続されるといい，$f_2(z)$ を $f_1(z)$ から解析接続によって得られる函数あるいは単に $f_1(z)$ の**解析接続**という．この関係は相互的であって，$f_2(z)$ が D_2 への $f_1(z)$ の解析接続ならば，同時に $f_1(z)$ は D_1 への $f_2(z)$ の解析接続である．

かような場合に一方から他方が完全に決定されるということに基いて，$f_j(z)$ のおのおのは $D=D_1\cup D_2$ で正則な一つの函数 $f(z)$ の部分的な表示としての**要素**とみなされる．したがって，一つの領域で正則な函数が与えられているとき，一般にはそれは一つの要素にすぎない．これから出発して可能である限り解析接続をほどこすことによって得られる要素の全体を**解析函数**と呼ぶ；これは一般には多価な函数となるであろう．

さて，一点(の近傍)で正則な函数は，その点のまわりで冪級数に展開される．一致の定理 20.4 に基いて，この函数に解析接続をほどこすことによって達せられる解析函数は，この冪級数により完全に決定されるはずである．したがって，解析函数を構成するための礎石としては，その部分的な表示としての一つの冪級数があれば十分である．そこでワイエルシュトラスにしたがって，一つの冪級数から出発してそれを解析的に接続することを試みる．中心が z_0 であることを強調された一つの冪級数

(22.1) $$P(z;\ z_0)=\sum_{n=0}^{\infty}c_n(z-z_0)^n,\qquad c_n=\frac{1}{n!}P^{(n)}(z_0;\ z_0),$$

の収束半径を $r(z_0)$ $(0<r(z_0)<\infty)$ とする．これをあらためて，z_0 を中心とする一つの**函数要素**と呼ぶ．その収束円内の任意な一点を z_1 とすれば，これと収束円周 $|z-z_0|=r(z_0)$ との距離は $r(z_0)-|z_1-z_0|$ に等しいから，$P(z;\ z_0)$ は z_1 のまわりの半径が少なくとも $r(z_0)-|z_1-z_0|$ なる円内で冪級数に展開される．それによって得られる函数要素

(22.2) $$P(z;\ z_1)=\sum_{n=0}^{\infty}d_n(z-z_1)^n,\qquad d_n=\frac{1}{n!}P^{(n)}(z_1;\ z_0),$$

の収束半径を $r(z_1)$ とすれば，

(22.3) $$r(z_1)\geqq r(z_0)-|z_1-z_0|.$$

円板 $|z-z_1|<r(z_0)-|z_1-z_0|$ でつねに $P(z;\ z_1)=P(z;\ z_0)$ だから，一致の定理 20.4 によって，両収束円 $|z-z_0|<r(z_0)$ と $|z-z_1|<r(z_1)$ に共通な部分で $P(z;\ z_0)\equiv P(z;\ z_1)$．特に (22.3) で不等号が現われる場合には，これによってはじめに $|z-z_0|<r(z_0)$ で (22.1) により与えられていた函数の定義域が，上記の両収束円の和である領域にまでひろめられたわけである．一般に，一つの函数要素の収束円内の一点を中心とするその展開として得られる函数要素を，もとの要素の**直接接続**という．そして，直接接続をつくる操作を有限回行なって得られる函数要素を**間接接続**という．

例えば，$f(z)=1/(1-z)$ に所属の函数要素

$$P(z;\ 0)=\sum_{n=0}^{\infty}z^n$$

から出発すれば，$|z_1|<r(0)=1$ に対して $P^{(n)}(z_1;\ 0)=n!/(1-z_1)^{n+1}$ となるから，その直接接続

$$P(z;\ z_1)=\sum_{n=0}^{\infty}\frac{(z-z_1)^n}{(1-z_1)^{n+1}}$$

を得る．その収束半径 $r(z_1)=|1-z_1|$ は，z_1 が負でない実数の場合だけを除けば，$r(z_1)>1-|z_1|=r(0)-|z_1|$．なお，この例で z_1 が 1 に十分近ければ，$r(z_1)=|1-z_1|<|z_1|$ となるから，$P(z;\ 0)$ は $P(z;\ z_1)$ の直接接続ではない．したがって，直接接続の性質は必ずしも可逆的ではない．

定理 22.1. $P(z;\ z_0)$ の一つの直接接続を $P(z;\ z_1)$ とするとき，両者の収束円に共有される点 z_2 における両者の直接接続は一致する．特に，$P(z;\ z_0)$

の収束半径 $r(z_0)$ に対して $|z_1-z_0|<r(z_0)/2$ ならば，$P(z;\ z_0)$ は $P(z;\ z_1)$ の直接接続である．

証明． まず，$P(z;\ z_0)$，$P(z;\ z_1)$ の両収束円の共通部分でこれらの要素は同じ正則函数を表わすから，冪級数展開の単独性により，その z_2 における展開 $P(z;\ z_2)$ は一意的に定まる．つぎに，$|z_1-z_0|<r(z_0)/2$ ならば，$P(z;\ z_1)$ の収束半径 $r(z_1)$ に対しては，(22.3) によって

$$r(z_1)\geqq r(z_0)-|z_1-z_0|>|z_1-z_0|.$$

すなわち，z_0 は $P(z;\ z_1)$ の収束円に含まれる．ゆえに，前半で示したことによって，$P(z,\ z_1)$ の z_0 における直接接続は $P(z;\ z_0)$ の z_0 における直接接続としての $P(z;\ z_0)$ 自身と一致する．

さて，与えられた函数要素から出発して解析接続を試みるさいに，例外的な場合がある．まず，与えられた函数要素の収束半径が ∞ のときには，そのいかなる解析接続もつねに ∞ の収束半径をもつ．したがって，この整函数の場合には，その任意な一つの函数要素によって解析函数としての全貌が表示されている． 他の極端な場合は，与えられた函数要素 (22.1) の収束半径が有限であって，そのいかなる直接接続 (22.2) をつくっても (22.3) で等号が成り立つ場合である． これは (22.1) で定義される函数に対してその収束円周上の点がことごとく特異点である場合であって，このときにもとの函数要素によって解析函数の全貌が表示されている．一般に，解析函数の存在領域の境界を**自然境界**というが，後者の場合にはもとの収束円の周がすでに自然境界となっているわけである．§20 末の例参照．

つぎに，z 平面上の二点 z_0，Z を結ぶ一つの連続曲線

$$C:\qquad z=z(t)\qquad (t_0\leqq t\leqq T;\ z(t_0)=z_0,\ z(T)=Z)$$

を考える．このとき，もし $t_0\leqq t\leqq T$ なるおのおのの t に対して $z(t)$ を中心とする一つの函数要素 $P(z;\ z(t))$ が定義されていて，おのおのの t に対してそれに十分近いすべての t' について $P(z;\ z(t'))$ が $P(z;\ z(t))$ の直接接続となっているならば， 要素 $P(z;\ z_0)$ は曲線 C に沿って**解析接続可能**であるといい，$P(z;\ Z)$ を C に沿って $P(z;\ z_0)$ を接続することにより得られる要素という．定理 22.1 からわかるように，このとき $P(z;\ Z)$ は C の向きを逆にした曲線に

沿って解析接続可能であって，その終点 z_0 でもとの要素 $P(z;\ z_0)$ を与える．つぎに，曲線に沿う解析接続の単独性を示そう:

定理 22.2. 曲線 C に沿って $P(z;\ z_0)$ が解析接続可能である限り，それはただ一通りに行なわれる．

証明. いま，$P_t\equiv P(z;\ z(t))$ のほかに $Q_t\equiv Q(z;\ z(t))$ によっても解析接続がなされているとする．仮に $P_t\not\equiv Q_t$ として，$P_t\neq Q_t$ なる t ($t_0\leqq t\leqq T$) の下限を t^* で表わす．もし $t^*=T$ ならば，$P_{t^*}\neq Q_{t^*}$．また，もし $t_0\leqq t^*<T$ ならば，十分 0 に近い $\delta>0$ に対して $t^*\leqq t<t^*+\delta$ ($<T$) に対応する P_t, Q_t はそれぞれ P_{t^*}, Q_{t^*} の直接接続だから，t^* の下限性によってやはり $P_{t^*}\neq Q_{t^*}$．したがって，特に $P_{t_0}=Q_{t_0}=P(z;\ z_0)$ だから，$t_0<t^*\leqq T$．このとき，ふたたび十分 0 に近い $\delta>0$ をとれば，($t_0<$) $t^*-\delta<t<t^*$ のとき $|z(t)-z(t^*)|<r(z(t^*))/2$ となるから，定理 22.1 により P_t, Q_t の直接接続としてそれぞれ P_{t^*}, Q_{t^*} が得られる．t^* の定義によりこのとき $P_t=Q_t$ であるにかかわらず，上記のように $P_{t^*}\neq Q_{t^*}$ となるのは不合理である．ゆえに，$P_t\equiv Q_t$.

さきに，一つの函数要素から出発して直接接続を有限回ほどこすことによって間接接続の概念を導入した．このように有限個の逐次に直接接続となっている函数要素の系列を，**解析連鎖**という．曲線に沿う解析接続によって終点で得られる函数要素は，実は解析連鎖をもってすでに達せられるのである:

定理 22.3. 曲線 C: $z=z(t)$ ($t_0\leqq t\leqq T$) に沿う解析接続によって $P(z;\ z_0)$ から $P(z;\ Z)$ が得られるならば，これらの要素は一つの解析連鎖によって結ばれる．逆に，一つの解析連鎖があれば，その初要素はそれらの要素の中心を逐次に線分でつないで得られる屈折線に沿い解析接続可能であって，その終要素が接続の結果として生ずる．

証明. まず，C に沿う解析接続が $P_t\equiv P(z;\ z(t))$ ($t_0\leqq t\leqq T$) によってなされているとし，P_t の収束半径を r_t で表わす．もし一つの t^* に対して $r_{t^*}=\infty$ ならば，$P_{t^*}\equiv P(z;\ z(t^*))$ は z の整函数である．したがって，定理 22.1 により，すべての P_t がその直接接続であって，$r_t\equiv\infty$．ゆえに，P_t は P_{t_0} の直接接続である．つぎに，r_t ($t_0\leqq t\leqq T$) が有限だとする．このとき，おのおのの t^* に対して十分小さい $\delta>0$ をとれば，$|t-t^*|<\delta$ である限り $|z(t)-z(t^*)|$

$<r_{t^*}/2$ となり，定理 22.1 によって P_t と P_{t^*} とは互に他の直接接続となっている．ゆえに，(22.3) によって同時に

$$r_t \geqq r_{t^*} - |z(t) - z(t^*)|, \qquad r_{t^*} \geqq r_t - |z(t^*) - z(t)|;$$

すなわち，$|t-t^*|<\delta$ である限り，

$$|r_t - r_{t^*}| \leqq |z(t) - z(t^*)|.$$

$z(t)$ は連続だから，これは r_t が $t_0 \leqq t \leqq T$ で連続なことを表わしている．つねに $r_t>0$ だから，r_t は正の最小値 ρ をもつ．$z(t)$ の一様連続性に基いて，適当な分割 $t_0<t_1<\cdots<t_m=T$ をとれば，C のおのおのの弧 $z=z(t)$ $(t_{\nu-1} \leqq t \leqq t_\nu;\ \nu=1, \cdots, m)$ はそれぞれ $|z-z(t_{\nu-1})|<\rho \leqq r_{t_{\nu-1}}$ に含まれる．ゆえに，特に P_{t_ν} は $P_{t_{\nu-1}}$ の直接接続である．これで，定理の前半が証明されている．

逆に，一つの解析連鎖 $\{P(z;\ z_\nu)\}_{\nu=0}^m$ $(z_m=Z)$ が与えられたとき，z_ν $(\nu=0, 1, \cdots, m)$ を順次に線分でつないで得られる屈折線を Γ: $z=\zeta(t)$ $(t_0 \leqq t \leqq T)$ で表わす．$z_\nu=\zeta(t_\nu)$ とおけば，線分 $z=\zeta(t)$ $(t_{\nu-1} \leqq t \leqq t_\nu)$ は $P(z;\ z_{\nu-1})$ の収束円に含まれるから，そのおのおのの点にこれの直接接続 $P(z;\ \zeta(t))$ を対応させることができる．このとき，$P(z;\ \zeta(t))$ $(t_0 \leqq t \leqq T)$ が Γ に沿い $P(z;\ z_0)$ から $P(z;\ Z)$ にいたる解析接続を定義していることがわかる．

これまでは，もっぱら函数要素の中心が有限な場合を考えてきた．∞ を中心とする函数要素は

$$P(z;\ \infty) = \sum_{n=0}^{\infty} \frac{c_n}{z^n} \qquad (|z|>R) \tag{22.4}$$

という形に与えられる．これは $|z|>R$ で正則だから，$R<|z|<\infty$ に属するおのおのの点 z^* のまわりでのテイラー展開 $P(z;\ z^*)$ が (22.4) から一意的に定まる．$P(z;\ z^*)$ $(R<|z^*| \leqq \infty)$ を $P(z;\ \infty)$ の直接接続という．∞ に終る曲線 C: $z=z(t)$ $(t_0 \leqq t \leqq T;\ z(T) \equiv z(T-0)=\infty)$ のおのおのの点 $z(t)$ を中心とする函数要素 $P(z;\ z(t))$ が定義されているとする．もし C のおのおのの部分弧 $z=z(t)$ $(t_0 \leqq t \leqq T^*<T)$ に対して $P(z;\ z(t))$ がそれに沿う解析接続を定義し，有限な一点 $z^* \in C$ のまわりの要素 $P(z;\ z^*)$ が $P(z;\ \infty)$ の直接接続となっているならば，$P(z;\ z_0)$ は C に沿って解析接続可能であるといい，それを C に沿い接続することにより要素 $P(z;\ \infty)$ が生ずるという．

さて，解析函数の一般な定義は，つぎのように述べられる：一つの函数要素から出発して可能な限り解析接続をほどこすことによって得られる函数要素の全体から成る集合を，もとの要素が定める**解析函数**という．その解析函数を $f(z)$ で表わすとき，それに含まれる一つの要素 $P(z;\ Z)$ の展開中心における値 $P(Z;\ Z)$ を $f(z)$ の点 Z における一つの**値**という．平面上のおのおのの点を中心とする $f(z)$ の要素の個数が高々一つであるか否かによって，解析函数 $f(z)$ はそれぞれ**一価**または**多価**であるという．

一つの曲線 C: $z=z(t)$ $(t_0\leqq t\leqq T)$ が与えられているとき，任意な正数 δ $(<T-t_0)$ に対してその部分弧 $z=z(t)$ $(t_0\leqq t\leqq T-\delta)$ に沿っては函数要素 $P(z;\ z(t_0))$ が解析接続可能であるが，C 自身に沿って(端点 $z(T)$ までは)解析接続可能でないならば，C に沿う $P(z;\ z(t_0))$ の解析接続は座標 $z(T)$ をもつ点の上に一つの**特異点**を定義するという．

一つの領域 G の一点 z_0 を中心とする函数要素が与えられたとき，それを G 内の連続曲線に沿い可能な限り解析接続することによって得られる函数要素の全体から成る集合を，もとの要素が定める解析函数 $f(z)$ の G における**分枝**という；これに対しても一価と多価が区別される．特に，この分枝が一価ならば，それを構成する要素の中心の全体から成る集合を D とするとき，D は一つの領域であって，この分枝はしばしば $f_D(z)$ で表わされる．おのおのの点 $Z\in D$ での $f_D(z)$ の値 $P(Z;\ Z)$ は $P(z;\ Z)$ を直接接続とする要素の Z における値に等しいから，おのおのの点 $Z\in D$ で $P(Z;\ Z)$ という値をとる函数 $g(z)\equiv P(z;\ z)$ は D で正則である．逆に，領域 D で正則な一価函数 $g(z)$ が与えられたとき，D のおのおのの点のまわりのその冪級数展開として得られる函数要素の全体から成る集合 $f_D(z)$ は，それの任意な一つの要素から出発して得られる解析函数の D における分枝にほかならない．ゆえに，一価な分枝 $f_D(z)$ とその値によって定められる D 内正則函数 $g(z)\equiv P(z;\ z)$ とは，単に概念的に異なるにすぎず，実質上は同一とみなしても不都合が起らない．この意味で，一価正則函数の諸性質は，同時に解析函数の一価な分枝に所属する性質なのである．

つぎに，解析接続と関連する重要な結果をみちびくために，それ自身として

も有用な一つの定理を準備する:

定理 22.4. 一つの曲線 C_1: $z=z_1(t)$ $(t_0 \leqq t \leqq T)$ に沿い $P_t \equiv P(z;\ z_1(t))$ が解析接続を定義しているとき, P_t の収束半径 r_t をもって条件 $|z_2(t)-z_1(t)|<r_t$ $(t_0 \leqq t \leqq T)$ をみたす第二の曲線 C_2: $z=z_2(t)$ $(t_0 \leqq t \leqq T)$ のおのおのの点に P_t の直接接続 $Q_t \equiv Q(z;\ z_2(t))$ を対応させると, Q_t $(t_0 \leqq t \leqq T)$ は C_2 に沿う解析接続を定義する. もし特に C_1, C_2 が両端点を共有するならば, $Q_T=P_T$.

証明. おのおのの t^* に対して, P_{t^*} の収束円 $|z-z_1(t^*)|<r_{t^*}$ に属し, 点 $z_2(t^*)$ を含む C_2 の適当な部分弧の上に中心をもつ要素 Q_t は, P_{t^*} の直接接続 P_t の直接接続だから, 定理22.1によりそれ自身 P_{t^*} の直接接続とみなされる. しかも, かような Q_t は $|z-z_1(t^*)|<r_{t^*}$ で正則な $P_{t^*} \equiv P(z;\ z_1(t^*))$ のテイラー展開だから, その部分弧に沿う解析接続を定義する. t^* は任意だから, Q_t $(t_0 \leqq t \leqq T)$ は C_2 に沿う解析接続を定義している. 後半については, 明らかであろう.

解析函数は一般には多価となるであろうが, その多価性に対する制限を与えるものとして**ポアンカレ・ボルテラの定理**がある:

定理 22.5. 解析函数は可付番多価である. すなわち, 任意な一つの函数要素に解析接続をほどこすとき, 任意な一点を中心とする相異なる要素の個数は可付番(有限または可付番無限)である.

証明. 一つの要素 $P(z;\ z_0)$ と任意な一点 Z が与えられたとする. z_0 から一つの曲線 C に沿って Z にいたる解析接続によって得られる要素 $P(z;\ Z)$ は, 定理22.3により C の適当な内接屈折線 Π に沿う接続によっても得られる. さらに定理22.4により, Π をそれに近い屈折線 Π' でおきかえて Π' の頂点(角点) $z_0, z_1, \cdots, z_m=Z$ のうちで z_μ $(1 \leqq \mu < m)$ がすべて有理点(実虚部がともに有理数である点)であるようにできる. かようにして, おのおのの要素 $P(z;\ Z)$ に有理点から成る有限列 $\{z_\mu\}_{\mu=1}^{m-1}$ を対応させると, 定理22.2により相異なる要素には相異なる有理点列が対応する. 有理点から成る有限列の全体は可付番だから, Z で現われる要素の個数も可付番である. なお, ここで $Z \neq \infty$ の場合を考えたが, $Z=\infty$ の場合も同様である.

一般に, 函数が局所的に一価正則であっても, 大域的には必ずしも一価ではない. 例え

ば，$z=re^{i\theta}$ の函数 $z^{1/2}=\sqrt{r}\,e^{i\theta/2}$ は円環 $1/2<|z|<2$ のおのおの点を中心としてそれに含まれる円内で一価正則だが，z が円環内で原点のまわりを一周するとき，$z^{1/2}$ には因子 -1 が掛かる．この例の領域である円環は二重連結である．それに反して，領域を単連結なものに限ると，そこで正則な函数は実は必然的に一価である．

つぎの**一価性の定理**は，この事実を主張するものである：

定理 22.6. 単連結領域 D の一点 z_0 を中心とする函数要素 $P(z;\ z_0)$ が z_0 を始点とする D 内のいかなる曲線に沿っても解析接続可能ならば，それが D で定義する分枝 $f_D(z)$ は一価である．

証明. 仮に z_0 から出る D 内の二つの曲線 C_1，C_2 に沿う接続が共通な終点 Z で相異なる要素を生じたとすれば，z_0 から C_1 に沿って Z にいたりさらに C_2 を逆向きに進んで z_0 にいたる閉曲線 C に沿って $P(z;\ z_0)$ を接続するとき，もとと異なる要素が現われる．すなわち，閉曲線 C に沿って分枝 $f_D(z)$ の多価性が現われる．ゆえに，定理 22.3 により，一つの屈折線に沿ってすでに $f_D(z)$ の多価性が現われる．これから積分定理 16.2 の証明におけると同じ論法に基づいて，D に属する一つの三角形の周 Γ に沿って $f_D(z)$ の多価性の出現が結論される；ここに D の単連結性が利用されている！そこで，Γ のおのおのの辺の中点を結ぶ線分によって Γ の内部を四つの互に合同な三角形に分ければ，その少なくとも一つの周 Γ_1 に沿って多価性が現われる．この操作を反復していけば，しだいに辺長が前者の半分となる三角形の周の列 $\{\Gamma_n\}_{n=1}^{\infty}$ が得られ，おのおのの Γ_n に沿って $f_D(z)$ の多価性が現われる．Γ_n を周とする閉三角形を Δ_n で表わせば，すべての Δ_n に共有される一点 ζ が定まる．ζ と ∂D との距離を d で表わせば，殆んどすべての Δ_n は円板 $|z-\zeta|<d/3$ に含まれる．かような Δ_n の境界 Γ_n 上の任意な一点を z^* とすれば，Γ_n は D 内の円板 $|z-z^*|<2d/3$ に含まれる．ところが，z^* を中心とする要素の収束半径 $r(z^*)$ に対しては $r(z^*)\geqq d-|z^*-\zeta|>2d/3$ となるから，これは $P(z;\ z^*)$ がその収束円内で多価な分枝を定義することになって，不合理である．ゆえに，$f_D(z)$ は一価でなければならない．

つぎに，応用上重要な函数関係不変の原理について説明しよう．w_j $(j=1,\cdots,n)$ がそれぞれ領域 D_j にわたるとき，変域 $(D_1,\cdots,D_n)$ で定義された n 変

数の函数 $F(w_1, \cdots, w_n)$ を考える．その偏導函数は，ふつうのように定義される．そして，この函数が条件

$$F(w_1+\varDelta w_1, \cdots, w_n+\varDelta w_n)-F(w_1, \cdots, w_n)$$

$$=\sum_{j=1}^{n} F_{w_j}(w_1, \cdots, w_n)\varDelta w_j+\sigma(\varDelta w_1, \cdots, \varDelta w_n),$$

$$\lim_{|\varDelta w_1|+\cdots+|\varDelta w_n|\to 0} \frac{\sigma(\varDelta w_1, \cdots, \varDelta w_n)}{|\varDelta w_1|+\cdots+|\varDelta w_n|}=0$$

をみたすとき，この函数は $(w_1, \cdots, w_n)$ で**微分可能**であるという．おのおのの $(w_1, \cdots, w_n)\in(D_1, \cdots, D_n)$ で微分可能なとき，函数は $(D_1, \cdots, D_n)$ で正則であるという．（実はおのおのの変数についての正則性，すなわち偏導函数の存在を仮定すれば，必然的にここで述べた意味で正則となる —— ハルトクスの定理.）容易にわかるように，連続な偏導函数をもつ函数は正則である．

$F(w_1, \cdots, w_n)$ が $(D_1, \cdots, D_n)$ で正則，$f_j(z)$ $(j=1, \cdots, n)$ が領域 D で正則であって $f_j(D)\subset D_j$ $(j=1, \cdots, n)$ ならば，合成函数 $\varPhi(z)\equiv F(f_1(z), \cdots, f_n(z))$ は D で正則であって

$$\varPhi'(z)=\sum_{j=1}^{n} F_{w_j}(f_1(z), \cdots, f_n(z))f_j'(z)$$

となることも容易に示される．さて，**函数関係不変の原理**はつぎのように述べられる:

定理 22.7. 一つの曲線 C: $z=z(t)$ $(t_0\leqq t\leqq T)$ に沿って $P_j(z; z(t))$ $(j=1, \cdots, n)$ のおのおのが解析接続を定義していて，区間のおのおのの t に対し適当な $\rho_t>0$ をとるとこれらがともに $|z-z(t)|<\rho_t$ で収束してかつそこでの値域がそれぞれ D_j に属するとする．このとき，$(D_1, \cdots, D_n)$ で正則な $F(w_1, \cdots, w_n)$ に対して $Q(z; z(t))\equiv F(P_1(z; z(t)), \cdots, P_n(z; z(t)))$ とおけば，これは C に沿って解析接続を定義している．特に，$|z-z(t_0)|<\rho_{t_0}$ で $Q(z; z(t_0))\equiv 0$ ならば，$|z-z(T)|<\rho_T$ で $Q(z; z(T))\equiv 0$.

証明. 明らかに $Q(z; z(t))$ は $|z-z(t)|<\rho_t$ で z の正則函数であるから，これは $z(t)$ を中心とする函数要素とみなされる．いま，$t_0\leqq t^*<T$ なる任意な t^* に対して適当な $\delta>0$ をとれば，$t^*\leqq t\leqq t^*+\delta$ である限り $|z(t)-z(t^*)|<\rho_{t^*}$. ゆえに，かようなおのおのの t に対して両円板 $|z-z(t^*)|<\rho_{t^*}$, $|z$

$-z(t)|<\rho_t$ の(空でない!)共通部分で $P_j(z;\ z(t))\equiv P_j(z;\ z(t^*))$，したがって，また $Q(z;\ z(t))\equiv Q(z;\ z(t^*))$．ゆえに，$Q(z;\ z(t))$ は $Q(z;\ z(t^*))$ の直接接続である．定理の後半については，明らかである．

これまでは，内点を共有する二つの領域の間での解析接続を考えてきた．しかし，一層一般に，任意な二つの領域でそれぞれ正則な函数があるとき，これらの領域を含む一つの領域で正則な函数が存在して，もとのおのおのの領域でそれぞれの函数と一致するならば，これらの両函数のおのおのは互に他の**解析接続**であるという．これについては，つぎのいわゆる**シュワルツの鏡像の原理**が著名かつ有用である:

定理 22.8. 実軸上の線分 Γ を境界の一部として含むジョルダン領域 D_1 で正則，$D_1\cup\Gamma$ で連続な函数 $f_1(z)$ が Γ 上でつねに実数値をとるならば，これは Γ をこえて実軸に関して D_1 と対称な領域 D_2 へ，函数方程式 $f_2(z)=\overline{f_1(\bar{z})}$ に基いて，解析接続される．

証明. 接続によってひろめられた函数 $f(z)$ は，明らかに $D_1\cup\Gamma\cup D_2$ で連続である．$z\in D_2$ のとき $\bar{z}\in D_1$ となるから，$f_1(\bar{z})$ が $\bar{z}\in D_1$ について正則なことから

$$\lim_{\Delta z\to 0}\frac{f_2(z+\Delta z)-f_2(z)}{\Delta z}=\lim_{\Delta z\to 0}\frac{\overline{f_1(\overline{z+\Delta z})}-\overline{f_1(\bar{z})}}{\Delta z}$$

$$=\overline{\lim_{\overline{\Delta z}\to 0}\left(\frac{f_1(\bar{z}+\overline{\Delta z})-f_1(\bar{z})}{\overline{\Delta z}}\right)}=\overline{f_1'(\bar{z})};$$

すなわち，$f(z)=f_2(z)$ は D_2 で正則である．$f(z)=f_1(z)$ は D_1 で正則だから，$f(z)$ の Γ 上での正則性を示せばよい．精密な形でのモレラの定理 18.2 によるために，$D_1\cup\Gamma\cup D_2$ に属する軸に平行な辺をもつ任意な一つの長方形の周 R に沿う $f(z)$ の積分を考える．すぐ上に述べたことにより，R が Γ と点を共有する場合だけを考えればよい．まず，R が Γ と一つの線分（R の一辺）γ: $a<x<c$ $(x=\Re z)$ を共有する以外は D_1 内にあるとする．積分定理に

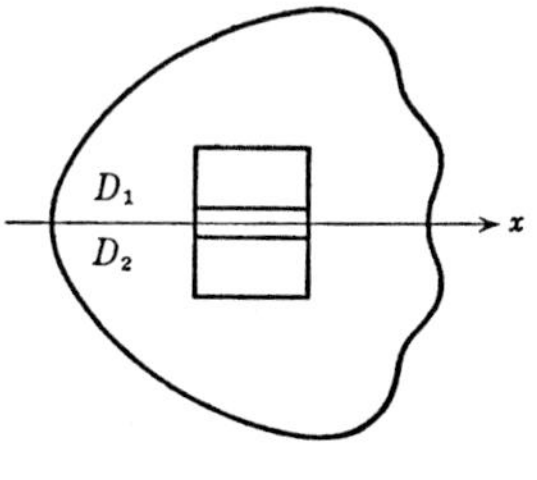

図 18

よって R の D_1 内にある部分を連続的に変形しても積分の値は変化しないから，任意な $\delta>0$ をもって，γ を底辺とし高さ δ の長方形の周は R と同値な路である．したがって，

$$\int_R f(z)\,dz=\int_a^c(f(x)-f(x+i\delta))\,dx+i\int_0^\delta(f(c+iy)-f(a+iy))\,dy.$$

この右辺で $\delta\to+0$ とすれば，$f(z)$ の連続性によっておのおのの積分は 0 に近づく．R が Γ と一つの線分を共有する以外は D_2 内にある場合ならびに R が Γ によって貫ぬかれる場合についても同様である．ゆえに，定理 18.2 によって，$f(z)$ は $D_1\cup\Gamma\cup D_2$ で正則である．

なお，Γ が実軸上にあるとは限らない一つの線分で，$f_1(z)$ の Γ 上での値が一つの線分上にありさえすれば，$f_1(z)$ は Γ をこえて D_1 のそれに関する鏡像へ解析接続される．接続の函数方程式はそれに応じて簡単な修正を受ける．

問 1. $P(z;\,0)=\sum_{n=0}^\infty z^n$ によって定められる解析函数については，その任意な領域における分枝が一価である．

問 2. 定数 c に対して，$\sqrt{z^2-c}$ が二つの一価解析函数に分離するために必要十分な条件は，$c=0$.

問 3. 領域 D で正則な函数 $f_j(z)$ ($j=1,\cdots,n$) の値域がそれぞれ領域 D_j に属し，$F(w_1,\cdots,w_n)$ が $(D_1,\cdots,D_n)$ で正則なとき，D の内部に集積点をもつ集合上で $F(f_1(z),\cdots,f_n(z))\equiv0$ ならば，D で到るところ $F(f_1(z),\cdots,f_n(z))\equiv0$. ［例題 3］

問 4. 実軸上の線分 Γ を境界の一部として含むジョルダン領域 D_1 で調和，$D_1\cup\Gamma$ で連続な函数 $u(z)$ が Γ 上で一定な値 a をとるならば，これは Γ をこえて実軸に関して D_1 と対称な領域 D_2 へ，函数方程式 $u(z)=2a-u(\bar z)$ に基いて，調和接続される．

［練 4.33］

§23. 最大値の原理

さきに，領域保存の定理 14.1 で示したように，領域 D で正則な $f(z)$ に対して $z_0\in D$ で $f'(z_0)\neq0$ ならば，$w=f(z)$ によって z_0 のある近傍と $w_0=f(z_0)$ のある近傍とが一対一に対応する．ここで付帯条件 $f'(z_0)\neq0$ がみたされていないときにも，対応の一対一性だけを除けば，$f(z)\not\equiv\mathrm{const}$ である限り，z_0 の近傍の像は w_0 を含む領域となることが示される．したがって，特に D における $w=f(z)$ の値域 G は一つの領域である．$f(z)$ の正則性に基いて $\infty\notin G$ であるから，G のおのおのの点の原点からの距離は明らかに G の内点で最大値に達することはあり得ない．すなわち，$f(z)\not\equiv\mathrm{const}$ が領域 D で正則な

らば，$|f(z)|$ は D の内点で決して最大値に達し得ない．特に，$f(z)$ が $\overline{D}$ でも連続ならば，$|f(z)|$ の $\overline{D}$ での最大値は必然的に ∂D 上でとられる． この事実が正則函数に関する最大値の原理と呼ばれるものである．以下，この定理について詳説しよう．

まず，それ自身としても有用な一つの等式をみちびこう．ふつうにはテイラー展開について述べられているが，ローラン展開の場合にも，直接の拡張という形で成り立つものである:

定理 23.1. $\rho<|z-z_0|<R$ で一価正則な $f(z)$ のローラン展開を

$$f(z)=\sum_{n=-\infty}^{\infty} c_n(z-z_0)^n \tag{23.1}$$

とすれば，つぎの等式が成り立つ:

$$\frac{1}{2\pi}\int_0^{2\pi}|f(z_0+re^{i\theta})|^2 d\theta=\sum_{n=-\infty}^{\infty}|c_n|^2 r^{2n} \qquad (\rho<r<R). \tag{23.2}$$

証明. 展開 (23.1) は円周 $|z-z_0|=r$ 上で一様に絶対収束する．したがって，級数の乗積ならびに総和と積分の順序交換が自由に行なえることに注意して，(23.2) の左辺を直接に計算すれば，

$$\begin{aligned}\frac{1}{2\pi}\int_0^{2\pi}|f(z_0+re^{i\theta})|^2 d\theta&=\frac{1}{2\pi}\int_0^{2\pi}f(z_0+re^{i\theta})\overline{f(z_0+re^{i\theta})}\,d\theta\\&=\frac{1}{2\pi}\int_0^{2\pi}\sum_{\mu=-\infty}^{\infty}c_\mu r^\mu e^{i\mu\theta}\sum_{\nu=-\infty}^{\infty}\bar{c}_\nu r^\nu e^{-i\nu\theta}d\theta\\&=\sum_{\mu,\nu=-\infty}^{\infty}c_\mu\bar{c}_\nu r^{\mu+\nu}\frac{1}{2\pi}\int_0^{2\pi}e^{i(\mu-\nu)\theta}d\theta\\&=\sum_{n=-\infty}^{\infty}|c_n|^2 r^{2n}.\end{aligned}$$

一般に，$\rho<|z-z_0|<R$ で一価正則な $f(z)$ に対して，つぎの記号を導入する:

$$M(r)\equiv M(r;\ f)=\max_{|z-z_0|=r}|f(z)| \qquad (\rho<r<R). \tag{23.3}$$

定理 23.2. 前定理の仮定のもとで，いわゆる**グッツメルの不等式**

$$\sum_{n=-\infty}^{\infty}|c_n|^2 r^{2n}=\frac{1}{2\pi}\int_0^{2\pi}|f(z_0+re^{i\theta})|^2 d\theta\leqq M(r)^2 \qquad (\rho<r<R) \tag{23.4}$$

が成り立つ．もし $f(z)$ が z_0 でも正則ならば，

$$|f(z_0)|^2 \leqq \frac{1}{2\pi}\int_0^{2\pi}|f(z_0+re^{i\theta})|^2 d\theta \qquad (r<R) \tag{23.5}$$

となり，$r>0$ である限り，等号は $f(z)\equiv f(z_0)$ のときに限って現われる．

証明． (23.4) での等式の部分は (23.2) にほかならない．その不等式の部分は，直接に明らかである．また，(23.5) については，$f(z_0)=c_0$ であるから，等号成立の場合をも含めて明らかであろう．

定理 23.3. 定理 23.1 と同じ仮定のもとで，いわゆる**コーシーの係数評価**が成り立つ:

$$|c_n| \leqq \frac{M(r)}{r^n} \qquad (\rho<r<R;\ n=0, \pm 1, \cdots). \tag{23.6}$$

おのおのの n に対して，ここで等号が現われるのは，$f(z)=c_n(z-z_0)^n$ のときに限る．

証明． グッツメルの不等式 (23.4) から明らかであろう．しかし，係数評価 (23.6) だけならば，定理 21.3 の証明における方法で直接にも容易にみちびかれる:

$$|c_n| = \left|\frac{1}{2\pi i}\int_{|z-z_0|=r}\frac{f(z)}{(z-z_0)^{n+1}}dz\right| = \left|\frac{1}{2\pi}\int_0^{2\pi}\frac{f(z_0+re^{i\theta})}{(re^{i\theta})^n}d\theta\right|$$

$$\leqq \frac{1}{2\pi r^n}\int_0^{2\pi}|f(z_0+re^{i\theta})|d\theta \leqq \frac{M(r)}{r^n} \quad (\rho<r<R;\ n=0, \pm 1, \cdots). \tag{23.7}$$

係数評価 (23.6) は，つぎの形でよく用いられる:

系． $f(z)$ が $|z-z_0|<R$ で正則であって有界性の条件 $|f(z)| \leqq M$ をみたすならば，

$$|c_n| \leqq \frac{M}{R^n} \qquad (n=0, 1, \cdots). \tag{23.8}$$

つぎの命題は，**ハーディの定理**とも呼ばれる:

定理 23.4. $f(z)$ が $|z-z_0|<R$ で正則ならば，

$$|f(z_0)| \leqq \frac{1}{2\pi}\int_0^{2\pi}|f(z_0+re^{i\theta})|d\theta \leqq M(r) \qquad (r<R); \tag{23.9}$$

$r>0$ のとき，左方の不等式で等号が現われるのは $f(z)\equiv f(z_0)$ のときに限る．

証明． 評価 (23.9) は定理 23.3 の証明における関係 (23.7) に含まれている．しかし，等号成立の場合をも含めて，つぎのように証明することもできる．す

なわち，$f(z)\not\equiv f(z_0)$ ならば，円周 $|z-z_0|=r>0$ 上で $f(z)$ のとる値が原点から出る一つの半直線上にのっていることはないから，コーシーの積分表示を用いることにより，

$$|f(z_0)|=\left|\frac{1}{2\pi i}\int_{|\zeta-z_0|=r}\frac{f(\zeta)}{\zeta-z_0}d\zeta\right|=\left|\frac{1}{2\pi}\int_0^{2\pi}f(z_0+re^{i\theta})\,d\theta\right|$$
$$<\frac{1}{2\pi}\int_0^{2\pi}|f(z_0+re^{i\theta})|\,d\theta\leqq M(r)$$

となり，(23.9) がみちびかれる．もし，$f(z)\equiv f(z_0)$ ならば，初めの不等号が等号でおきかえられるだけである．

ちなみに，(23.5) は (23.9) を $f(z)$ とともに正則な $f(z)^2$ に適用したものにほかならない．

さて，**最大値の原理**を定理の形で述べる:

定理 23.5. 領域 D で正則な $f(z)\not\equiv\mathrm{const}$ に対して，$|f(z)|$ が D で極大値をとることはない．特に，$f(z)$ が $\overline{D}\equiv D\cup\partial D$ で連続ならば，$|f(z)|$ の $\overline{D}$ における最大値は ∂D 上でとられる．

証明. 仮に $|f(z)|$ が $z_0\in D$ でその極大値に達したとすれば，z_0 の十分小さい近傍で $|f(z)|\leqq|f(z_0)|$．ゆえに，定理 23.2 または 23.4 によって，その近傍で $f(z)\equiv f(z_0)$．したがって，一致の定理 20.4 によって，D でいたるところ $f(z)\equiv f(z_0)$．つぎに，$f(z)$ したがって $|f(z)|$ が $\overline{D}$ で連続ならば，そこで最大値に達するわけであるが，前半の証明によって，最大値に達する点は必然的に ∂D 上にある．

別証明. 任意な一点 $z_0\in D$ を中心として D に含まれる円板 $|z-z_0|<R$ をとり，そこでの展開を

$$f(z)=\sum_{n=0}^{\infty}c_n(z-z_0)^n\quad(|z-z_0|<R);\qquad c_n=|c_n|e^{i\gamma_n}\quad(n=0,1,\cdots),$$

とおけば，

$$(23.10)\qquad |f(z_0+re^{i\theta})|^2=\sum_{\mu,\nu=0}^{\infty}|c_\mu||c_\nu|r^{\mu+\nu}e^{i(\mu\theta-\nu\theta+\gamma_\mu-\gamma_\nu)}\qquad(0\leqq r<R).$$

$|f(z)|$ の極大値が問題だから，$c_0=f(z_0)\neq0$ と仮定し，c_0 についで初めて 0 でない係数を c_m とすれば，(23.10) の右辺を r の冪に配列しなおすとき，

$$(23.11)\qquad \begin{aligned}&|f(z_0+re^{i\theta})|^2\\ &=|c_0|^2+2|c_0||c_m|r^m\cos(m\theta+\gamma_m-\gamma_0)+\sum_{n=m+1}^{\infty}C_n(\theta)r^n\end{aligned}$$

という形をとる．右辺の級数は $0\leqq r<R$ のとき θ について一様に絶対収束するから，$|C_n(\theta)|\leqq K^n$ $(n=m+1,m+2,\cdots)$ となる正数 K がとれる．ゆえに，$r<1/K$ とすれば，

$$\left|\sum_{n=m+1}^{\infty}C_n(\theta)r^n\right|\leqq\sum_{n=m+1}^{\infty}K^nr^n=\frac{K^{m+1}r^{m+1}}{1-Kr}.$$

ここで，正数 r をさらに

$$2|c_0||c_m|r^m>\frac{K^{m+1}r^{m+1}}{1-Kr}\quad すなわち\quad 0<r<\frac{2|c_0||c_m|}{K(K^m+2|c_0||c_m|)}$$

が成り立つようにえらべば，(23.11) の式からわかるように，$|f(z_0+re^{i\theta})|^2-|c_0|^2$ は $0\leqq\theta\leqq 2\pi$ において正ならびに負の値をとる．ゆえに，$|f(z)|$ は z_0 で極大値に達することはない．後半については，上と同様である．

定理 23.5 では，$f(z)$ の一価性はもちろん暗に仮定されている．しかし，その証明からわかるように，$f(z)$ 自身が多価であってもそのおのおのの分枝が正則であって $|f(z)|$ が一価でありさえすれば，定理はそのまま成り立つ．もっとも，定理 22.6 により，単連結領域で正則な函数はそこで必然的に一価となるから，この注意は複連結領域に対してだけ本質的である．例えば，α を任意な実数として

$$(23.12)\qquad (z-z_0)^{\alpha}=r^{\alpha}(\cos\alpha\theta+i\sin\alpha\theta)\qquad (z=z_0+re^{i\theta})$$

はこの種の函数である．

つぎに，リンデレフにしたがって，最大値の原理を少しく拡張した形であげておこう：

定理 23.6. 有界な領域で一価正則な有界函数 $f(z)$ が，有限個の点 $\zeta_j\in\partial D$ $(j=1,\cdots,n)$ を除けば，$\bar{D}=D\cup\partial D$ で連続であるとき，もしこれらの除外点以外のすべての $\zeta\in\partial D$ で $|f(\zeta)|\leqq M$ ならば，D において $|f(z)|\leqq M$.

証明. 十分大きい R に対して D は $|z|<R$ に含まれるから，

$$\omega(z)=\prod_{j=1}^{n}\frac{z-\zeta_j}{2R}$$

とおけば，D で $|\omega(z)|<1$．また，D で $\omega(z)\neq 0$ だから，任意な $\varepsilon>0$ に対して $\omega(z)^{\varepsilon}$ は D で正則である．仮定によって $|f(z)|\leqq K<\infty$ $(z\in D)$ とすれば，D で正則な函数

$$F(z)=\omega(z)^{\varepsilon}f(z)$$

に対して $|F(z)|=|\omega(z)|^{\varepsilon}|f(z)|\leqq|\omega(z)|^{\varepsilon}K$. ゆえに, $F(z)\to 0$ $(z\in D, z\to\zeta_j)$ となるから, $F(\zeta_j)=0$ とおけば, $F(z)$ は $\bar{D}$ で連続となる. さらに, ζ_j 以外の $\zeta\in\partial D$ で $|F(\zeta)|\leqq|\omega(\zeta)|^{\varepsilon}M\leqq M$ だから, 最大値の原理によって,

$$|\omega(z)|^{\varepsilon}|f(z)|=|F(z)|\leqq M \qquad (z\in D).$$

$\varepsilon\to+0$ とすることによって, $|f(z)|\leqq M$ $(z\in D)$.

系. ∞ を通る単一閉曲線 C を境界とする領域で正則な有界函数 $f(z)$ が, ∞ を除いて $\bar{D}=D\cup C$ で連続であるとき, もし有限な境界点 ζ でつねに $|f(\zeta)|\leqq M$ ならば, D において $|f(z)|\leqq M$.

証明. 一点 $c\notin\bar{D}$ をとって変換 $z\mid 1/(z-c)$ をほどこせば, 定理の場合へ帰着される.

最大値の原理の応用として, **リンデレフの定理**をあげる:

定理 23.7. 領域 D の一点 z_0 を中心とする半径 R の円周上に D に含まれない中心角 α の弧があるとし, $|z-z_0|<R$ に含まれる D の境界の部分を Γ で表わす. D で一価正則 $\bar{D}=D\cup\partial D$ で連続な $f(z)$ に対して $\bar{D}$ で $|f(z)|\leqq M$, $z\in\Gamma$ のとき $|f(z)|\leqq m$ ならば,

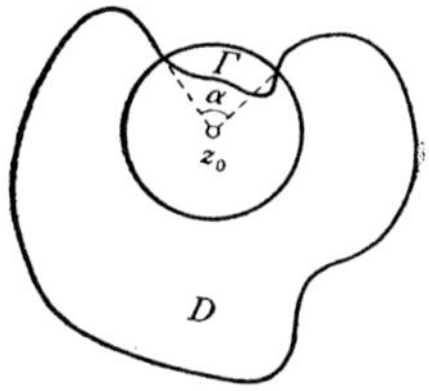

図 19

(23.13) $$|f(z_0)|\leqq M^{1-1/k}m^{1/k};$$

ここに, k は $2\pi/k\leqq\alpha$ なる自然数である.

証明. D を z_0 のまわりに角 $2\kappa\pi/k$ $(\kappa=0,1,\cdots,k-1)$ だけ回転してできる領域を D_κ で表わせば, $G=\bigcap_{\kappa=0}^{k-1}D_\kappa$ は z_0 を含む一つの開集合であって, 円周 $|z-z_0|=R$ と共通点をもたない. z_0 を含む G の成分を G_0 で表わす. 函数

$$F(z)=\prod_{\kappa=0}^{k-1}f(z_0+e^{2\pi i\kappa/k}(z-z_0))$$

は G_0 で一価正則であって, $z\in\partial G_0$ のとき $|F(z)|\leqq M^{k-1}m$. ゆえに, 最大値の原理によって, (23.13) を得る:

$$|f(z_0)|^k=|F(z_0)|\leqq M^{k-1}m; \qquad |f(z_0)|\leqq M^{1-1/k}m^{1/k}.$$

最後に, 後に(§30) 利用するために, さらに二つの**リンデレフの定理**をあげ

ておこう:

定理 23.8. ジョルダン曲線 C で囲まれた有界領域 D で正則有界な $f(z)$ が一点 $\zeta_0\in C$ を除けば $\bar{D}=D\cup C$ で連続であって，ζ_0 の近傍にあって ζ_0 に終る C の二つの部分弧 c_1，c_2 に対して

$$\varlimsup_{\substack{\zeta\to\zeta_0\\ \zeta\in c_j}} |f(\zeta)-a|\leqq m \qquad (j=1,2) \tag{23.14}$$

ならば,

$$\varlimsup_{\substack{z\to\zeta_0\\ z\in D}} |f(z)-a|\leqq m. \tag{23.15}$$

証明. 必要に応じて $f(z)$ の代りに $f(z)-a$ を考えればよいから，$a=0$ とする．D を含む一つの円板を $|z-\zeta_0|<R$ として，変換 $Z=i\log(R/(z-\zeta_0))$ を行なえば, D は ζ_0 の像点 ∞ を境界点とする領域 G へうつり, $Z\in G$ に対して $\Im Z=\log|R/(z-\zeta_0)|>0$ であり，c_j はそれぞれ ∞ に終る曲線分枝 γ_j となる．この変換によって,

$$g(Z)=f(z), \qquad F(Z)=\frac{Zg(Z)}{Z+i\lambda} \qquad (\lambda>0)$$

とおけば，$F(Z)$ は G で正則である．仮定に基いて，$z\in D$ したがって $Z\in G$ のとき $|g(Z)|=|f(z)|\leqq K<\infty$ とすれば，$Z\in G$ のとき $|Z|<|Z+i\lambda|$ だから,

$$|F(Z)|=\left|\frac{Z}{Z+i\lambda}\right||g(Z)|\leqq K.$$

仮定によって，任意な $\varepsilon>0$ に対して十分大きい $l=l(\varepsilon)>0$ をとれば,

$$|F(Z)|=\left|\frac{Z}{Z+i\lambda}\right||g(Z)|\leqq|g(Z)|\leqq m+\varepsilon \quad (Z\in\gamma_1\cup\gamma_2,\ \Im Z\geqq l). \tag{23.16}$$

ついで，$\lambda=\lambda(\varepsilon)$ を十分大きくとれば,

$$|F(Z)|=\left|\frac{Z}{Z+i\lambda}\right||g(Z)|\leqq\frac{m}{K}\cdot K=m \qquad (Z\in G,\ \Im Z=l). \tag{23.17}$$

$\Im Z>l$ に含まれる G の部分 G_l へ定理 23.6 を用いれば，(23.16, 17) によって,

$$|g(Z)|=\left|\frac{Z+i\lambda}{Z}\right||F(Z)|\leqq\left|\frac{Z+i\lambda}{Z}\right|(m+\varepsilon) \qquad (Z\in G_l),$$

$$\overline{\lim_{\substack{z\to\zeta_0\\ z\in D}}}|f(z)|=\overline{\lim_{\substack{Z\to\infty\\ Z\in G_l}}}|F(Z)|\leqq m+\varepsilon.$$

$\varepsilon>0$ は任意だから，($a=0$ をもって) (23.15) が成り立つ．

系． 定理の仮定のもとで，$f(\zeta)\to a$ ($\zeta\to\zeta_0$, $\zeta\in c_j$; $j=1,2$) ならば，一様に $f(z)\to a$ ($z\to\zeta_0$, $z\in D$).

定理 23.9. 前定理の仮定のもとで，$f(\zeta)\to a_j$ ($\zeta\to\zeta_0$, $\zeta\in c_j$; $j=1,2$) ならば，$a_1=a_2$. したがって，$z\to\zeta_0$, $z\in D$ のとき，$f(z)$ はこの共通な値に一様に近づく．

証明． $F(z)=(f(z)-a_1)(f(z)-a_2)$ は D で正則な有界函数であって $(F(\zeta)\to 0$ ($\zeta\to\zeta_0$, $\zeta\in c_j$; $j=1,2$) となるから，前定理の系によって，$z\to\zeta_0$, $z\in D$ のとき一様に $F(z)\to 0$. 仮に $a_1\neq a_2$ とすれば，$0<\varepsilon<|a_1-a_2|^2/4$ のとき，w 平面上のカッシニ曲線 $|(w-a_1)(w-a_2)|=\varepsilon$ は a_j のおのおのを内部に含み互に他の外部にある二つの閉曲線 κ_j ($j=1,2$) から成る．かような $\varepsilon>0$ に対して $r=r(\varepsilon)>0$ を十分小さくとれば，円周 $|z-\zeta_0|=r$ の D 内にある弧を γ とし，γ の c_j 上の端点をそれぞれ α_j とするとき，$f(\alpha_j)$ はそれぞれ κ_j の内部にあり，γ 上で $|F(z)|<\varepsilon$. ゆえに，z が γ に沿って α_1 から α_2 まで動くとき，$w=f(z)$ は κ_1 の内部から κ_2 の内部にいたるから，κ_1 上の一点 w_0 を通る．$w_0\in\kappa_1$ に対しては $|(w_0-a_1)(w_0-a_2)|=\varepsilon$ だから，$w_0=f(z_0)$, $z_0\in\gamma$ とするとき，$|F(z_0)|=|(w_0-a_1)(w_0-a_2)|=\varepsilon$ となるが，これは $|F(z)|<\varepsilon$ ($z\in\gamma$) であることに反する．ゆえに，$a_1=a_2$.

問 1. 領域 D で正則な函数 $f(z)\not\equiv\text{const}$ が D で零点をもたないならば，$|f(z)|$ は D で極小値をとらない．特に，D で正則な $f(z)$ が $\overline{D}\equiv D\cup\partial D$ で連続ならば，$|f(z)|$ の $\overline{D}$ における極小値は $f(z)$ の零点または ∂D 上のある点でとられる．

問 2. $|z|<R$ で正則な $f(z)=z+\sum_{n=2}^{\infty}c_nz^n$ がそこで $|f(z)|\leqq M$ をみたすならば，$0<|z|<R^2/(M+R)$ のとき $f(z)\neq 0$.

問 3. 定理 23.2 のグッツメルの不等式ないしは定理 23.3 のコーシーの係数評価から，リウビユの定理 17.5 をみちびけ．

問 4. 三辺 l_1, l_2, l_3 をもつ三角形の内部で正則，境界もこめて連続な $f(z)$ が，$l_1, l_2\cup l_3$ 上でつねにそれぞれ実数値，純虚数値をとるならば，$f(z)\equiv 0$.

問 5. 領域 D で調和な $u(z)\not\equiv\text{const}$ は，D で極大値ならびに極小値をとることはない．特に，$u(z)$ が $\overline{D}\equiv D\cup\partial D$ で連続ならば，$u(z)$ の $\overline{D}$ における最大値および最小値は

∂D 上でとられる.　［例題7］

§24. シュワルツの定理

前節で示した最大値の原理の応用として，円内有界函数に関するいわゆる**シュワルツの定理**(**シュワルツの補助定理**)をあげる. これは函数論の全体にわたってひろく応用される重要な定理である:

定理 24.1. $f(z)$ が $|z|<R$ で正則であってそこで $|f(z)|\leqq M$ をみたし，さらに $f(0)=0$ ならば，

$$|f(z)|\leqq\frac{M}{R}|z| \qquad (|z|<R). \tag{24.1}$$

$0<|z_0|<R$ なる一点 z_0 に対してここで等号が現われるのは， $f(z)=e^{i\lambda}Mz/R$ (λ は実定数)のときに限る.

証明. $g(z)=f(z)/z$ は $|z|<R$ で正則である; 原点は除去可能な特異点であって，$g(0)=f'(0)$. $|z_0|<R$ なる任意な z_0 に対して $|z_0|<r<R$ なる r をとれば， $|g(z)|$ の $|z|\leqq r$ における最大値は最大値の原理(定理 23.5)によって $|z|=r$ 上でとられるから，

$$|g(z_0)|\leqq\max_{|z|=r}|g(z)|=\max_{|z|=r}\left|\frac{f(z)}{z}\right|=\frac{1}{r}\max_{|z|=r}|f(z)|\leqq\frac{M}{r}.$$

ここで $r\to R-0$ とすることによって， $|g(z_0)|\leqq M/R$. z_0 は $|z|<R$ の任意な点であったから，

$$|g(z)|\leqq\frac{M}{R} \qquad (|z|<R), \tag{24.2}$$

すなわち (24.1) が成り立つ. つぎに， $0<|z_0|<R$ なる一点 z_0 で (24.1) の等号が現われたとすれば, (24.2) もまた z_0 で等号となる. ゆえに，ふたたび最大値の原理によって, $g(z)\equiv g(z_0)$ でなければならない. したがって，このとき,

$$f(z)\equiv zg(z)\equiv g(z_0)z, \qquad |g(z_0)|=\frac{M}{R}$$

となり， $f(z)$ は定理の最後に述べた形をもつ.

なお，この定理によって， 評価 (24.1) で $0<|z|<R$ の一点において等号が現われるならば， 実は $|z|<R$ でいたるところ等号が現われることになる. こ

の定理の系として得られるつぎの命題も，前定理とまとめて**シュワルツの定理**と呼ばれている:

定理 24.2. 前定理の仮定のもとで,

$$|f'(0)| \leqq \frac{M}{R}. \tag{24.3}$$

ここでも等号は $f(z)=e^{i\lambda}Mz/R$（λ は実定数）のときに限って現われる.

証明. 前定理の証明で $z_0=0$ として，$f'(0)=g(0)$ に注意すればよい.

さて，$|z-z_0|<R$ で正則な $f(z)$ に対して (23.3) の式で定義された $M(r)$ は，最大値の原理によって，r の増加函数である．しかも，$f(z)\not\equiv\text{const}$ ならば，$M(r)$ は狭義の増加函数である．$\rho<|z-z_0|<R$ で一価正則な $f(z)$ に対してこれに対応する結果を述べるために，つぎの定義を導入する:

実変数 ξ の区間 $\xi_0<\xi<\Xi$ で定義された実函数 $\eta=\eta(\xi)$ に対して，$\xi_0<\xi_1<\xi_2<\xi_3<\Xi$ である限りつねに

$$\eta(\xi_2) \leqq \frac{(\xi_3-\xi_2)\eta(\xi_1)+(\xi_2-\xi_1)\eta(\xi_3)}{\xi_3-\xi_1} \quad \text{すなわち} \quad \begin{vmatrix} \eta(\xi_1) & \xi_1 & 1 \\ \eta(\xi_2) & \xi_2 & 1 \\ \eta(\xi_3) & \xi_3 & 1 \end{vmatrix} \leqq 0 \tag{24.4}$$

が成り立つならば，$\eta(\xi)$ は $\xi_0<\xi<\Xi$ で ξ の**凸函数**であるという．この条件は幾何学的には，(ξ,η) を直角座標とする平面上で，曲線 $\eta=\eta(\xi)$ $(\xi_0<\xi<\Xi)$ 上の任意な二点間にある弧がそれらを結ぶ弦より上に出ないことを表わしている.

いわゆる**アダマールの三円定理**は，つぎのように述べられる:

定理 24.3. $\rho<|z-z_0|<R$ で一価正則な $f(z)\not\equiv 0$ に対して，$\log M(r)$ は $\log\rho<\log r<\log R$ で $\log r$ の凸函数である:

$$\begin{vmatrix} \log M(r_1) & \log r_1 & 1 \\ \log M(r_2) & \log r_2 & 1 \\ \log M(r_3) & \log r_3 & 1 \end{vmatrix} \leqq 0 \qquad (\rho<r_1<r_2<r_3<R). \tag{24.5}$$

証明. α を一つの実数とするとき，$F(z)\equiv(z-z_0)^\alpha f(z)$ は $\rho<|z-z_0|<R$ で一般には多価であるが，(23.12) でふれたように $|F(z)|$ は一価である．ゆえに，そこでの注意にしたがって，$F(z)$ に最大値の原理を用いることができる．しかも，$M(r;\ F)=r^\alpha M(r;\ f)\equiv r^\alpha M(r)$ だから，それによって

$$r_2{}^\alpha M(r_2) \leqq \max(r_1{}^\alpha M(r_1),\ r_3{}^\alpha M(r_3)) \qquad (\rho<r_1<r_2<r_3<R).$$

ここで，α を特に $r_1{}^\alpha M(r_1)=r_3{}^\alpha M(r_3)$ によって，すなわち $\alpha=(\log M(r_1)-\log M(r_3))/(\log r_1-\log r_3)$ によって定めれば，$r_2{}^\alpha M(r_2)\leqq r_1{}^\alpha M(r_1)$ か

ら

$$\log M(r_2) \leqq \log M(r_1) + \alpha(\log r_1 - \log r_2)$$
$$= \frac{(\log r_3 - \log r_2)\log M(r_1) + (\log r_2 - \log r_1)\log M(r_3)}{\log r_3 - \log r_1};$$

すなわち (24.5) が成り立つ.

円内有界函数と密接な関係をもつのは，円内で正の実部をもつ正則函数である. これについては. つぎの定理がある:

定理 24.4. $f(z)$ が $|z|<R$ で正則であって，そこで $\Re f(z) \geqq 0$ をみたし，さらに $f(0)=1$ ならば,

(24.6) $$\frac{R-|z|}{R+|z|} \leqq \Re f(z) \leqq \frac{R+|z|}{R-|z|} \qquad (|z|<R).$$

$0<|z_0|<R$ なる一点 z_0 で左，右の等号が成り立つのは，それぞれ

(24.7) $$f(z) = \frac{Rz_0 - |z_0|z}{Rz_0 + |z_0|z}, \quad f(z) = \frac{Rz_0 + |z_0|z}{Rz_0 - |z_0|z}$$

である場合に限る.

証明. $$g(z) = \frac{f(z)-1}{f(z)+1}$$

とおけば，$g(z)$ は $|z|<R$ で正則であって,

$$1-|g(z)|^2 = \frac{|f(z)+1|^2 - |f(z)-1|^2}{|f(z)+1|^2} = \frac{4\Re f(z)}{|f(z)+1|^2} \geqq 0,$$

すなわち $|g(z)| \leqq 1$. さらに $g(0)=0$ だから, シュワルツの定理 24.1 によって,

(24.8) $$|g(z)| \leqq \frac{|z|}{R} \qquad (|z|<R).$$

ところで,

$$\Re f(z) = \Re \frac{1+g(z)}{1-g(z)} = \frac{1-|g(z)|^2}{|1-g(z)|^2}.$$

ここで，$1+|g(z)| \geqq |1-g(z)| \geqq 1-|g(z)|$ であることに注意すれば,

(24.9) $$\frac{1-|g(z)|}{1+|g(z)|} \leqq \Re f(z) \leqq \frac{1+|g(z)|}{1-|g(z)|} \qquad (|z|<R).$$

(24.8) と (24.9) から評価 (24.6) を得る.

z_0 $(0<|z_0|<R)$ において (24.6) の左，右の等号が成り立つのは，それぞれ

$g(z_0)=-|g(z_0)|=-|z_0|/R$,　$g(z_0)=|g(z_0)|=|z_0|/R$ の場合に限る．シュワルツの定理 24.1 によりこれらはそれぞれ

$$g(z)=-\frac{|z_0|}{z_0}\frac{z}{R},\qquad g(z)=\frac{|z_0|}{z_0}\frac{z}{R}$$

の場合に限り，これに対応する $f(z)$ の形は (24.7) で与えられる．――なお，問題 4 問 18 参照.

問 1. 整函数 $f(z)$ が $|f(z)|\leqq M$ $(|z|<\infty)$ をみたすならば，$f(z)-f(0)$ へシュワルツの定理 24.1 を用いて $|f(z)-f(0)|\leqq 2M|z|/R$ $(|z|<R)$ が得られること，さらにこれからリウビュの定理 17.5 がみちびかれることを示せ.

問 2. $|z|<1$ で $f(z)$ が正則，$|f(z)|<1$ ならば，

$$\left|\frac{f(z)-f(z_0)}{1-\overline{f(z_0)}f(z)}\right|\leqq\left|\frac{z-z_0}{1-\bar{z}_0z}\right|\quad(|z|,|z_0|<1);\quad |f'(z)|\leqq\frac{1-|f(z)|^2}{1-|z|^2}\quad(|z|<1).$$

等号はいずれも $w=f(z)$ が $|z|<1$ を $|w|<1$ へ写像する一次函数であるときに限る.

[練 4.57]

問 3. 前問の仮定のもとで，

$$\frac{|f(0)|-|z|}{1-|f(0)||z|}\leqq|f(z)|\leqq\frac{|f(0)|+|z|}{1+|f(0)||z|}\qquad(|z|<1).\qquad[練 4.59]$$

問 4. $|z|<1$ で正則な函数 $f(z)=\sum_{n=0}^{\infty}c_nz^n$ がそこで $\Re f(z)\geqq 0$ をみたすならば，

$$|c_n|\leqq 2\Re c_0\qquad(n=1,2,\cdots).\qquad[例題 5]$$

問 5. $|z|<R$ で調和，$|z|\leqq R$ で連続な $u(z)$ $(z=re^{i\theta})$ が $|u(Re^{i\theta})|\leqq M$ $(0\leqq\theta<2\pi)$ をみたすならば，$|u_r(0)|\leqq 4M/\pi R$.　[練 4.68]

§25. 正則函数列

前節で証明された最大値の原理を利用して，いわゆる**ワイエルシュトラスの二重級数定理**をまず函数列についての形であげよう：

定理 25.1. 長さの有限な単一閉曲線 C で囲まれた有限領域 D の閉苞 $\overline{D}=D\cup C$ で正則な函数列 $\{f_n(z)\}$ が C 上で一様に収束するならば，実は $\overline{D}$ で一様に収束する．しかも，その極限函数 $f(z)$ は D で正則であって，導函数列について D で広義の一様に

$$\lim_{n\to\infty}f_n^{(\nu)}(z)=f^{(\nu)}(z)\qquad(\nu=1,2,\cdots).\tag{25.1}$$

証明. C 上での一様収束の仮定から，任意な $\varepsilon>0$ に対して適当な $n_0(\varepsilon)$ をとれば，

$$\max_{\zeta\in C}|f_m(\zeta)-f_n(\zeta)|<\varepsilon \qquad (m>n\geqq n_0(\varepsilon)).$$

ゆえに，最大値の原理によって，

$$|f_m(z)-f_n(z)|<\varepsilon \qquad (z\in\overline{D};\ m>n\geqq n_0(\varepsilon)).$$

となるから，$\{f_n(z)\}$ は $\overline{D}$ において一様に収束する．つぎに，固定されたおのおのの点 $z\in D$ に対して，函数列 $\{f_n(\zeta)/(\zeta-z)\}$ は $\zeta\in C$ について一様に $f(\zeta)/(\zeta-z)$ に収束するから，定理 15.1 によって，

$$f(z)=\lim_{n\to\infty}f_n(z)=\lim_{n\to\infty}\frac{1}{2\pi i}\int_C\frac{f_n(\zeta)}{\zeta-z}d\zeta=\frac{1}{2\pi i}\int_C\frac{f(\zeta)}{\zeta-z}d\zeta.$$

ゆえに，定理 17.3 によって，$f(z)$ は D で正則であって，しかもその導函数に対して

$$f^{(\nu)}(z)=\frac{\nu!}{2\pi i}\int_C\frac{f(\zeta)}{(\zeta-z)^{\nu+1}}d\zeta \qquad (z\in D;\ \nu=1,2,\cdots).$$

そこで最後に，D の任意な部分閉集合 $\varDelta$ をとり，$\varDelta$ と C との距離を $\delta\,(>0)$ で表わす．このとき，C の長さを l とすれば，$z\in\varDelta$ に対して評価

$$|f_n^{(\nu)}(z)-f^{(\nu)}(z)|=\left|\frac{\nu!}{2\pi i}\int_C\frac{f_n(\zeta)-f(\zeta)}{(\zeta-z)^{\nu+1}}d\zeta\right|$$

$$\leqq\frac{\nu!}{2\pi\delta^{\nu+1}}\max_{\zeta\in C}|f_n(\zeta)-f(\zeta)|\cdot l$$

が成り立つ．C 上で $\{f_n(\zeta)\}$ が $f(\zeta)$ に一様に収束するから，最後の辺は $n\to\infty$ のとき，$z\in\varDelta$ について一様に 0 に近づく．したがって，D で広義の一様に (25.1) が成り立つ．

なお，極限函数の D での正則性ならびに導函数列の広義の一様収束性 (25.1) は，$\{f_n(z)\}$ の D での広義の一様収束性からすでにみちびかれる．じっさい，D の任意な部分閉集合 $\varDelta$ に対して，$\varDelta$ を内部に含み長さの有限な D 内の単一閉曲線 Γ をとり，それについて定理を適用すればよい．

定理 25.1 は函数列についての形で述べられているが，これを無限級数に関する形に書きかえれば，つぎのとおりである:

定理 25.2. 長さの有限な単一閉曲線 C で囲まれた有限領域 D の閉苞 $\overline{D}=D\cup C$ で正則な函数を項とする級数 $\sum_{n=1}^{\infty}f_n(z)$ が C 上で一様に収束するならば，実は $\overline{D}$ でも一様に収束する．しかも，その和を $f(z)$ で表わせば，$f(z)$

は D で正則であって，D で広義の一様に

$$f^{(\nu)}(z)=\sum_{n=1}^{\infty}f_n^{(\nu)}(z) \qquad (\nu=1,2,\cdots). \tag{25.2}$$

証明. 級数 $\sum f_n(z)$ の部分和の列へ定理 25.1 を適用すればよい. —— 前定理の証明に引き続いて述べたことに対応する注意は，この場合にもあてはまる.

定理 25.2 を基礎領域が円板である場合に特殊化することによって，つぎの定理を得る：

定理 25.3. $|z-z_0|<R$ で正則な函数列 $\{f_n(z)\}$ のおのおのの項のテイラー展開を

$$f_n(z)=\sum_{\nu=0}^{\infty}c_\nu^{(n)}(z-z_0)^\nu \qquad (n=1,2,\cdots)$$

とするとき，もし $|z-z_0|<R$ で広義の一様収束の意味で $\sum_{n=1}^{\infty}f_n(z)=f(z)$ が成り立つならば，$f(z)$ は $|z-z_0|<R$ で正則であって，そのテイラー展開に対して

$$f(z)=\sum_{\nu=0}^{\infty}c_\nu(z-z_0)^\nu \ (|z-z_0|<R); \quad c_\nu=\sum_{n=1}^{\infty}c_\nu^{(n)} \ (\nu=0,1,\cdots). \tag{25.3}$$

証明. 特に，(25.3) における係数の関係については，定理 25.2 の関係 (25.2) に基いて，

$$c_\nu=\frac{1}{\nu!}f^{(\nu)}(z_0)=\frac{1}{\nu!}\sum_{n=1}^{\infty}f_n^{(\nu)}(z_0)=\sum_{n=1}^{\infty}c_\nu^{(n)}.$$

定理 25.3 は累次級数の総和順序の交換可能性

$$\sum_{n=1}^{\infty}\sum_{\nu=0}^{\infty}c_\nu^{(n)}(z-z_0)^\nu=\sum_{\nu=0}^{\infty}\sum_{n=1}^{\infty}c_\nu^{(n)}(z-z_0)^\nu$$

を示している. この定理とともにそれを特殊な場合として含む定理 25.1，2 が二重級数定理と呼ばれるゆえんである. 狭義の二重級数定理 25.3 は，具体的な函数のテイラー展開を求めるための技巧としてしばしば有効に用いられる.

さて，定理 25.1 からわかるように(その証明の直後の注意参照)，一つの領域で正則な函数から成る広義の一様収束列の極限函数は，そこで正則である. それでは，この一様収束性はどのようにして験証されるか. これに対しては，函数列の代りに無限級数の形で，定理 9.3 が一つの十分条件を与えている. しかし，この条件は簡単ではあるがあまりにも多くを要求していて，正則函数列の一様収束性の本質にふれているとはいい難い. ところが，正則函数列については，実は極めてゆるい条件のもとでその広義の一様収束性が結論されるのである. いわゆるビタリの二重級数定理はこの種の条件を与えるものであって，

種々な問題に有効に利用される．それを示すための準備として，つぎの定理をあげる:

定理 25.4. 有限領域 D で正則な函数族 $\mathfrak{F}=\{f(z)\}$ がそこで一様に有界ならば，D の任意な部分閉集合 $\varDelta$ で $\mathfrak{F}$ は同程度に連続である．

証明. 仮定によって，個々の函数に無関係な正数 M が存在して，

$$|f(z)|\leqq M \qquad (z\in D,\ f(z)\in\mathfrak{F}).$$

$\varDelta$ を内部に含む長さの有限な D 内の単一閉曲線 C をとり，C と $\varDelta$ との距離を $d>0$ で表わす．このとき，C の長さを l とすれば，$\varDelta$ の任意な二点 z, z' に対して

$$|f(z)-f(z')|=\left|\frac{1}{2\pi i}\int_C f(\zeta)\left(\frac{1}{\zeta-z}-\frac{1}{\zeta-z'}\right)d\zeta\right|$$

$$=\frac{|z-z'|}{2\pi}\left|\int_C\frac{f(\zeta)}{(\zeta-z)(\zeta-z')}d\zeta\right|\leqq\frac{Ml}{2\pi d^2}|z-z'|.$$

ゆえに，$\mathfrak{F}$ は $\varDelta$ で同程度に連続である．

他方において，モンテルにしたがって，つぎの概念を導入する: 領域 D で定義された函数族 $\mathfrak{F}$ に属するどんな可付番無限列も D で広義の一様に収束する部分列を含むならば，$\mathfrak{F}$ は D で**正規族**をなす，または D で**正規**であるという．定理 25.4 を選択定理 9.2 と組合わせることによって，つぎの**モンテルの定理**が得られる:

定理 25.5. 有限領域で一様に有界な正則函数族は，そこで正規である．

そこで，この定理の応用として，正則函数列の広義の一様収束性に対する十分条件を与えるものとしての**ビタリの定理**をあげる:

定理 25.6. 有限領域 D で一様に有界な正則函数列 $\{f_n(z)\}$ が D 内に集積点をもつ集合 E 上で収束するならば，実は D で広義の一様に収束する．

証明. 前定理によって $\{f_n(z)\}$ は正規だから，そのいかなる部分列も D で広義の一様に収束する部分列を含み，その極限函数 $f(z)$ は D で正則である．ところが，$\{f_n(z)\}$ のいかなる広義の一様収束部分列の極限函数も E 上で $f(z)$ と共通な値をとるから，一致の定理 20.4 によってそれは $f(z)$ と一致する．ゆえに，函数列 $\{f_n(z)\}$ 自身が D で $f(z)$ に収束する．つぎに，その収束が仮に D で広義の一様でなかったとすれば，$\varepsilon>0$ と閉集合 $\varDelta\subset D$ と点列 $\{z_n\}\subset\varDelta$ と部分列 $\{f_{\nu_n}(z)\}$ とをえらんで，

$$|f_{\nu_n}(z_n)-f(z_n)|\geqq\varepsilon \qquad (n=1,2,\cdots) \tag{25.4}$$

となるようにできる．ところで，$\{f_{\nu_n}(z)\}$ もまた $\varDelta$ で一様に収束する部分列 $\{f_{\nu'_n}(z)\}$ を含み，その極限函数はもちろん $f(z)$ である．したがって，適当な $n_0(\varepsilon)$ をえらべば，

$$|f_{\nu'_n}(z)-f(z)|<\varepsilon \qquad (z\in\varDelta;\ n\geqq n_0(\varepsilon)).$$

これは(25.4)と矛盾する．ゆえに，$\{f_n(z)\}$ は D で広義の一様に $f(z)$ に収束する．

つぎに，特殊な函数列の問題にうつる．冪級数はその収束円内で広義の一様に収束する．そして，収束円周上の点で収束することもあるが，収束円外では必ず発散する．しかし，その部分和の列の適当な部分列をえらぶと，それが収束円外の点でも収束することがある．かような現象を**超収束**という．それについては，ポーター(1907)が初めて注意したところで，オストロフスキ(1921)によって詳しくしらべられた．

ポーターにしたがって，収束半径 $R\,(0<R<\infty)$ をもつ一つの冪級数

$$g(\zeta)=\sum_{n=0}^{\infty}\gamma_{\nu_n}\zeta^{\nu_n}, \qquad \nu_{n+1}>2\nu_n \qquad (n=0,1,\cdots), \tag{25.5}$$

を考える．p を任意な一つの正数とするとき，多項式を項とする無限級数

$$f(z)=g(pz(1+z))=\sum_{n=0}^{\infty}\gamma_{\nu_n}(pz(1+z))^{\nu_n} \tag{25.6}$$

はカッシニ曲線

$$p|z(1+z)|=R \tag{25.7}$$

の内部で広義の一様に絶対収束する．ゆえに，二重級数定理 25.3 によって，$f(z)$ の原点のまわりのテイラー展開は，(25.6) の右辺を形式的に z の昇冪にならべかえたものである．ところで，(25.5) の付帯条件により，$(z(1+z))^{\nu_n}$ の最高冪 $2\nu_n$ は $(z(1+z))^{\nu_{n+1}}$ の最低冪 ν_{n+1} より小さい．ゆえに，原点のまわりの $f(z)$ のテイラー展開の $2\nu_n$ 次の部分和は(25.6)の右辺の多項式級数の(第 $n+1$ 項までの)部分和と一致する．したがって，$f(z)$ のテイラー展開の $2\nu_n$ 次の部分和から成る列 $(n=0,1,\cdots)$ は，曲線 (25.7) の内部で収束し，その外部で発散する．ゆえに，展開自身の収束円は (25.7) の内部に含まれる．しかも，$f(z)$ はそこで正則だから，収束円は曲線 (25.7) に内接する．カッシニ曲線は円周ではないから，$f(z)$ のテイラー展開の $2\nu_n$ 次の部分和から成る列は，その収束円の外部に収束点をもつ．すなわち，超収束するのである．

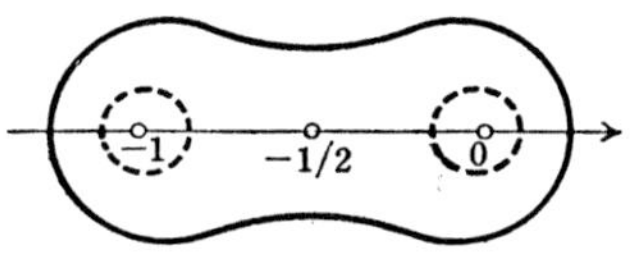

実線 $p<4R$; 点線 $p>4R$

図 20

さて，テイラー展開のどんな部分列も，その一様収束する範囲の内部に函数の特異点を含むことはできない．ところが，超収束については，つぎの**オストロフスキの定理**がある：

定理 25.7. 収束半径 R $(0<R<\infty)$ をもつ冪級数

$$f(z)=\sum_{n=0}^{\infty} c_{\nu_n} z^{\nu_n} \tag{25.8}$$

において，$\{n\}_{n=0}^{\infty}$ の無限部分列 $\{n_k\}_{k=1}^{\infty}$ であって条件

$$\nu_{n_{k+1}}-\nu_{n_k}>\theta\nu_{n_k} \qquad (k=1,2,\cdots) \tag{25.9}$$

をみたすものがあるとする；θ は k に無関係な一つの正数である．このとき，(25.8) の ν_{n_k} 次の部分和から成る列

$$\{f_k(z)\}=\left\{\sum_{n=0}^{n_k} c_{\nu_n} z^{\nu_n}\right\} \qquad (k=1,2,\cdots) \tag{25.10}$$

は $|z|=R$ 上にある $f(z)$ のおのおのの正則点のまわりで一様に収束する；すなわち，超収束の現象がおこる．

証明. 必要に応じて $f(z)$ の代りに $f(R\varepsilon z)$ $(|\varepsilon|=1)$ を考えればよいから，$R=1$ とし，$z=1$ が $f(z)$ の正則点であると仮定してよい．N を一つの自然数として

$$z=\frac{\zeta^N+\zeta^{N+1}}{2}, \qquad g(\zeta)=f\left(\frac{\zeta^N+\zeta^{N+1}}{2}\right)$$

とおけば，$\zeta=1$ のとき $z=1$．また，$|\zeta|\leqq 1$, $\zeta\neq 1$ のとき $|z|<1$．$f(z)$ が $z=1$ でも正則なことから，$g(\zeta)$ は $|\zeta|\leqq 1$ で正則である．ところで，

$$g(\zeta)=\sum_{n=0}^{\infty} c_{\nu_n}\left(\frac{\zeta^N+\zeta^{N+1}}{2}\right)^{\nu_n}=\sum_{n=0}^{\infty} c_{\nu_n}\sum_{\mu=0}^{\nu_n}\binom{\nu_n}{\mu}\frac{\zeta^{N\nu_n+\mu}}{2^{\nu_n}}$$

の右辺を ζ の冪級数として表わしたものを $g(\zeta)=\sum_{\lambda=0}^{\infty} b_\lambda\zeta^\lambda$ とすれば，その収束半径は $\rho>1$．仮定 (25.9) によって，自然数 N を $N>1/\theta$ となるようにえらんでおけば，

$$N\nu_{n_{k+1}}>N(1+\theta)\nu_{n_k}\geqq (N+1)\nu_{n_k} \qquad (k=1,2,\cdots).$$

ゆえに，$\sum b_\lambda\zeta^\lambda$ において，$n\leqq n_k$ に由来する項と $n\geqq n_k+1$ に由来する項との間には交渉が生じない．したがって，部分和 $f_k(z)$ のおのおのには $\sum b_\lambda\zeta^\lambda$ のある部分和が対応する．$\sum b_\lambda\zeta^\lambda$ は $|\zeta|<\rho$ $(\rho>1)$ で収束するから，$\{f_k(z)\}$ は

$z=(\zeta^N+\zeta^{N+1})/2$ による $|\zeta|<\rho$ の像で広義の一様に収束する．この像は $z=1$ の近傍を含んでいる．

冪級数(25.8)の冪指数列 $\{\nu_n\}$ に対する条件(25.9)は，(25.8)をあらためて $\sum_{n=0}^{\infty} c_n z^n$ と書いたとき，$\nu_{n_k}<n\leqq(1+\theta)\nu_{n_k}$ なる添字の係数 c_n がことごとく0であること，したがって係数列が k とともに無限に広くなってゆく空隙を含むことを表わしている．特に(25.9)の形に規定された空隙を**アダマールの空隙**という．定理25.7の系として，古典的な**アダマールの空隙定理**がみちびかれる：

定理 25.8. 冪級数(25.8)に対して

$$\lim_{n\to\infty}\frac{\nu_{n+1}}{\nu_n}>1 \tag{25.11}$$

ならば，その収束円周は $f(z)$ の自然境界である．

証明. 仮定の条件は $\nu_{n+1}>(1+\theta)\nu_n$ $(n=1,2,\cdots)$ なる $\theta>0$ が存在することと同値である．仮に収束円周上に $f(z)$ の正則点があったとすれば，前定理によってその近傍で超収束するはずであるが，その超収束する部分和の列がこの場合にはもとの級数の部分和の列と本質的に一致するから，それは不可能である．

問 1. $\sum_{n=1}^{\infty}(\sin nz)/n^2$ は，実変数の範囲では到るところ一様に収束する．しかし，z を複素変数とみなせば，$\Im z\neq 0$ である限り収束しない．

問 2. D で正則な函数列 $\{f_n(z)\}$ が一点 $z_0\in D$ で収束し，さらに $\{\Re f_n(z)\}$ が D で広義の一様に収束するならば，$\{f_n(z)\}$ 自身が D で広義の一様に収束する．［例題3］

問 3. 有限領域 D で $\{f(z)\}$ が正規族をなすならば，$\{f'(z)\}$ もまた D で正規族をなす．［練4.79］

問 4. 函数族が領域 D で正規であるために必要十分な条件は，それが D のおのおのの点の近傍で正規であることである．［例題7］

問 5. 領域 D で正則な函数列 $\{f_n(z)\}$ からつくられた無限乗積 $\Pi(1+f_n(z))$ が D で広義の一様に収束するならば，それが表わす函数 $F(z)$ は D で正則である．$F(z)\neq 0$ である限り，$F'(z)/F(z)=\sum f_n'(z)/(1+f_n(z))$ が成り立ち，右辺の級数は D から $F(z)$ の零点を除いた領域で広義の一様に収束する．［例題9］

§26. 留　数

$z_0 \neq \infty$ のまわりで正則な $f(z)$ に対しては，その内部とともに正則な範囲に属する円周 $|z-z_0|=r$ にわたるその積分は，コーシーの積分定理 16.2 によって 0 に等しい．いま，$0<|z-z_0|<R$ で一価正則な $f(z)$ に対して

$$(26.1)\qquad \mathrm{Res}(z_0) \equiv \mathrm{Res}(z_0;\ f) = \frac{1}{2\pi i}\int_{|z-z_0|=r} f(z)\,dz \qquad (0<r<R)$$

とおき，これを z_0 における $f(z)$ の**留数**という．この右辺の値は r $(0<r<R)$ の個々の値に無関係である．しかもさらに，$|z-z_0|=r$ の代りに $0<|z-z_0|<R$ 内で z_0 を正の向きに一周する任意な路をとってもよい．最初の注意によって，z_0 が $f(z)$ の除去可能な特異点ならば，$\mathrm{Res}(z_0)=0$．さらに，留数とローラン係数との間につぎのいちじるしい関係がみられる：すなわち，$f(z)$ の z_0 のまわりのローラン展開を

$$f(z) = \sum_{n=-\infty}^{\infty} c_n (z-z_0)^n \qquad (0<|z-z_0|<R)$$

とすれば，定理 21.1 によって，

$$(26.2)\qquad c_{-1} = \mathrm{Res}(z_0).$$

したがって，逆にこの関係で z_0 における留数を定義することができる．もし $\mathrm{Res}(z_0) \neq 0$ ならば，z_0 は極または真性特異点であるが，極または真性特異点でも $\mathrm{Res}(z_0)=0$ となることがある；例えば $(z-z_0)^{-2}$．

つぎに，$z_0=\infty$ の場合を考える．$\rho<|z|<\infty$ で一価正則な $f(z)$ に対して，この環状領域内で ∞ を正の向きに一周する任意な路にわたる $f(z)$ の積分を $2\pi i$ で割った値を，∞ における $f(z)$ の留数といい，$\mathrm{Res}(\infty) \equiv \mathrm{Res}(\infty;\ f)$ で表わす．したがって，$\rho<r<\infty$ なる任意な r をもって

$$(26.3)\qquad \mathrm{Res}(\infty) = -\frac{1}{2\pi i}\int_{|z|=r} f(z)\,dz;$$

ただし，積分は $|z|=r$ 上を原点に関して正の向きにとる．$f(z)$ の ∞ のまわりのローラン展開を $f(z)=\sum_{n=-\infty}^{\infty} c_n/z^n$ $(\rho<|z|<\infty)$ とすれば，今度は

$$(26.4)\qquad -c_1 = \mathrm{Res}(\infty).$$

(26.2) から単純に類推されるように，$\mathrm{Res}(\infty)=c_{-1}$ ではない！　したがって，

∞ で $f(z)$ が正則であっても，$\mathrm{Res}(\infty)=0$ とは限らない；例えば $1/z$.

特に，$z\to z_0\neq\infty$ のときの $(z-z_0)f(z)$ の有限な極限値が存在するならば，z_0 は $f(z)$ の高々1位の極であって

(26.5)
$$\mathrm{Res}(z_0)=\lim_{z\to z_0}(z-z_0)f(z).$$

また，$z\to\infty$ のときの $zf(z)$ の有限な極限値が存在するならば，∞ は $f(z)$ の少なくとも1位の零点であって

(26.6)
$$\mathrm{Res}(\infty)=-\lim_{z\to\infty}zf(z).$$

さて，つぎの**留数定理**が重要である：

定理 26.1. 長さの有限な曲線 C で囲まれた有界領域から有限個の点 b_μ $(\mu=1,\cdots,m)$ を除いて得られる領域 D および C 上で $f(z)$ が一価正則ならば，いわゆる**コーシーの留数公式**が成り立つ：

(26.7)
$$\frac{1}{2\pi i}\int_C f(z)\,dz=\sum_{\mu=1}^{m}\mathrm{Res}(b_\mu).$$

ふつうのように，積分は C 上を D に関して正の向きに一周する.

証明. おのおのの b_μ のまわりに十分小さい半径 r の円周 κ_μ: $|z-b_\mu|=r$ をえがけば，これらはすべて D 内にあってかつ互に他の外部にある. C と κ_μ $(\mu=1,\cdots,m)$ とで囲まれた領域へ定理16.4を用いれば，

$$\frac{1}{2\pi i}\int_C f(z)\,dz=\sum_{\mu=1}^{m}\frac{1}{2\pi i}\int_{\kappa_\mu}f(z)\,dz=\sum_{\mu=1}^{m}\mathrm{Res}(b_\mu).$$

——C がいくつかの成分から成っていてもよい.

定理 26.2. 長さの有限な曲線 C で囲まれた非有界領域から有限個の点 b_μ $(\mu=1,\cdots,m)$ および ∞ を除いて得られる領域 D および C 上で $f(z)$ が一価正則ならば，

(26.8)
$$\frac{1}{2\pi i}\int_C f(z)\,dz=\sum_{\mu=1}^{m}\mathrm{Res}(b_\mu)+\mathrm{Res}(\infty).$$

ここに積分は C 上を D に関して正の向きに一周する.

証明. 前定理と同様である. ——C がいくつかの成分から成っていてもよい.

なお，これまでにしばしば利用されたコーシーの積分公式(17.1)も，実は

留数に関連したものとみなされる．じっさい，その公式でζの函数としての$f(\zeta)/(\zeta-z)$の点zにおける留数は公式(26.5)により$f(z)$に等しい．

留数定理を利用して，実函数の定積分の値が求められるいくつかの場合について例示しよう．

a. $$\int_0^\infty \frac{\sin x}{x}dx=\frac{\pi}{2}.$$

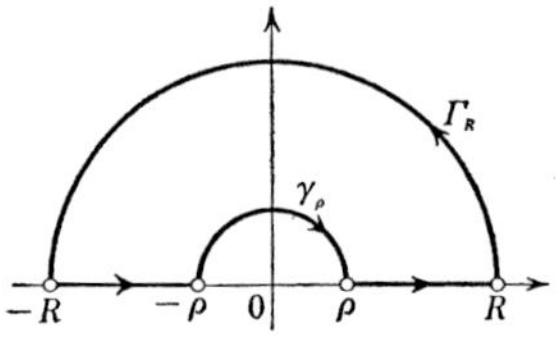

図 21

e^{iz}/zは$0<|z|<\infty$で正則である．$0<\rho<R$として，二つの上半円周

$$\gamma_\rho\colon\ |z|=\rho,\ \Im z>0;\qquad \Gamma_R\colon\ |z|=R,\ \Im z>0$$

と実軸上の二つの線分($z=x+iy$)

$$-R\leqq x\leqq -\rho;\qquad \rho\leqq x\leqq R$$

とで囲まれた円弧四角形は函数の正則な範囲の内部に含まれているから，コーシーの積分定理16.2によって(留数の概念を明らさまに用いるまでもなく)

$$(26.9)\qquad \begin{aligned}0&=\left(\int_{\gamma_\rho}+\int_\rho^R+\int_{\Gamma_R}+\int_{-R}^{-\rho}\right)\frac{e^{iz}}{z}dz\\&=\int_\rho^R\frac{e^{ix}-e^{-ix}}{x}dx+\int_\pi^0 e^{i\rho e^{i\theta}}i\,d\theta+\int_0^\pi e^{iRe^{i\theta}}i\,d\theta.\end{aligned}$$

まず，明らかに

$$\lim_{\rho\to0}\int_\pi^0 e^{i\rho e^{i\theta}}i\,d\theta=\int_\pi^0 i\,d\theta=-i\pi.$$

つぎに，$0<\theta\leqq\pi/2$で$\cos\theta$が狭義の単調に減少するから，

$$\frac{\sin\theta}{\theta}=\frac{1}{\theta}\int_0^\theta\cos t\,dt$$

もまたそこで狭義の単調に減少し，したがって$\theta\to+0$および$\theta=\pi/2$のときの値を用いることにより，いわゆる**ジョルダンの不等式**

$$(26.10)\qquad 1>\frac{\sin\theta}{\theta}\geqq\frac{2}{\pi}\qquad\left(0<\theta\leqq\frac{\pi}{2}\right)$$

を得る．ゆえに，評価

$$\begin{aligned}\left|\int_0^\pi e^{iRe^{i\theta}}i\,d\theta\right|&\leqq\int_0^\pi e^{-R\sin\theta}d\theta=2\int_0^{\pi/2}e^{-R\sin\theta}d\theta\\&\leqq2\int_0^{\pi/2}e^{-R2\theta/\pi}d\theta=\frac{\pi}{R}(1-e^{-R})\end{aligned}$$

が成り立ち，この右辺は$R\to\infty$のとき0に近づく．したがって，(26.9)で$\rho\to0$，$R\to\infty$とした極限を考えることによって，

$$0=\int_0^\infty\frac{e^{ix}-e^{-ix}}{x}dx-i\pi=2i\int_0^\infty\frac{\sin x}{x}dx-i\pi.$$

あるいは，積分路として上半円周γ_ρ: $|z|=\rho$, $\Im z>0$と点ρ, R, $R+iR$, $-R+iR$, $-R$, $-\rho$

を順次に線分でつないだ折線とから成る路をえらんでもよい．このとき，

$$0=\int_\rho^R \frac{e^{ix}-e^{-ix}}{x}dx+\int_\pi^0 e^{i\rho e^{i\theta}}i\,d\theta$$
$$+\int_0^R \frac{e^{iR-y}}{R+iy}i\,dy+\int_R^{-R}\frac{e^{ix-R}}{x+iR}dx+\int_R^0\frac{e^{-iR-y}}{-R+iy}i\,dy;$$
$$\left|\int_0^R \frac{e^{\pm iR-y}}{\pm R+iy}i\,dy\right|\leqq\frac{1}{R}\int_0^R e^{-y}dy=\frac{1-e^{-R}}{R},\quad \left|\int_R^{-R}\frac{e^{ix-R}}{x+iR}dx\right|\leqq 2e^{-R}.$$

ゆえに，$\rho\to 0$，$R\to\infty$ として，ふたたび上記の結果に達する．

b. $$\int_0^{2\pi} e^{\cos\theta}\begin{matrix}\cos\\ \sin\end{matrix}(n\theta-\sin\theta)\,d\theta=\begin{cases}2\pi/n!\\ 0\end{cases}\qquad (n\geqq 0 \text{ は整数}).$$

$0<|z|<\infty$ で一価正則な函数 e^z/z^{n+1} を単位円周に沿って積分する．$n+1$ 位の極 $z=0$ におけるその留数は $1/n!$ に等しいから，

$$\frac{2\pi i}{n!}=\int_{|z|=1}\frac{e^z}{z^{n+1}}dz=\int_0^{2\pi}e^{e^{i\theta}-ni\theta}i\,d\theta=i\int_0^{2\pi}e^{\cos\theta-i(n\theta-\sin\theta)}d\theta$$
$$=i\int_0^{2\pi}e^{\cos\theta}(\cos(n\theta-\sin\theta)-i\sin(n\theta-\sin\theta))\,d\theta.$$

この両辺の虚部と実部を比較すればよい．

c. $$\int_0^\infty \frac{x^{a-1}}{1+x}dx=\frac{\pi}{\sin a\pi}\qquad (0<a<1).$$

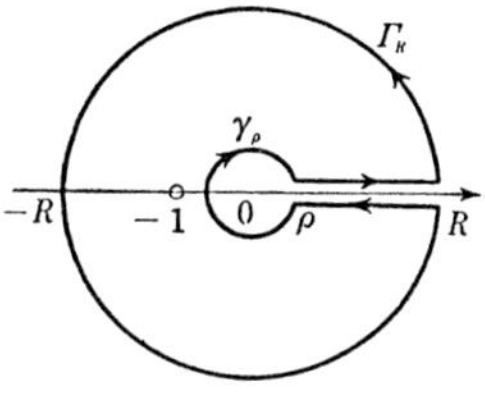

図　22

原点を含む範囲で函数

$$f(z)=\frac{z^{a-1}}{1+z}=\frac{r^{a-1}e^{i(a-1)\theta}}{1+re^{i\theta}}\qquad (z=re^{i\theta})$$

は多価性を示す．しかし，$0<\rho<1<R$ として二つの円周

γ_ρ:　$|z|=\rho$,　$0<\arg z<2\pi$;

Γ_R:　$|z|=R$,　$0<\arg z<2\pi$

と正の実軸上の二重にとられた線分($z=x+iy=re^{i\theta}$)

$$\rho\leqq r\leqq R,\ \theta=+0;\qquad \rho\leqq r\leqq R,\ \theta=2\pi-0$$

とで囲まれた円弧四角形では，$f(z)$ は上式の右辺によって一意的に定まる；これはいわゆる正の実軸の上岸で実数値をとる分枝を考えることにあたる．四辺形にはただ一つの1位の極 $z=-1$ が特異点として含まれ，そこでの留数は $e^{i(a-1)\pi}=-e^{ia\pi}$．ゆえに，留数定理 26.1 によって

$$-2\pi ie^{ia\pi}=\int_\rho^R\frac{x^{a-1}}{1+x}dx+\int_0^{2\pi}\frac{R^{a-1}e^{i(a-1)\theta}}{1+Re^{i\theta}}Re^{i\theta}i\,d\theta$$
$$+\int_R^\rho\frac{x^{a-1}e^{ia2\pi}}{1+x}dx+\int_{2\pi}^0\frac{\rho^{a-1}e^{i(a-1)\theta}}{1+\rho e^{i\theta}}\rho e^{i\theta}i\,d\theta.$$

右辺の第一項と第三項の和は

$$(1-e^{ia2\pi})\int_\rho^R\frac{x^{a-1}}{1+x}dx=-2i\sin a\pi\cdot e^{ia\pi}\int_\rho^R\frac{x^{a-1}}{1+x}dx.$$

また，第二項と第四項に対しては，つぎの評価を得る:

$$\left|\int_0^{2\pi}\frac{R^{a-1}e^{i(a-1)\theta}}{1+Re^{i\theta}}Re^{i\theta}i\,d\theta\right|\leqq\int_0^{2\pi}\frac{R^{a-1}}{R-1}R\,d\theta=2\pi\frac{R^a}{R-1},$$

$$\left|\int_0^{2\pi}\frac{\rho^{a-1}e^{i(a-1)\theta}}{1+\rho e^{i\theta}}\rho e^{i\theta}i\,d\theta\right|\leqq\int_0^{2\pi}\frac{\rho^{a-1}}{1-\rho}\rho\,d\theta=2\pi\frac{\rho^a}{1-\rho}.$$

$0<a<1$ だから，それぞれ $R\to\infty$，$\rho\to 0$ のとき，これらはともに0に近づく．ゆえに，上記の関係でこの極限移行をほどこすことによって，

$$-2\pi ie^{ia\pi}=-2i\sin a\pi\cdot e^{ia\pi}\int_0^{\infty}\frac{x^{a-1}}{1+x}dx$$

となるが，これから求める結果が容易に得られる．

問 1. 有限個の特異点をもつ一価函数のすべての留数の和は0に等しい． [例題1]

問 2. (i) $f(z)$ が有限な点 z_0 で高々 k 位の極をもつならば，そこでの留数は $\mathrm{Res}(z_0)=(1/(k-1)!)\lim_{z\to z_0}(d/dz)^{k-1}((z-z_0)^k f(z))$．(ii) $f(z)$ が ∞ で高々 k 位の極 ($k=0$, -1 のときはそれぞれ正則点，1位の零点)をもつならば，h を任意な自然数として $\mathrm{Res}(\infty)=(-1)^{k+h-1}\lim_{z\to\infty}(z^{k+h+1}f^{(k+h)}(z))$． [例題2]

問 3. $e^{z+1/z}$ の $z=0$，$z=\infty$ における留数を求めよ． [練4.88]

問 4. m，n が自然数で $m<n$ のとき，$z^{2m}/(z^{2n}+1)$ の上半面にあるすべての極の留数の和を求めよ． [練4.90]

問 5. 有理函数 $f(z)=\sum_{n=1}^{k}c_n/(z-z_0)^n$ に対して，$f(z)/(z-z_1)$ の z_0 における留数は，$z_1\neq z_0$ ならば $-f(z_1)$，$z_1=z_0$ ならば 0.

問 6. 単位円周上を原点に関して正の向きに一周する路に沿って，つぎの函数を積分せよ：(i) $e^{\sin z}/(\pi+6z)$；(ii) $\sqrt{z-1}/z$ (根号は $z=0$ で i となる分枝)；(iii) $1/(z^2+1)$． [練4.93]

問 7. 点1から出発して原点に関して正の向きに一周する路に沿って，$\sqrt{z}/(z-2)$ を積分せよ．$\sqrt{z}$ は出発点で $+1$ なる値をとる分枝とする． [練4.95]

問 8. $\Im z\geqq 0$ ($z\neq\infty$) で有理型な $f(z)$ が実軸上に極をもたず，$0\leqq\arg z\leqq\pi$ で一様に $zf(z)\to 0$ ($z\to\infty$) ならば，$f(z)$ の $\Im z>0$ に含まれるすべての極を $\{z_\nu\}$ とするとき，

$$(\mathrm{P})\int_{-\infty}^{\infty}f(x)\,dx=2\pi i\sum\mathrm{Res}(z_\nu).$$ [例題4]

問 9. つぎの積分の値を求めよ：

(i) $\displaystyle\int_0^{\infty}\frac{dx}{(x^2+a^2)(x^2+b^2)^2}$ $(a,b>0)$； (ii) $\displaystyle\int_0^{\infty}\frac{x^6}{(x^4+a^4)^2}dx$ $(a>0)$．

[例題9，練4.98]

問 10. $f(z)=(1/(1+z)-e^{-z})/z$ を正方形 $0<\Re z<R$, $0<\Im z<R$ の周に沿って積分し，$R\to\infty$ とすることによって，つぎの等式をみちびけ：

(i) $\displaystyle\int_0^{\infty}\left(\frac{1}{1+x}-e^{-x}\right)\frac{dx}{x}=\int_0^{\infty}\left(\frac{1}{1+x^2}-\cos x\right)\frac{dx}{x}$； (ii) $\displaystyle\int_0^{\infty}\frac{\sin x}{x}dx=\frac{\pi}{2}$.

§27. 対数的留数と逆函数

留数定理26.1を利用することによって，有理型函数の零点と極の個数に関する重要な公式がみちびかれる．まず，つぎの定理が基本的である：

定理 27.1. 長さの有限な曲線 C で囲まれた有界領域 D および C 上で一価有理型な $f(z)$ が C 上に零点も極ももたないとする．そのとき，D に含まれる $f(z)$ のすべての零点および極を位数だけ重複して書きならべたものをそれぞれ a_ν ($\nu=1,\cdots,N$) および b_μ ($\mu=1,\cdots,P$) とすれば，$D\cup C$ で正則な任意な函数 $\phi(z)$ に対して

$$\text{(27.1)}\qquad \frac{1}{2\pi i}\int_C \phi(z)\frac{f'(z)}{f(z)}dz=\sum_{\nu=1}^{N}\phi(a_\nu)-\sum_{\mu=1}^{P}\phi(b_\mu).$$

証明. $F(z)=\phi(z)f'(z)/f(z)$ は C 上で正則であって，D 内にあるその特異点は高々 $N+P$ 個の点 a_ν, b_μ だけである．いま，a を $f(z)$ の α 位の零点とすれば，a の近傍で正則な $g(z)\neq 0$ が存在して $f(z)=(z-a)^\alpha g(z)$．したがって，その近傍で $g'(z)/g(z)$ は正則であって

$$\frac{f'(z)}{f(z)}=\frac{\alpha}{z-a}+\frac{g'(z)}{g(z)}.$$

ゆえに，$F(z)$ は a で高々1位の極をもち，

$$\mathrm{Res}(a;\ F)=\lim_{z\to a}(z-a)F(z)=\alpha\phi(a).$$

つぎに，b を $f(z)$ の β 位の極とすれば，b の近傍で正則な $h(z)\neq 0$ が存在して $f(z)=(z-b)^{-\beta}h(z)$．したがって，上と同様にして，$F(z)$ は b で高々1位の極をもち，

$$\mathrm{Res}(b;\ F)=-\beta\phi(b).$$

ゆえに，C の内部にある $f(z)$ の相異なるすべての零点，極をそれぞれ a_j^* ($j=1,\cdots,n$)，b_k^* ($k=1,\cdots,p$) とし，それらの位数をそれぞれ α_j, β_k とすれば，

$$\frac{1}{2\pi i}\int_C F(z)\,dz=\sum_{j=1}^{n}\alpha_j\phi(a_j^*)-\sum_{k=1}^{p}\beta_k\phi(b_k^*)$$

となるが，これは (27.1) の関係にほかならない．

注意. D が無限領域であっても，定理の結論はそのまま成り立つ．じっさい，∞ の近傍で $f(z)=z^{\gamma}(1+o(1))$ のとき，∞ での $f'(z)/f(z)=(\gamma/z)(1+o(1))$ の留数は $-\gamma$ となるだけである．

この定理の特別な場合として，つぎのいわゆる**偏角の原理**がしばしば引用される：

定理 27.2. 長さの有限な曲線 C で囲まれた有界領域 D および C 上で一価有理型な $f(z)$ が C 上に零点も極ももたないとする．そのとき，D に含まれる $f(z)$ の位数に応じて数えられた零点および極の個数をそれぞれ N および P とすれば，

$$\frac{1}{2\pi i}\int_C \frac{f'(z)}{f(z)}dz=N-P. \tag{27.2}$$

証明. 前定理で $\phi(z)\equiv 1$ ととるだけでよい．

$D\cup C$ で有理型な $f(z)$ の対数導函数 $f'(z)/f(z)$ は，$f(z)$ の零点と極で1位の極をもつ以外は $D\cup C$ で正則である．$f'(z)/f(z)$ の留数を $f(z)$ の**対数的留数**という．(27.2) の左辺は D 内にある $f(z)$ の対数的留数の和を表わす．

さて，対数函数の多価性に基いて，$\log f(z)=\log|f(z)|+i\arg f(z)$ は一般には多価である．しかし，$f(z)$ が一価である限り，その多価性は $\arg f(z)$ における 2π の整数倍という付加定数の形で現われるにすぎない．したがって，その微分

$$\frac{f'(z)}{f(z)}dz=d\log f(z)=d\log|f(z)|+id\arg f(z)$$

は一価である．しかも，$\log|f(z)|$ が一価だから，定理 27.2 の曲線 C に対して (27.2) の左辺を

$$\frac{1}{2\pi i}\int_C \frac{f'(z)}{f(z)}dz=\frac{1}{2\pi i}\int_C d\log f(z)=\frac{1}{2\pi}\int_C d\arg f(z) \tag{27.3}$$

という形に書くことができる．ちなみに，これは $w=f(z)$ による C の像曲線の原点のまわりの**回転数**にほかならない．特に，この像曲線が $w=0$ を含まない有限な単連結領域に属するならば，回転数は0に等しい．この事実を利用すると，つぎの**ルーシェの定理**がみちびかれる：

定理 27.3. $f(z)$, $g(z)$ が長さの有限な単一閉曲線 C の上および内部で正則

であって，C 上でつねに $|f(z)|>|g(z)|$ が成り立つならば，C の内部にある $f(z)$ と $f(z)+g(z)$ との位数に応じて数えた零点の個数は相等しい．

証明． C 上で $|f(z)|>|g(z)|$ だから，$f(z)$ も $f(z)+g(z)$ も C 上に零点をもたない．したがって，C の内部にある $f(z)+g(z)$ と $f(z)$ と零点の個数の差は

$$\frac{1}{2\pi}\int_C d\arg(f(z)+g(z))-\frac{1}{2\pi}\int_C d\arg f(z)=\frac{1}{2\pi}\int_C d\arg\left(1+\frac{g(z)}{f(z)}\right)$$

で与えられる．ところで，$w=1+g(z)/f(z)$ による C の像は原点を含まない円板 $|w-1|<1$ に属するから，この右辺は 0 に等しい．

注意． C の外部領域でも，同じ型の結果が成り立つ；定理 27.1 の注意参照．

つぎにあげるのは，**フルウィッツの定理**である：

定理 27.4. 領域 D で正則な函数列 $\{f_n(z)\}$ が D で広義の一様に $f(z)\not\equiv 0$ に収束するならば，$z_0\in D$ が $f(z)$ の零点であるために必要十分な条件は，z_0 が列 $\{f_n(z)\}$ の零点の全体から成る集合の集積点であることである．しかも，内部とともに D に含まれる長さの有限な単一閉曲線 C が任意に与えられたとき，C 上で $f(z)\neq 0$ とすれば，殆んどすべての $f_n(z)$ は C の内部で $f(z)$ と同じ個数の零点をもつ．

証明． 後半を証明すればよい．定理 25.1 によって $f(z)$ は D で正則であり，仮定によって $|f(z)|$ の C 上での最小値 m は正である．C 上で一様に $f_n(z)\to f(z)$ だから，殆んどすべての $f_n(z)$ に対して

$$|f_n(z)-f(z)|<m\leqq|f(z)| \qquad (z\in C).$$

ゆえに，ルーシェの定理 27.3 により，C の内部にある $f(z)$ と $f(z)+(f_n(z)-f(z))=f_n(z)$ との零点の個数は相等しい．——あるいは，つぎのように推論してもよい：定理 25.1 によって C 上で一様に $f_n(z)\to f(z)$，$f_n'(z)\to f'(z)$ となるから，殆んどすべての n に対して

$$\left|\frac{1}{2\pi i}\int_C\frac{f_n'(z)}{f_n(z)}dz-\frac{1}{2\pi i}\int_C\frac{f'(z)}{f(z)}dz\right|<1.$$

この左辺は C 内にある $f_n(z)$ と $f(z)$ との零点の個数の差としてつねに整数値だけをとるから，実は 0 に等しくなければならない．

この定理の系として，つぎの結果がみちびかれる：

定理 27.5. 領域 D で単葉な正則函数列 $\{f_n(z)\}$ が D で広義の一様に極限函数 $f(z)\not\equiv\text{const}$ に収束するならば，$f(z)$ は D で単葉である．

証明. $f(z)$ が D で正則なことは，定理 25.1 からわかる．仮に $f(z)$ が単葉でなかったとすれば，D の相異なる二点 z_1, z_2 に対して $f(z_1)=f(z_2)$ となる．このとき，z_1, z_2 の D 内にあって互に素な近傍 U_1, U_2 をとれば，前定理によって，殆んどすべての函数 $f_n(z)-f(z_1)\equiv f_n(z)-f(z_2)$ が U_1, U_2 のおのおので少なくとも一つずつの零点をもつことになり，$f_n(z)$ の単葉性の仮定に反する．

正則函数の逆函数については，すでに§14 でふれたところである．ここでは少しく一般に，有理型函数についてその結果を補充しておこう．

定理 27.6. 領域 D で有理型な $f(z)$ に対して $z_0\in D$ が $f(z)$ の k 位の w_0 点ならば，二つの正数 δ, ρ をえらんで D 内の円板 $|z-z_0|<\delta$ で $f(z)$ が $|w-w_0|<\rho$ なるおのおのの値をちょうど k 回とるようにできる．ただし，z_0 または w_0 が ∞ のときには，$|z-z_0|<\delta$ または $|w-w_0|<\rho$ をそれぞれ $|z|>1/\delta$ または $|w|>1/\rho$ でおきかえる．

証明. まず，z_0, w_0 がともに有限な場合を考える．仮定により $f(z)\not\equiv w_0$ だから，適当な $\delta>0$ に対して D 内の環状面分 $0<|z-z_0|\leqq\delta$ では $f(z)\neq w_0$．ゆえに，$|z-z_0|=\delta$ 上での $|f(z)-w_0|$ の最小値を $\rho>0$ で表わせば，$|w-w_0|<\rho$ なるおのおのの w に対してこの円周上で $|w_0-w|<\rho\leqq|f(z)-w_0|$．ルーシェの定理 27.3 によって，$|z-z_0|<\delta$ における $f(z)-w_0$ の零点の個数は $f(z)-w_0+(w_0-w)\equiv f(z)-w$ のそれと等しい．すなわち，$|z-z_0|<\delta$ における $f(z)$ の w 点の個数はその w_0 点の個数 k に等しい．つぎに，$z_0=\infty$ ならば，$f(1/\zeta)$ を $\zeta=0$ の近傍で考えればよい．$w_0=\infty$ ならば，$1/f(z)$ の零点を考えればよい．同時に $z_0=\infty$，$w_0=\infty$ ならば，$1/f(1/\zeta)$ の零点を $\zeta=0$ の近傍で考えればよい．

この定理を利用すると，**領域保存の定理** 14.1 をつぎの一般な形で述べることができる:

定理 27.7. 領域 D で有理型な函数 $w=f(z)\not\equiv\text{const}$ による D の値域 $G=f(D)$ はやはり領域である．

証明. 前定理によって，D のおのおのの点の像は G に含まれる近傍をもつ. G のおのおのの点は D の少なくとも一点の像だから，これは G が開集合であることを示している．つぎに，G の任意な二点を w_1, w_2 とし，これらを像としてもつ D の点の一対を z_1, z_2 とする．D は領域だから，z_1 と z_2 を D 内の連続曲線 C で結ぶことができ，C の像は G 内で w_1 と w_2 を結ぶ連続曲線となる．ゆえに，G は連結している．よって，G は領域である．

つぎの**ダルブーの定理**は，等角写像の理論においてしばしば有用である:

定理 27.8. z 平面上の長さの有限なジョルダン曲線 C の上およびその内部領域 D で正則な函数 $w=f(z)$ によって，C が w 平面上のジョルダン曲線 Γ へ単調に写されるならば，この函数によって D は Γ の内部領域 G へ単葉に写像される.

証明. 任意な $\omega\notin\Gamma$ に対して D 内にある $f(z)$ の ω 点の個数は

$$\frac{1}{2\pi}\int_C d\arg(f(z)-\omega)=\frac{1}{2\pi i}\int_C\frac{f'(z)}{f(z)-\omega}dz\ (\geqq 0)$$

で与えられる．これを $w=f(z)$ によって Γ 上にわたる積分に書きかえれば，

$$\frac{1}{2\pi i}\int_C\frac{f'(z)}{f(z)-\omega}dz=\frac{1}{2\pi i}\int_\Gamma\frac{dw}{w-\omega}.$$

ゆえに，D 内にある $f(z)$ の ω 点の個数は，ω が G の内部にあるか外部にあるかに応じて 1 または 0 である．領域保存の定理 27.7 によって，$f(z)$ は D で Γ 上の値をとることはないから，$w=f(z)$ によって D と G とが一対一に対応する.

さて，定理 27.6 からさらに**逆函数**の存在に関する定理がみちびかれる:

定理 27.9. z_0 の近傍で有理型な函数 $w=f(z)$ が z_0 で k 位の $w_0=f(z_0)$ 点をもつならば，w_0 の近傍でその逆函数 $z=f^{-1}(w)$ が存在して k 価の解析函数である.

証明. まず，$k=1$ とすれば，定理 27.6 によって，適当な正数 δ，ρ をえらぶとき，$|z-z_0|<\delta$ で $w=f(z)$ は $|w-w_0|<\rho$ からのおのおのの値を 1 回ずつとる；ただし，z_0 または w_0 が ∞ のときには，それに応じた修正をほどこす．したがって，$|w-w_0|<\rho$ のおのおのの値 w に対して $|z-z_0|<\delta$，$w=f(z)$ なる z を対応させることにより，函数 $z=f^{-1}(w)$ を定義することができる．明

らかに，これが $|w-w_0|<\rho$ で定義される $w=f(z)$ の唯一の逆函数である．その解析性も容易に示される；定理 14.1 参照．つぎに，$k>1$ とする．簡単のため z_0, w_0 がともに有限な場合を考える；これらの少なくとも一方が ∞ の場合も同様である．そのとき，z_0 の近傍で正則な函数 $w=f(z)$ のテイラー展開は

$$w=w_0+\sum_{n=k}^{\infty}c_n(z-z_0)^n \qquad (c_k\neq 0) \tag{27.4}$$

という形をもつ．したがって，

$$w-w_0=c_k(z-z_0)^k(1+g(z)), \qquad g(z)=\sum_{n=1}^{\infty}\frac{c_{k+n}}{c_k}(z-z_0)^n$$

とおけば，$g(z_0)=0$ であって，z_0 の十分小さい近傍で $|g(z)|<1$．ゆえに，z_0 で 1 なる値をとる分枝

$$(1+g(z))^{1/k}=\sum_{\nu=0}^{\infty}\binom{1/k}{\nu}g(z)^{\nu}$$

が確定する．したがって，ワイエルシュトラスの二重級数定理 25.2 に基いて，$c_k^{1/k}$ の k 個の値に応じて k 価の函数

$$t\equiv(w-w_0)^{1/k}=c_k^{1/k}(z-z_0)\sum_{\nu=0}^{\infty}\binom{1/k}{\nu}g(z)^{\nu}=\sum_{n=1}^{\infty}d_n(z-z_0)^n \quad (d_1=c_k^{1/k}\neq 0)$$

が得られる．このおのおのの分枝に対して z_0 は 1 位の零点だから，証明の前半によって逆函数

$$z=z_0+\sum_{n=1}^{\infty}\gamma_n t^n=z_0+\sum_{n=1}^{\infty}\gamma_n(w-w_0)^{n/k} \qquad \left(\gamma_1=\frac{1}{d_1}\right) \tag{27.5}$$

が定まる．そして，この w についての k 価函数に対して (27.4) が成り立つ．すなわち，(27.5) は，定理 27.6 でその存在がたしかめられているところの，$0<|z-z_0|<\delta$ に属する k 個の点の像としての $|w-w_0|<\rho$ からのおのおのの点 w に対して，逆にそれらの k 個の z の値を対応させる逆函数の解析的な表示にほかならない．

ちなみに，(27.5) の形の $(w-w_0)^{1/k}$ についてのテイラー級数を，w_0 のまわりの w についての**ピュイズー級数**という．(27.4) およびそれと同値な (27.5) によって，z のおのおのの値には w の 1 個の値が対応するが，w のおのおのの値には z の k 個の値が対応する．しかし，変数 $t=(w-w_0)^{1/k}$ を導入すれ

ば，t と z との間の対応は一対一である．そして，t と w との間の関係は簡単に

$$(27.7)\qquad t=(w-w_0)^{1/k},\qquad w=w_0+t^k$$

で与えられる．すなわち，分岐点 w_0 を中心とする k 葉円板と $t=0$ のまわりの単葉円板との間の一対一対応を与える関係である．このとき，t を**一意化媒介変数**という．この変数を導入することによって，z と w との間の関係が，(27.7) の形の簡単な関係と t と z の間の一対一の対応関係とに分けられているのである．

最後に，後に利用するために，円内正則函数の逆函数の存在範囲について，それを少しく定量化しておこう．

定理 27.10. $|z|<R$ で正則な $f(z)$ がそこで有界性の条件 $|f(z)|\leqq M$ をみたしかつ $f(0)=0$, $f'(0)\neq 0$ とすれば，$w=f(z)$ は円板 $|z|<|f'(0)|R^2/4M$ において $|w|<|f'(0)|^2R^2/6M$ からのおのおのの値をちょうど1回ずつとる．いいかえれば，$w=f(z)$ の一価な逆函数 $z=f^{-1}(w)$ が $|w|<|f'(0)|^2R^2/6M$ において存在して，しかもその値域が $|z|<|f'(0)|R^2/4M$ に属する．

証明. シュワルツの定理 24.2 によって $|f'(0)|\leqq M/R$ だから，

$$r\equiv\frac{|f'(0)|R^2}{4M}\leqq\frac{R}{4}.$$

ゆえに，コーシーの係数評価 (23.8) によって $|f^{(n)}(0)|/n!\leqq M/R^n$ が成り立つことに注意すれば，$|z|=r$ 上で

$$|f(z)|\geqq|f'(0)z|-|f(z)-f'(0)z|=|f'(0)z|-\left|\sum_{n=2}^{\infty}\frac{f^{(n)}(0)}{n!}z^n\right|$$

$$\geqq|f'(0)|r-\sum_{n=2}^{\infty}M\left(\frac{r}{R}\right)^n=|f'(0)|r-\frac{M}{1-r/R}\,\frac{r^2}{R^2}$$

$$\geqq\frac{|f'(0)|^2R^2}{4M}-\frac{M}{1-1/4}\,\frac{|f'(0)|^2R^2}{16M^2}=\frac{|f'(0)|^2R^2}{6M}.$$

したがって，ルーシェの定理 27.3 によって，$|w|<|f'(0)|^2R^2/6M$ からのおのおのの値 w に対して $|z|<r$ における $f(z)$ の w 点の個数は零点の個数と等しい．ところで，$|z|=r$ 上で $|f'(0)z|-|f(z)-f'(0)z|>0$ だから，ふたたびルーシェの定理により $|z|<r$ における $f(z)=f'(0)z+(f(z)-f'(0)z)$ の零点の個

数は $f'(0)z$ の零点の個数すなわち1に等しい．これで定理が証明されている．

問 1. 有理函数の零点と極の個数は相等しい．　[練 4.111]

問 2. $z^5+13z-8=0$ の根はすべて $|z|<2$ に含まれ，さらにその唯一の実根に対しては $1/2<z<1$.　[練 4.114]

問 3. $0, i, -1+i, -1$ を頂点とする正方形内に $z^5+z^2+1=0$ のただ一つの根が含まれている．　[例題 2]

問 4. ルーシェの定理 27.3 を利用して，代数方程式論の基本定理(根の存在定理 17.6)を証明せよ．　[例題 4]

問 5. $|z|<1$ を $|w|<1$ へ写像する一次函数の全体は，正規族をなす．その収束列の極限函数は，この函数族に属するかまたは絶対値1の定数である．　[例題 9]

問　題　4

1. $|z|<R$ で正則な函数 $f(z)$ のテイラー展開を $f(z)=\sum_{n=0}^{\infty} c_n z^n\ (|z|<R)$ とするとき，$f(z)$ を実虚部に分けて $f(z)=u(z)+iv(z)$ とおけば，$0<r<R$ なる任意な r に対して

$$c_n=\frac{1}{\pi r^n}\int_0^{2\pi} u(re^{i\theta})e^{-in\theta}d\theta=\frac{i}{\pi r^n}\int_0^{2\pi} v(re^{i\theta})e^{-in\theta}d\theta \qquad (n=1, 2, \cdots).$$

2. つぎの函数の原点のまわりのテイラー展開を求めよ：

$$\text{(i)}\quad \frac{1}{1+z+z^2}; \qquad \text{(ii)}\quad \frac{1}{(1+z+z^2)^2}.$$

3. 領域 D で $f(z)$，$g(z)$ が正則であって $|f(z)|=\Re g(z)$ をみたすならば，

$$f(z)\equiv \text{const}, \qquad g(z)\equiv \text{const}.$$

4. 自然数 n の正の約数の個数を $\tau(n)$ で表わせば，$\sum_{n=1}^{\infty}\tau(n)z^n=\sum_{n=1}^{\infty}z^n/(1-z^n)$ $(|z|<1)$．これによって定義される函数 $f(z)$ は $|z|=1$ を自然境界とする．

5. $f(z)=z+(z^2-1)^{1/2}$ は 0 および ∞ の近傍でそれぞれ二つの一価な分枝をもつ．それらの冪級数展開を求めよ．

6. z_0 が $f(z)$ の孤立真性特異点ならば，z_0 は $g(z)=(af(z)+b)/(cf(z)+d)$ $(ad-bc\neq 0)$ の孤立真性特異点である．

7. 二点 b_1, b_2 で一位の極をもつ以外は到るところ正則で，二点 a_1, a_2 で一位の零点をもち，∞ で値 c $(\neq 0, \neq\infty)$ をもつ函数をつくれ．

8. 同心円環 $\rho<|z-z_0|<R$ で一価な実部をもつ正則函数 $f(z)$ は，つぎの形に表わされる：

$$f(z)=a\log(z-z_0)+\sum_{n=-\infty}^{\infty} c_n(z-z_0)^n \qquad (a \text{ は実数}).$$

9. 周期 $\omega\,(>0)$ をもつ $z=x+iy$ の整函数 $f(z)$ が $0\leqq x<\omega$，$0<y<\infty$ で有界ならば，$y\to+\infty$ のとき，$f(x+iy)$ の有限な極限が存在して x に無関係である．

10. 領域 D で正則な函数の点 $z\in D$ のまわりでのテイラー展開の収束半径を $r(z)$ で表

わせば，D で $r(z)\equiv\infty$ であるかあるいは $r(z)\not\equiv\infty$．後者の場合には，$r(z)$ は D で連続である．

11. 実軸に関して対称な領域 D で正則な $f(z)$ は，D に含まれる実軸の部分で実数値をとる D 内正則函数 $g(z)$, $h(z)$ をもって，$f(z)=g(z)+ih(z)$ という形に表わされる．しかも，この分解は一意的である．

12. c を定数とするとき，$(e^z-c)^{1/2}$ が二つの一価解析函数に分解するための条件を求めよ．

13. 極と分岐点以外の特異点をもたない有限多価の解析函数は，代数函数である．

14. $\log z$ のリーマン面の $0<|z|\leqq R$ $(<\infty)$ 上にある部分で $f(z)$ が正則有界で，その $|z|=R$ 上の境界で $|f(z)|\leqq M$ をみたすならば，全領域で $|f(z)|\leqq M$.

15. 原点を頂点とする角領域 W: $\theta_0<\arg z<\theta_1$ で正則有界な $f(z)$ が，有限な境界点でも連続であって $f(re^{i\theta_0})\to a$ $(r\to\infty)$ ならば，任意な $\delta>0$ に対して $\theta_0\leqq\arg z\leqq\theta_1-\delta$ で一様に $f(z)\to a$ $(z\to\infty)$.　　**（モンテルの定理）**

16. 高々 n 次の多項式 $P(z)$ が $|z|=1$ 上で $|P(z)|\leqq M$ をみたすならば，$|P'(z)|\leqq Mn$ $(|z|\leqq 1)$．等号は $P(z)\equiv M\varepsilon z^n$ $(|\varepsilon|=1)$ のときに限る．

17. $|\zeta|<R$ をそれぞれ領域 D_z, D_w へ単葉に写像する正則函数 $z=\varphi(\zeta)$, $w=\phi(\zeta)$ による $|\zeta|<\rho$ $(\leqq R)$ の像をそれぞれ $D_z(\rho)$, $D_w(\rho)$ で表わすとき，D_z で正則な函数 $w=f(z)$ に対して $f(\varphi(0))=\phi(0)$, $f(D_z)\subset D_w$ ならば，$f(D_z(\rho))\subset D_w(\rho)$ $(0<\rho\leqq R)$．さらに，$w=f(z)$ が D_z を D_w へ単葉に写像する函数でない限り，$\overline{f(D_z(\rho))}\subset D_w(\rho)$ $(0<\rho<R)$.
（リンデレフの原理）

18. $|z|<R$ で $f(z)$ が正則で $\Re f(z)>0$, $f(0)=1$ ならば，

$$\frac{R-|z|}{R+|z|}\leqq\Re f(z)\leqq\frac{R+|z|}{R-|z|},\qquad |\Im f(z)|\leqq\frac{2R|z|}{R^2-|z|^2}\qquad (|z|<R).$$

$0<|z|<R$ なる一点でおのおのの等号が成り立つのは，$f(z)=(R\varepsilon+z)/(R\varepsilon-z)$ $(|\varepsilon|=1)$ なる形の一次函数に限る．

19. $\Re z>0$ で正則な函数 $f(z)$ がそこで $\Re f(z)\geqq 0$ をみたすならば，実定数 $c\geqq 0$ が存在して，$\Re f(z)\geqq cx$ $(x\equiv\Re z>0)$．しかも，任意な α $(0<\alpha<\pi/2)$ に対して，$|\arg z|\leqq\alpha$ で一様に $f(z)/z\to c$ $(z\to\infty)$.　　**（ランダウ・バリロンの定理）**

20. 帯状領域 $x_0<\Re z<X$ で有界正則な $f(z)$ に対して $L(x)=\sup_{-\infty<y<+\infty}|f(x+iy)|$ $(x_0<x<X)$ とおけば，$\log L(x)$ は x の凸函数である．　　**（デッチの三線定理）**

21. $\sum_{n=0}^{\infty} f^{(n)}(z)$ が $f(z)$ の一つの正則点で収束するならば，$f(z)$ は整函数であって，この級数は $|z|<\infty$ で広義の一様に収束する．

22.
$$\sum_{n=-\infty}^{\infty} q^{n^2}z^n=\prod_{n=1}^{\infty}(1-q^{2n})(1+q^{2n-1}z)(1+q^{2n-1}z^{-1})\qquad (|q|<1).$$

23. $f(z,t)$ が領域 D に属する z と区間 I: $a\leqq t\leqq b$ に属する t に関して連続，おのおのの $t\in I$ に対して D で z について正則とすれば，$F(z)=\int_a^b f(z,t)dt$ は D で正則であっ

て $F^{(\nu)}(z)=\int_a^b \partial^\nu f(z,t)/\partial z^\nu\cdot dt$ $(\nu=1,2,\cdots)$.

24. 領域 D で調和な函数列 $\{u_n(x,y)\}$ が広義の一様に $u(x,y)$ に収束するならば，列 $\{\partial^{\mu+\nu}u_n/\partial x^\mu\partial y^\nu\}$ $(\mu,\nu=0,1,\cdots)$ は広義の一様に $\partial^{\mu+\nu}u/\partial x^\mu\partial y^\nu$ に収束する．

25. $((z-2)/z^2)\sin(1/(1-z))$ の $z=0$, $z=1$ での留数を求めよ．

26. n を整数とするとき，$z^n e^{1/z}/(1+z)$ の 0, ∞, -1 での留数を求めよ．

27. $\Im z\geqq 0$ で有理型な $f(z)$ が実軸上に極をもたず，$0\leqq\arg z\leqq\pi$ で一様に $f(z)\to 0$ $(z\to\infty)$ ならば，任意な $m>0$ に対して，$f(z)e^{miz}$ の $\Im z>0$ に含まれるすべての極を $\{z_\nu\}$，そこでの留数を $\mathrm{Res}(z_\nu)$ で表わすとき，

$$(\mathrm{P})\int_{-\infty}^{\infty} f(x)e^{imx}dx=2\pi i\sum\mathrm{Res}(z_\nu).$$

28. つぎの定積分の値を求めよ：

(i) $\displaystyle\int_0^\infty \begin{matrix}\cos\\ \sin\end{matrix}(x^2)\,dx$;　　(ii) $\displaystyle\int_0^\infty \frac{x^a}{(1+x^2)^2}dx$ $(-1<a<3)$;

(iii) $\displaystyle\int_0^\infty \frac{\cos mx}{x^2+a^2}dx$ $(m,a>0)$;　　(iv) $\displaystyle\int_0^\infty \frac{\cos mx}{(x^2+a^2)(x^2+b^2)}dx$ $(m,a,b>0)$.

29. $f(z)$ が $|z|\leqq 1$ で正則，$|z|=1$ 上で $f(z)\neq 0$ ならば，$f(z)$ の $|z|<1$ における零点の個数をNとするとき，$N\leqq\max_{|z|=1}\Re(zf'(z)/f(z))$.

30. 方程式 $\tan z=4z$ は単位円内に一つの根をもつ．

31. $a>|b|$ ならば，方程式 $a-z-be^{-z}=0$ は $\Re z>0$ にただ一つの根をもつ．さらに，b が実数ならば，これは実根である．

32. 滑らかな曲線 C で囲まれた有界領域 D および C 上で一価有理型な $f(z)$ が D 内に N 個の零点と P 個の極をもち，C 上に n 個の零点と p 個の極をもつならば，

$$\frac{1}{2\pi i}(\mathrm{P})\int_C \frac{f'(z)}{f(z)}dz=\frac{1}{2\pi}(\mathrm{P})\int_C d\arg f(z)=N+\frac{n}{2}-\left(P+\frac{p}{2}\right).$$

第5章 等 角 写 像

§28. 初等函数による写像

初等函数による写像は，一般論のための補助手段としていろいろ有用な役割をなす．すでに§12で一次函数による写像について例示し，§11，§18で指数函数，対数函数による写像にもふれた．ここでは，さらにいくつかの例を追補しておこう．

(12.9) で示したように，$|z|<1$ を $|w|<1$ へ写像する一次変換は

$$w=\varepsilon\frac{z-z_0}{1-\bar{z}_0 z} \qquad (|z_0|<1,\ |\varepsilon|=1) \tag{28.1}$$

という形に与えられる．まず，一次変換と限定しないでも，実は (28.1) が $|z|<1$ から $|w|<1$ への単葉な等角写像をなす函数の最も一般な形である．それを示すために，かような任意な一つの函数を $w=f(z)$ で表わし，$f(z_0)=0$ とする．このとき，(28.1) の右辺で $\varepsilon=1$ とおいた函数を $w=\lambda(z)$ で表わせば，$F(w)\equiv f(\lambda^{-1}(w))$ は $|w|<1$ で正則であって $|F(w)|<1$ ($|w|<1$)，$F(0)=f(z_0)=0$. ゆえに，シュワルツの定理 24.1 によって，$|F(w)|\leqq|w|$ ($|w|<1$). また，$W=F(w)$ の逆函数 $w=F^{-1}(W)\equiv\lambda(f^{-1}(W))$ に対しても同じ定理に基いて $|F^{-1}(W)|\leqq|W|$ ($|W|<1$)，すなわち，$|w|\leqq|F(w)|$ ($|w|<1$). したがって，$|F(w)|\equiv|w|$ ($|w|<1$) となるが，定理 24.1 により，これは $F(w)\equiv\varepsilon w$ ($|\varepsilon|=1$) すなわち $f(z)=F(\lambda(z))=\varepsilon\lambda(z)=\varepsilon(z-z_0)/(1-\bar{z}_0 z)$ のときに限る．

一次変換 (28.1) に対しては，$|1-\bar{z}_0 z|^2-|z-z_0|^2=(1-|z_0|^2)(1-|z|^2)$ に注意すれば，

$$\left|\frac{dw}{dz}\right|=\frac{1-|z_0|^2}{|1-\bar{z}_0 z|^2}=\frac{1}{1-|z|^2}\left(1-\left|\frac{z-z_0}{1-\bar{z}_0 z}\right|^2\right)=\frac{1-|w|^2}{1-|z|^2},$$

$$\frac{|dw|}{1-|w|^2}=\frac{|dz|}{1-|z|^2}. \tag{28.2}$$

すなわち，微分式 $|dz|/(1-|z|^2)$ は単位円をそれ自身へうつすすべての変換 (28.1) に対して不変に保たれる．これは**ポアンカレの微分不変式**と呼ばれている．したがって，線素が

$$ds=\frac{|dz|}{1-|z|^2} \tag{28.3}$$

で与えられる単位円の計量を考えれば，これを不変にする変換(28.1)は運動を表わすものとみなされる．計量(28.3)は実は，ポアンカレがロバチェフスキの(双曲的)非ユークリッド幾何学を単位円内で表現するために用いたものである．

つぎに，二次の**有理函数**

$$w=z+\frac{1}{z} \tag{28.4}$$

を考える．任意な w ($\neq\pm2$) には z の二つの値 z_1, z_2 が対応し，$z_1+z_2=w$, $z_1z_2=1$. また，$w=\pm2$ にはそれぞれ $z=\pm1$ が対応し，$(dw/dz)^{z=\pm1}=0$. (28.4)の逆函数の両分枝は $z=(w\pm\sqrt{w^2-4})/2$ で与えられ，w が ±2 のおのおのを一周するごとに両者はいれかわる．以上によって，(28.4)は $|z|<1$, $|z|>1$ のおのおので単葉であって，$z_1z_2=1$ なる二点 z_1, z_2 で相等しい値をとる．z が $|z|=1$ 上を一周すれば，w は $w=\pm2$ を結ぶ線分を往復する．したがって，$|z|<1$, $|z|>1$ のおのおのはいずれも w 平面からこの線分を除いて得られる領域へ単葉に写像される．$z=re^{i\theta}$, $w=u+iv$ とおけば，

$$u=\left(r+\frac{1}{r}\right)\cos\theta, \qquad v=\left(r-\frac{1}{r}\right)\sin\theta$$

ゆえに，$|z|<k_1$ (<1) および $|z|>1/k_1$ はいずれも ±2 を焦点とする楕円

$$u^2\Big/\left(k_1+\frac{1}{k_1}\right)^2+v^2\Big/\left(k_1-\frac{1}{k_1}\right)^2=1 \tag{28.5}$$

の外部へ写像される．また，例えば円弧四角形 $k_1<|z|<1$, $0<\arg z<k_2$ ($<\pi/2$) および $1<|z|<1/k_1$, $0>\arg z>-k_2$ はいずれも楕円(28.5)とそれに直交する共焦双曲線 $u^2/\cos^2k_2-v^2/\sin^2k_2=4$ の右枝とで囲まれた面分の下半部へ写像される．

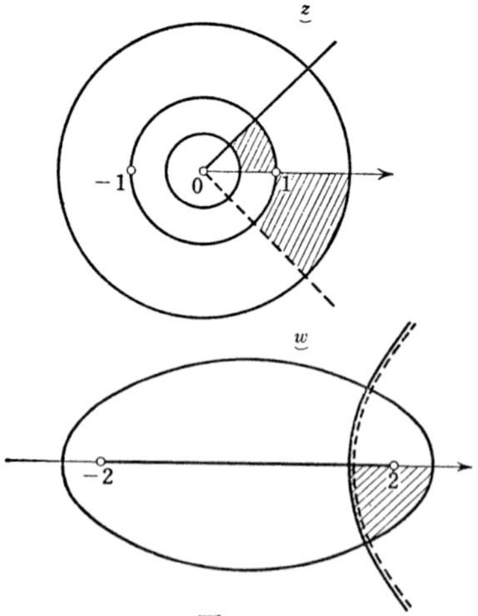

図 23

(28.4)による $|z|<1$ の像は，w 平面から ±2 を結ぶ線分を除いて得られる領域で

ある．ゆえに，$w=z+1/z-2=(1-z)^2/z$ による $|z|<1$ の像は，w 平面から -4 と 0 を結ぶ線分を除いたものである．したがって，

$$w=\frac{z}{(1-z)^2} \tag{28.6}$$

による $|z|<1$ の像は，w 平面から $-1/4$ から負の実軸に沿って ∞ にいたる半直線を除いたものである．この函数，あるいはもっと一般に w 平面上の像を原点のまわりに角 α だけ回転して得られる領域へ $|z|<1$ を写像する函数

$$w=\frac{z}{(1+\varepsilon z)^2} \qquad (\varepsilon=-e^{-i\alpha}) \tag{28.7}$$

は，円内単葉函数論における種々な極値性をもち，**ケーベの函数**と呼ばれている；§33 参照．

指数函数については，§11 におけるように $z=x+iy$, $w=Re^{i\theta}$ とおけば，

$$w=e^z;\qquad R=e^x,\qquad \Theta\equiv y\pmod{2\pi}.$$

指数函数の周期性に基いて，$-\pi<y\leqq\pi$ なる部分について考えれば十分であろう．z 平面上の軸に平行な直線群

$$x=k_1,\qquad y=k_2$$

は w 平面上のそれぞれ円群および半直線群

$$R=e^{k_1},\qquad \Theta=k_2$$

にうつされる．帯状領域 $k_2<y<k_2'$ $(k_2'-k_2\leqq2\pi)$ は角領域 $k_2<\Theta<k_2'$ へ写像され，特に $0<y<\pi$ の像は上半面 $\Im w>0$ である．また，長方形 $k_1<x<k_1'$, $k_2<y<k_2'$ の像は円弧四角形 $e^{k_1}<R<e^{k_1'}$, $k_2<\Theta<k_2'$ である．特に，半円環 $c<|w|<c'$, $\Im w>0$ および $c<|w|<c'$, $\Im w<0$ は，指数函数の逆函数である**対数函数**

$$z=\log w$$

の正の実軸上で実数値をとる分枝によって，それぞれ長方形 $\log c<\Re z<\log c'$, $0<\Im z<\pi$ および $\log c<\Re z<\log c'$, $-\pi<\Im z<0$ へ写像される．

以上にいくつかの初等函数による写像を例示したが，これらを適当に組み合わせると，それによって得られる写像の状態を知ることができる．例えば，四つの初等函数

$$\zeta_1 = iz, \quad \zeta_2 = e^{\zeta_1}, \quad \zeta_3 = \zeta_2 + \frac{1}{\zeta_2}, \quad \zeta_4 = \frac{1}{2}\zeta_3$$

を合成することによって，

$$w = \frac{1}{2}(e^{iz} + e^{-iz}) = \cos z.$$

問 1. 円弧二角形 $|z-1|<1$, $|z+i|<1$ の $w=1/z$ による像を定めよ．　[例題 1]

問 2. $u+iv=\cosh(x+iy)$ による長方形 $(0<)a<x<b$, $(0<)c<y<d(<2\pi)$ の像を求めよ．　[練 5.1]

問 3. $w=\cos z$ は帯状領域 $0<\Re z<\pi$ を，実軸に沿って $-\infty$ から -1 までおよび $+1$ から $+\infty$ まで切られた w 平面へ写像する．　[例題 3]

問 4. $|z|<1$ を平行帯状領域 $|\Re w|<\pi/4$ へ，原点とそこでの向きが不変であるように写像する函数は $w=\arctan z$. 逆正接は $z=0$ のとき 0 となる分枝とする．　[例題 4]

問 5. $|z|<1$ を $0<\Re w<a$ へ写像する函数 $w=f(z;\,a)$ が，正規化条件 $f(0;\,a)=1$, $\arg f'(0;\,a)=0$ をみたしているならば，$w=\lim_{a\to+\infty} f(z;\,a)$ は $|z|<1$ を $\Re w>0$ へ写像する．　[練 5.3]

問 6. $z=x+iy$ 平面上のカージオイド $x=2a(1-\cos t)\cos t$, $y=2a(1-\cos t)\sin t$ $(0\leqq t<2\pi;\,a>0)$ の外部を $|w|<1$ へ写像する一つの函数は $w=\tan^2(\pi\sqrt{a}/2i\sqrt{z})$.　[練 5.8]

§29. リーマンの写像定理

さきに，§14 で解析函数の等角写像性について説明したけれども，そこで問題としたのはもっぱら局所的な性質であった．また，前節で与えられた初等函数による写像の状態についていくらかしらべた．しかし，等角写像論においてはるかに本質的な問題は，あらかじめ与えられた函数による写像をしらべることよりはむしろその逆の問題，すなわち，あらかじめ与えられた二つの領域間の写像を行なう函数の存在の問題である．§12 できわめて特殊な型の領域に対してこの問題にふれたところである．以下簡単のため，領域はことごとく単葉であるとし，それに関する単葉な等角写像をもっぱら考えることにする．

さて，z 平面上に与えられたジョルダン閉領域を w 平面上の閉単位円板へ等角に写像する函数を求めるという問題は，リーマンの学位論文 (1851) で初めてとりあげられたものである．しかし，彼がその存在定理に対して試みた証明は，いわゆるディリクレ積分を最小にするという変分問題の解の存在を暗に仮定するものであったので，ワイエルシュトラスの厳しい批判によって一応は葬り去られる運命をたどった．その後，多くの人達によって種々な研究がなされてきたが，境界の対応を度外視して領域の対応としての写像函数の存在を満足な形で証明したのは，ポアンカレ（1907）の功績であった．ついで，ケーベその他によって種々な証明法が案出されてきたが，現在流布している簡単な方法は，ラド（1922）により発表されたファイエ・F. リースの方法である．本節ではこの方法によって，問題の提起者にちなんでリーマンの写像定理と呼ばれている等角写像論の基本定理の証明を述べる．その証明の骨子をなすのは，つぎの定理にあげる事実である．写像定理自身の証明のためにこの定理は必ずしも必要ではないけれども，その証明の内面的な経路を洞察するためには幾分役立つであろう．

定理 29.1. $w=f(z)$ が z 平面上の単連結領域 D を円板 $|w|<\rho$ へ写像し，一点 $z_0\in D$ でいわゆる正規化条件

$$f(z_0)=0, \qquad f'(z_0)=1 \tag{29.1}$$

をみたしているとする．そのとき，z_0 で $f(z)$ と同じ正規化条件をみたす D 内正則函数（必ずしも単葉でなくてよい）$F(z)$ に対して

$$\sup_{z\in D}|F(z)|\geqq\rho. \tag{29.2}$$

ここで，等号は $F(z)\equiv f(z)$ のときに限って現われる．

証明. $w=f(z)$ の逆函数を $z=f^{-1}(w)$ で表わせば，$g(w)\equiv F(f^{-1}(w))$ は $|w|<\rho$ で正則であって，

$$g(0)=F(f^{-1}(0))=F(z_0)=0, \qquad g'(0)=\frac{F'(z_0)}{f'(z_0)}=1.$$

したがって，シュワルツの定理 24.2 によって，

$$1=g'(0)\leqq\frac{1}{\rho}\sup_{|w|<\rho}|g(w)|=\frac{1}{\rho}\sup_{z\in D}|F(z)|,$$

すなわち (29.2) が成り立つ．ここで，不等式における等号は $g(w)\equiv w$，すなわち $F(z)\equiv f(z)$ のときに限る．

この定理は，写像函数 $f(z)$ がもつ一つの極値性を述べている．それに基いて，単連結領域 D が与えられたとき，その一点 z_0 で正規化条件 (29.1) をみたす函数で D を円内へ写像するものが存在すれば，それは同じ正規化条件をみたす D 内正則函数族 $\{F(z)\}$ について D における $|F(z)|$ の上限を最小にするという変分問題の解として定められることが推察される．下記の存在証明もこの原理に基いて行なわれるのであるが，そのさいに正規族の概念がきわめて有効に利用されるであろう．

さて，一般な単連結領域は，その境界の性状によってつぎの三型に分類される:（i）**楕円型**: 境界点の存在しない領域;（ii）**放物型**: 境界が一点から成る領域;（iii）**双曲型**: 境界が少なくとも二点を含み，したがって連続体を境界とする領域.

除去可能特異点についてのリーマンの定理 21.3 あるいは孤立真性特異点のまわりで函数は決して単葉になり得ないことを述べているワイエルシュトラスの定理 21.5 ないしは後述の定理 37.5 またはピカールの定理 37.6 に注意すれば，(単葉な)等角写像では孤立境界点には決して境界連続体が対応することはなく必ず孤立境界点が対応する．したがって，上記の三型のおのおのは等角写像によって不変に保たれる性状に基く分類である．ゆえに，これらの三型のおのおのに属する領域を規準領域へ等角写像するという問題を論ずるにあたっては，規準領域として（i）に対しては全平面を，（ii）に対しては全平面から一点，例えば ∞ を除いて得られる領域を採用するだけでよいわけである．もっぱら問題となるのは（iii）に属する型の領域であって，それに対して一つの円の内部(円板)を規準領域として採用できることを主張するのが，つぎの**リーマンの写像定理**である:

定理 29.2. z 平面上で少なくとも二つの境界点をもつ単連結領域 D を，w 平面の円板へ等角に写像することができる.

証明. D の境界は連続体だから，有限な二つの境界点 a, b が存在する．z 平面にのせられた a, b で分岐している二葉のリーマン面は，$\zeta=\sqrt{(z-a)/(z-b)}$ により単葉な全 ζ 平面へ写像されるから，このリーマン面の一葉上におかれた領域 D は，それによって ζ 平面上で外点をもつ領域へ写像される．したがって，さらに $\omega=1/(\zeta-c)$ という形の変換により，これは ω 平面上の有界な領域へ写像される．ゆえに，最初から D は有界な領域であると仮定してもよい．そこで，かような領域 D で正則単葉であって一点 $z_0 \in D$ で正規化条件 $F(z_0)=0, F'(z_0)=1$ をみたすすべての函数 $F(z)$ から成る集合を $\mathfrak{F}=\{F(z)\}$ で表わす．特殊な函数 $z-z_0$ が $\mathfrak{F}$ に属するから，$\mathfrak{F}$ は空でない．この函数族について

(29.3) $$\mu[F]=\sup_{z\in D}|F(z)|, \qquad \rho=\inf_{F\in\mathfrak{F}}\mu[F]$$

とおく．D は有界であって，$z-z_0\in\mathfrak{F}$ だから，ρ は z_0 と ∂D 上の点との最大距離をこえない．したがって，もちろん $\rho<\infty$．下限としての ρ の定義から条件

$$\lim_{n\to\infty}\mu[f_n]=\rho, \qquad f_n(z)\in\mathfrak{F} \qquad (n=1,2,\cdots)$$

をみたす函数列 $\{f_n(z)\}_{n=1}^{\infty}$ が存在する．殆んどすべての n に対して D で $|f_n(z)|\leqq\mu[f_n]<\rho+1$ となるから，$\{f_n(z)\}$ は D で一様に有界であると仮定してよい．ゆえに，正規族についてのモンテルの定理 25.5 によって，その適当な部分列は D で広義の一様に一つの極限函数 $f(z)$ に収束する．そして，$f(z_0)=0,\ f'(z_0)=1$; 第二の関係は二重級数定理 25.1 による．これから特に，$f(z)\not\equiv\text{const}$ であるから，定理 27.5 により $f(z)$ は D で単葉である．したがって，$f(z)\in\mathfrak{F}$．また，広義の一様性によって明らかに $\mu[f]=\rho$ であるから，特に $\rho>0$．以上によって

$$\rho=\mu[f]=\min_{F\in\mathfrak{F}}\mu[F] \tag{29.4}$$

である函数 $f(z)\in\mathfrak{F}$ の存在が示された．そこで，$w=f(z)$ が D を円板 $|w|<\rho$ へ写像することを証明しよう．まず，$G\equiv f(D)$ は $|w|<\rho$ に含まれている．仮に G がこの円板と一致しなかったとすれば，$|\alpha|<\rho$ なる点 $\alpha\in\partial G$ が存在する．$f(z_0)=0$ だから，$f(z)$ の単葉性によって $\alpha\neq0$．このとき，

$$w_1=\varphi_1(w)\equiv\frac{\rho(w-\alpha)}{\rho^2-\bar{\alpha}w}$$

により $|w|<\rho$ は $|w_1|<1$ へ，$w=\alpha$ が $w_1=0$ に対応するように写像される．したがって，

$$w_2=\varphi_2(w)\equiv\rho\sqrt{\varphi_1(w)}$$

のおのおのの分枝は G で正則単葉であって，これにより $|w|=\rho$ 上にある ∂G の点は $|w_2|=\rho$ 上の点に対応し，$|w|<\rho$ ならばつねに $|w_2|<\rho$．そこでさらに

$$\varphi_3(z)\equiv\frac{\rho^2(\varphi_2(f(z))-\varphi_2(0))}{\rho^2-\overline{\varphi_2(0)}\varphi_2(f(z))}$$

とおけば，これは D で正則単葉であって，

$$\varphi_3(z_0)=0, \qquad \varphi_3{}'(z_0)=\frac{\rho+|\alpha|}{2\sqrt{-\alpha\rho}}, \qquad \sup_{z\in D}|\varphi_3(z)|=\rho.$$

ゆえに，$|\alpha|<\rho$ であることに注意すれば，

$$\varphi(z)\equiv\frac{2\sqrt{-\alpha\rho}}{\rho+|\alpha|}\varphi_3(z)\in\mathfrak{F},\qquad \mu[\varphi]=\left|\frac{2\sqrt{-\alpha\rho}}{\rho+|\alpha|}\right|\rho<\rho$$

となるが，これは ρ の最小性 (29.4) と矛盾する．したがって，$G=f(D)$ は実は $|w|<\rho$ と一致し，$w=f(z)$ が D を $|w|<\rho$ へ写像する函数である．

この定理によりその存在がたしかめられた D から $|w|<\rho$ への写像函数 $f(z)$ をもって $g(z)=f(z)/\rho$ とおけば，$w=g(z)$ は D を $|w|<1$ へ写像する函数であって，しかも点 z_0 で正規化条件 $g(z_0)=0$, $g'(z_0)=1/\rho>0$ （すなわち，$\arg g'(z_0)=0$）をみたしている．$g(z)$ について述べたこの正規化条件によって，単位円内への写像函数が一意的に定まるという単独性の定理をあげよう：

定理 29.3. 単連結領域 D を $|w|<1$ へ等角に写像する函数 $w=f(z)$ は，任意な一点 $z_0\in D$ における正規化条件

(29.5) $$f(z_0)=0,\qquad f'(z_0)>0$$

のもとで一意的に定まる．

証明. $f(z)$ と同じ正規化条件をみたす任意な写像函数 $f^*(z)$ をとれば，$w^*=f^*(f^{-1}(w))$ は $|w|<1$ を $|w^*|<1$ へ原点が互に対応するように写像する函数である．ゆえに，(28.1) について述べたことによって，$f^*(f^{-1}(w))\equiv\varepsilon w$ ($|\varepsilon|=1$) すなわち $f^*(z)\equiv\varepsilon f(z)$．さらに，(29.5) の第二の正規化条件により $\varepsilon=f^{*\prime}(z_0)/f'(z_0)$ は正の実数だから，$\varepsilon=1$ すなわち $f^*(z)\equiv f(z)$．

つぎに，双曲型の単連結領域 D, G がそれぞれ z, w 平面上に与えられ，それらに対して $z_0\in D$, $w_0\in G$ および実数 λ が任意に指定されたとする．このとき，D を $|\zeta|<1$ へ写像する正規化函数 $\zeta=\varphi(z)$, $\varphi(z_0)=0$, $\varphi'(z_0)>0$, および G を $|\omega|<1$ へ写像する正規化函数 $\omega=\psi(w)$, $\psi(w_0)=0$, $\psi'(w_0)>0$, をとる．これらをもって

(29.6) $$f(z)=\psi^{-1}(e^{i\lambda}\varphi(z))$$

とおけば，$w=f(z)$ は D を G へ写像する函数であって，それに対して $f(z_0)=w_0$, $\arg f'(z_0)=\lambda$.

なお，放物型の領域間の写像については，(29.5) の形の正規化条件では単独性が保証されない．例えば，A を任意な正の実数として，$w=f(z;A)=Az$

はすべて $|z|<\infty$ を $|w|<\infty$ へ写像し，かつ $f(0;\ A)=0,\ f'(0;\ A)=A>0$.

問 1. $w=f(z)$ が領域 D を，有限な一点 $z_0\in D$ が $w=0$ に対応するように，$|w|<1$ へ写像しているならば，$|F(z)|<1\ (z\in D)$，$F(z_0)=0$ をみたす任意な D 内正則函数 $F(z)$ に対して $|F'(z_0)|\leqq|f'(z_0)|$. 等号は $F(z)\equiv\varepsilon f(z)\ (|\varepsilon|=1)$ のときに限る． [練 5.14]

問 2. 領域 D を $|w|<1$ へ写像する任意な一つの函数を $\varphi(z)$ とすれば，与えられた任意な一点 $z_0\in D$ と任意な実数 λ に対して条件 $f(z_0)=0,\ \arg f'(z_0)=\lambda$ のもとで D を $|w|<1$ へ写像する函数は $f(z)=e^{i(\lambda-\arg\varphi'(z_0))}(\varphi(z)-\varphi(z_0))/(1-\overline{\varphi(z_0)}\varphi(z))$. [例題 1]

問 3. $|z|\leqq R$ で正則な函数 $w=f(z)$ による $|z|=R$ の像曲線の長さを L とすれば，$L\geqq 2\pi R|f'(0)|$. 等号は，$f(z)=c_0+c_1z$ のときに限る． [練 5.17]

§30. 境界の対応; 鏡像の原理

リーマンの写像定理 29.2 によって，連続体を境界とする任意な単連結領域は一つの円板へ等角に写像される．しかし，それは開集合としての領域相互の写像に関するものであって，境界の対応は一応度外視されている．境界の対応については，カラテオドリによってくわしく研究された．ここでは，特にジョルダン領域の場合について，その結果を説明しよう．そのために，まずジョルダン曲線についての一つの補助定理から始める:

補助定理. ジョルダン曲線 C 上の二つの点列 $\{\alpha_n\}$, $\{\beta_n\}$ に対して $|\beta_n-\alpha_n|\to 0\ (n\to\infty)$ ならば，α_n と β_n を端点とする弧のうちで直径の大きくない方の直径を $d(\alpha_n,\beta_n)$ で表わせば，$d(\alpha_n,\beta_n)\to 0\ (n\to\infty)$.

証明. 仮にそうでなかったとすれば，ある $\delta>0$ に対して $d(\alpha_{\nu_n},\beta_{\nu_n})\geqq\delta$ となる自然数列の部分列 $\{\nu_n\}$ が存在する．曲線 C と一つの円周との一対一連続な一つの対応を定め，これによって α_n,β_n に対応する点をそれぞれ a_n, b_n とする．$a_{\nu_n}\to a,\ b_{\nu_n}\to b$ と仮定してよい．a, b に対応する C 上の点をそれぞれ α, β とすれば，対応の連続性により $\alpha_{\nu_n}\to\alpha,\ \beta_{\nu_n}\to\beta$. $d(\alpha,\beta)\geqq\delta>0$ だから，$\alpha\neq\beta$. 他方において，$|\beta_n-\alpha_n|\to 0$ だから，$\alpha=\beta$ となって不合理である．

さて，ジョルダン領域の写像における境界の対応について基本的な**カラテオドリの定理**をあげる:

定理 30.1. z 平面上の有界なジョルダン領域 D を $|w|<1$ へ等角に写像する函数 $w=f(z)$ は，$\overline{D}\equiv D\cup\partial D$ で連続であって，$w=f(z)$ によって $C\equiv\partial D$ と $|w|=1$ とは一対一連続に対応する．——すなわち，任意な一点 $\zeta\in C$ に $z\in D$

が近づくとき，$f(z)$ は確定した極限値 ω $(|\omega|=1)$ をもち，おのおのの $\zeta\in C$ に対して $f(\zeta)=\omega$ と定義すれば，$\overline{D}$ で定義された函数 $f(z)$ が上記の性質をもつ!

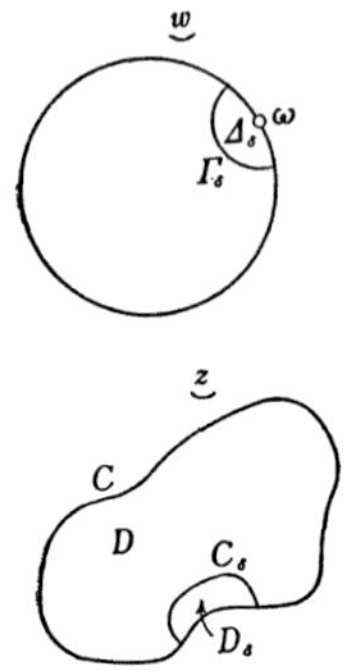

図　24

証明. $w=f(z)$ の逆函数を $z=g(w)$ で表わす．$|w|=1$ 上の任意な一点 ω を中心とする半径 δ の円板と $|w|<1$ との共通部分を Δ_δ とし，$D_\delta=g(\Delta_\delta)$ の面積を $A(\delta)$ で表わせば，$A(\delta)\to 0$ $(\delta\to 0)$．ゆえに，任意な $\varepsilon>0$ に対して $\delta=\delta(\varepsilon)>0$ を適当にえらんでおけば，$A(\delta)<\varepsilon$．したがって，シュワルツの不等式によって，

$$\iint_{\Delta_\delta}|g'(\omega+\rho e^{i\varphi})|\rho d\rho d\varphi$$

$$\leqq\left(\iint_{\Delta_\delta}|g'(\omega+\rho e^{i\varphi})|^2\rho d\rho d\varphi\cdot\iint_{\Delta_\delta}\rho d\rho d\varphi\right)^{1/2} \tag{30.1}$$

$$<\sqrt{A(\delta)\pi\delta^2}<\delta\sqrt{\pi\varepsilon}\,.$$

$|w|<1$ 内にある $|w-\omega|=\rho$ $(0<\rho\leqq\delta)$ の弧を Γ_ρ とし，$C_\rho=g(\Gamma_\rho)$ の長さを $L(\rho)$ で表わせば，(30.1) により

$$\int_0^\delta L(\rho)\,d\rho=\int_0^\delta d\rho\int_{\Gamma_\rho}|g'(\omega+\rho e^{i\varphi})|\rho d\varphi=\iint_{\Delta_\rho}|g'(\omega+\rho e^{i\varphi})|\rho d\rho d\varphi<\delta\sqrt{\pi\varepsilon}\,;$$

$$\inf_{0<\rho<\delta(\varepsilon)} L(\rho)<\sqrt{\pi\varepsilon}\,. \tag{30.2}$$

そこで，0に収束する正数列 $\{\varepsilon_n\}$ をとり，(30.2) に基いて

$$0<\rho_n<\delta(\varepsilon_n),\qquad L(\rho_n)<\sqrt{\pi\varepsilon_n}$$

なる ρ_n をとれば，$L(\rho_n)\to 0$ $(n\to\infty)$．特に，C_{ρ_n} の長さ $L(\rho_n)$ は有限である．Γ_{ρ_n} と $|w|=1$ との交点を a_n, b_n とすれば，Γ_{ρ_n} に沿って $w\to a_n$, $w\to b_n$ のとき，点 $z=g(w)$ は C_{ρ_n} に沿ってそれぞれ C 上の点 α_n, β_n に近づかねばならない．じっさい，仮にそうでなかったとすれば，C_{ρ_n} は無限回振動することになり，$L(\rho_n)<\infty$ であることに反する．このとき，$\alpha_n\neq\beta_n$ であることを示そう．仮に $\alpha_n=\beta_n=\zeta_n$ であったとすれば，C_{ρ_n} は一つの領域 D_{ρ_n} を囲むジョルダン曲線となる．$f(z)$ は D_{ρ_n} で正則で $|f(z)|<1$ をみたし，ζ_n に終る C_{ρ_n} の二つの枝に沿って $z\to\zeta_n$ のとき，$f(z)$ は相異なる値 a_n, b_n に近づくことになり，リ

ンデレフの定理 23.9 に反する. ゆえに, $\alpha_n \neq \beta_n$. $n\to\infty$ のとき, C_{ρ_n} の長さ $L(\rho_n)$ は 0 に近づくから, その直径も 0 に近づき, したがって特に $|\beta_n-\alpha_n| \to 0$ $(n\to\infty)$. また $A(\rho_n)\to 0$ $(n\to\infty)$ であるから, 補助定理により $\widehat{\alpha_n\beta_n}=\partial D_{\rho_n} \cap C$ の直径もまた 0 に近づく. ゆえに, $n\to\infty$ のとき, $\{D_{\rho_n}\}$ は C 上の一点 ζ に縮む. そこで, $g(\omega)=\zeta$ と定義する. かようにして $|w|\leqq 1$ で定義された函数 $g(w)\equiv f^{-1}(w)$ は, 上記のことからそこで連続であり, しかも $w_1 \neq w_2$, $|w_1|=|w_2|=1$ のとき, $g(w_1)\neq g(w_2)$. 逆に, 任意な一点 $\zeta\in C$ に収束する D の点列 $\{z_n\}$ をとる. $\{f(z_n)\}$ の集積点はことごとく $|w|=1$ 上にあるから, その一つを ω とする. 一般性を失うことなく $f(z_n)\to\omega$ $(n\to\infty)$ とし, この ω に対して上記のように Δ_δ, D_δ をつくる. 任意な $\delta>0$ に対して適当な $n_0(\delta)$ をとれば, $z_n\in D_\delta$ $(n\geqq n_0(\delta))$ となるから, ζ は上に定義した $g(\omega)$ と一致する. したがって, C と $|w|=1$ との対応は一対一連続である.

さきに, 定理 29.3 で写像の単独性に関する一つの正規化条件 (29.5) をあげた. ジョルダン領域については, 単独性を保証するための他の型の条件を定めることができる:

定理 30.2. ジョルダン曲線 C で囲まれた z 平面上の領域 D を $|w|<1$ へ等角に写像する函数 $w=f(z)$ は, C および $|w|=1$ 上に同じ向きの順序にならんだ任意な三点の対 z_j および w_j $(j=1,2,3)$ についての正規化条件

$$w_j=f(z_j) \qquad (j=1,2,3) \tag{30.3}$$

のもとで一意的に定まる.

証明. D を $|\omega|<1$ へ写像する任意な一つの函数を $\omega=\varphi(z)$ とし, $\omega_j=\varphi(z_j)$ $(j=1,2,3)$ とおく. このとき, 非調和比をもって一次変換

$$(w, w_1, w_2, w_3)=(\varphi(z), \omega_1, \omega_2, \omega_3)$$

を行なえば, これによって定義される函数 $w=f(z)$ は D を $|w|<1$ へ写像し, 条件 (30.3) をみたす. つぎに, この条件をみたす任意な写像函数 $w=F(z)$ をとれば, $W=F(f^{-1}(w))$ によって $|w|<1$ は $|W|<1$ へ写像されるから, W は w の一次函数である. しかも, この一次函数は三つの固定点 w_1, w_2, w_3 をもつから, $W\equiv w$ すなわち $F(z)\equiv f(z)$ でなければならない.

さきに, 解析接続と関連してシュワルツの鏡像の定理 22.8 をあげておいた.

ここでは写像の観点からそれをつぎの形に述べる:

定理 30.3. z 平面上のジョルダン領域 D_z, w 平面上の領域 D_w がそれぞれ円弧 $\widehat{\zeta_1\zeta_2}$, $\widehat{\omega_1\omega_2}$ を境界上にもち，D_z を D_w へ等角写像する函数 $w=f(z)$ によってこれらの円弧が対応しているとする．このとき，D_z, D_w のこれらの円弧に関する鏡像をそれぞれ D_z^*, D_w^* で表わせば，$f(z)$ は $\widehat{\zeta_1\zeta_2}$ をこえて D_z^* へ解析接続され，$w=f(z)$ はこれを D_w^* へ写像する．しかも，$z\in D_z$ の $\widehat{\zeta_1\zeta_2}$ に関する鏡像が $f(z)$ の $\widehat{\omega_1\omega_2}$ に関する鏡像に対応する． **(鏡像の原理)**

証明. 一次変換 $Z=1/(z-\zeta_1)$, $W=1/(w-\omega_1)$ によって D_z, D_w から得られる領域をそれぞれ D_Z, D_W とすれば，これらの間の写像が

$$W=F(Z)\equiv(f(Z^{-1}+\zeta_1)-\omega_1)^{-1} \tag{30.4}$$

によってなされる．D_Z, D_W は境界上にそれぞれ $1/(\zeta_2-\zeta_1)$, $1/(\omega_2-\omega_1)$ から ∞ にいたる半直線を含み，これらが写像 (30.4) によって互に対応する．ゆえに，定理 22.8 (その証明直後の注意) からわかるように，$F(Z)$ は問題の半直線をこえて D_Z のそれに関する鏡像 D_Z^* へ解析接続され，$W=F(Z)$ は D_Z^* を D_W の対応する半直線に関する鏡像 D_W^* へ写像する．すでに§12 で説明した一次変換についての鏡像の原理によって，D_Z^*, D_W^* の z, w 平面の像はそれぞれ D_z^*, D_w^* だから，$f(z)$ は定理にいう性質をもつ．

最後に，境界が解析曲線弧を含む場合にうつる．一般に，曲線 $z=z(t)$ において，$z(t)$ が t のおのおのの値のまわりでテイラー級数に展開できるとき，これを**解析曲線**という．さらに，$z'(t)\neq 0$ ならば，曲線は**正則**であるという; §13 参照．正則な解析曲線

$$C:\qquad z=z(t)\qquad (t_1<t<t_2) \tag{30.5}$$

が与えられたとき，$z(t)$ を t_0 $(t_1<t_0<t_2)$ のまわりで展開したと考えれば，これをあらためて複素変数 t の解析函数とみなすことができる．$z'(t_0)\neq 0$ だから，そのとき適当な円板 $|t-t_0|<\tau$ は $z=z(t)$ によって点 $z(t_0)$ の近傍へ単葉に写像される．そして，t_0 を中点とする実軸上の直径は C の一つの弧に対応する．そこで，つぎの定義を設ける: $|t-t_0|<\tau$ 内にある t の値に対して，z 平面上で $z(t)$, $z(\bar{t})$ なる二点を C に関して互に**鏡像**であるという．

鏡像の関係は，C の表示に無関係である．また，C が特に円周である場合には，これ

が従来の意味のものと一致する．例えば，$z(t)=e^{it}$ のとき，$z(\bar{t})=e^{i\bar{t}}=1/e^{-i\bar{t}}=1/\overline{z(t)}$.

さて，一般な解析曲線弧に関する**鏡像の原理**は，つぎのように述べられる:

定理 30.4. ジョルダン領域 D_z, D_w がそれぞれ正則な解析曲線弧 $\widehat{\zeta_1\zeta_2}, \widehat{\omega_1\omega_2}$ を境界上にもち，D_z を D_w へ等角写像する函数 $w=f(z)$ によってこれらの弧が対応しているとする．このとき，$f(z)$ は $\widehat{\zeta_1\zeta_2}$ をこえて解析接続され，$\widehat{\zeta_1\zeta_2}$ のおのおのの点のある近傍でそれに関して鏡像をなす二点は，$w=f(z)$ によって $\widehat{\omega_1\omega_2}$ に関して鏡像をなす二点に対応する．

証明. 必要に応じて単位円を補助領域として介在させればよいから，D_w を単位円としてよい．$\widehat{\zeta_1\zeta_2}$ の方程式を $z=z(t)$ $(t_1<t<t_2)$ とする．t が実軸上を t_1 から t_2 まで動くとき，$z(t)$ は ζ_1 から ζ_2 まで D_z に関して正の向きに動くとしてよい．任意な一つの t_0 $(t_1<t_0<t_1)$ をとれば，このとき t 平面上の一つの上半円 $|t-t_0|<\tau$, $\Im t>0$ は，$z=z(t)$ によって点 $z(t_0)$ を含む $\widehat{\zeta_1\zeta_2}$ の部分弧を境界上にもつ D_z の一つの部分領域 B_z へ写像される．w 平面上の領域 $B_w=f(B_z)$ は函数

$$t=z^{-1}(f^{-1}(w)) \tag{30.6}$$

によって $|t-t_0|<\tau$, $\Im t>0$ へ写像され，∂B_w 上にある点 $f(z(t_0))$ を含む円弧が t 平面の実軸上の線分に対応する．ゆえに，定理 30.3 によって，(30.6) はこの円弧をこえてそれに関する鏡像にまで解析接続され，点 $f(z(t_0))$ の近傍を円板 $|t-t_0|<\tau$ へ写像する．この円板はさらに $z=z(t)$ によって $z(t_0)$ の近傍へ写像されるから，$z=z(t)=f^{-1}(w)$ すなわち $w=f(z)$ によって問題の近傍が互に等角に写像される．t_0 は任意であったから，これで定理の前半が得られている．つぎに，$\widehat{\zeta_1\zeta_2}$ に関して鏡像をなす二点には $t, \bar{t}$ が対応し，これらには像曲線(円弧) $\widehat{\omega_1\omega_2}$: $w=f(z(t))$ に関して鏡像をなす二点が対応する．

問 1. $|z|<1$ で正則な函数 $w=f(z)$ によるその像が $|w|<1$ をちょうど n 回覆うならば，$f(z)=\varepsilon\prod_{\nu=1}^{n}(z-z_\nu)/(1-\bar{z}_\nu z)$; $|z_\nu|<1$ $(\nu=1,\cdots,n)$, $|\varepsilon|=1$. ［練 5.22］

問 2. 一つの円弧 κ を境界の一部として含むジョルダン領域 D で正則，$D\cup\kappa$ で連続な函数 $f(z)$ が κ 上で一つの円周 γ 上の値をとるならば，$f(z)$ は κ をこえてそれに関する D の鏡像にまで解析接続される． ［例題 2］

問 3. $f(z)$ が円板 $|z|<R$ で有理型，$|z|\leqq R$ で極を除いて連続，$|z|=R$ 上で $|f(z)|=K$ (一定) ならば，$f(z)$ は有理函数である． ［例題 3］

問 4. $z=x+iy$ 平面上の楕円 $x^2/a^2+y^2/b^2=1$ $(a>b>0)$ の近傍で，この楕円に関する点 z の鏡像を z^* とすれば，

$$(a^2-b^2)(z^{*2}+\bar{z}^2)-2(a^2+b^2)z^*\bar{z}+4a^2b^2=0.$$

さらに，z と z^* とは楕円と共焦の同じ双曲線上にある．　　［例題 6］

§31. 領　域　列

z 平面上で原点を含む単連結領域の列 $\{D_n\}$ の**核** K を，カラテオドリにしたがって，つぎのように定義する：——すべての D_n に共有される原点の近傍が存在しないときは，核 K は一点 $z=0$ から成る．その他の場合には，原点を含みかつ任意な部分閉集合が殆んどすべての D_n に含まれるという性質をもつ（必然的に単連結の）領域のうちで最大なものを，核 K とする．

さらに，つぎの定義をおく：領域列 $\{D_n\}$ のいかなる無限部分列の核ももとの列の核 K と一致するとき，$\{D_n\}$ は核 K へ**収束**するという．

単連結領域列とそれを単位円へ写像する函数列との間のいちじるしい並行性は，つぎの**カラテオドリの定理**によって示される：

定理 31.1. z 平面上の原点を含む一様に有界な単連結領域列 $\{D_n\}$ が原点と一致しないその核 K へ収束するならば，$|w|<1$ を D_n へ写像する函数を

(31.1)　　$z=\varphi_n(w),\quad \varphi_n(0)=0,\quad \varphi_n'(0)>0,$

とするとき，$\{\varphi_n(w)\}$ は $|w|<1$ で広義の一様に収束し，極限函数 $z=\varphi(w)\equiv\lim\varphi_n(w)$ は $|w|<1$ を K へ写像する．

証明. $\{\varphi_n(w)\}$ は $|w|<1$ で一様に有界だから，モンテルの定理 25.5 によって，その適当な部分列は $|w|<1$ で広義の一様に収束する．$z=\varphi_n(w)$ の逆函数を $w=f_n(z)$ とおけば，$f_n(0)=0$，$f_n'(0)>0$ である．任意な閉集合 $E\subset K$ をとれば，殆んどすべての n に対して $E\subset D_n$ となるから，上記の広義の一様収束列に対応する逆函数列は，E で一様に有界である．したがって，さらにその適当な部分列 $\{f_{\nu_n}(z)\}$ は E で一様に収束する．しかも，すべての D_{ν_n} が一定な円 $|z|<R$ を含んでいる．$\{\varphi_{\nu_n}(w)\}$ の $|w|<1$ における極限函数を $\varphi(w)$ で表わす．$|f_{\nu_n}(z)|<1$ $(|z|<R)$，$f_{\nu_n}(0)=0$ だから，シュワルツの定理 24.2 と定理 25.1 によって，

$$(0<)f_{\nu_n}{}'(0)\leqq\frac{1}{R},\qquad \varphi'(0)=\lim_{n\to\infty}\frac{1}{f_{\nu_n}{}'(0)}\geqq R>0.$$

ゆえに，定理 27.5 によって，$z=\varphi(w)$ は $|w|<1$ をある領域 K^* へ単葉に写像する．そこで，$K^*=K$ を証明しよう．任意な $z_0=\varphi(w_0)\in K$ をとり，$|w|<r$ ($|w_0|<r<1$) の $z=\varphi_{\nu_n}(w)$ による像を $D_{\nu_n}{}^*$ とすれば，$|w|<r$ で $\varphi_{\nu_n}(w)$ は $\varphi(w)$ へ一様に収束するから，定理 27.4 により $z_0\in D_{\nu_n}{}^*$ ($n\geqq n_0$)，したがって $z_0\in K$ となる．ゆえに，$K^*\subset K$．つぎに，$f_{\nu_n}(z)$ の極限函数 $f(z)$ は K で単葉だから，z_0 を含む K 内の円板 k の像 $f(k)$ は $w_0=f(z_0)$ の近傍へ写像される．$f_{\nu_n}(z)$ の一様収束性から，$w_0\in f_{\nu_n}(k)$ ($n\geqq n_1$) すなわち $\varphi_{\nu_n}(w_0)\in k$ ($n\geqq n_1$)．k は任意に小さくとれるから，$z_0=\varphi(w_0)$．すなわち，任意な $z_0\in K$ が $|w|<1$ の一点 w_0 の $\varphi(w)$ による像点となるから，$K\subset K^*$; ゆえに，$K^*=K$．そして同時に，$f(z)$ が $\varphi(w)$ の逆函数であることも示されている．最後に，仮に正規族をなすもとの列 $\{\varphi_n(w)\}$ 自身が $|w|<1$ で広義の一様に収束しなかったとすれば，二つの広義の一様収束部分列の極限函数 $\psi_j(w)$ ($j=1,2$) であって一致しない組が存在する．ところが，証明の前半によって両函数とも $|w|<1$ を K へ写像し，正規化条件 $\psi_j(0)=0$, $\psi_j{}'(0)>0$ ($j=1,2$) をみたす．これは定理 29.3 にあげた写像函数の単独性に反する．これで，定理が完全に証明されている．

なお，写像函数列 $\{\varphi_n(w)\}$ が正規であることがわかっていれば，$\{D_n\}$ が一様に有界であるという定理の仮定が不要であることは，その証明からわかる．つぎに，この定理の逆が成り立つことを示そう:

定理 31.2. 単葉函数列 (31.1) が $|w|<1$ で広義の一様に収束するならば，おのおのの函数による $|w|<1$ の像領域の対応する列 $\{D_n\}$ は，極限函数 $\varphi(w)$ による像領域 K を核としてこれに収束する．

証明. フルウィッツの定理 27.4 により，$\{D_n\}$ の核は K である．$\{\varphi_n(w)\}$ の任意な部分列も $\varphi(w)$ に広義の一様収束するから，$\{D_n\}$ の任意な部分列の核もまた K となり，したがって，定義により $\{D_n\}$ は核 K へ収束する．

ジョルダン領域相互の写像については，定理 30.1 により境界をこめての連続な対応がたしかめられた．ジョルダン領域列に対応する写像函数列の収束については，適当な仮定のもとで定理 31.1 がもっと精密な形で述べられる．そのために，曲線列の収束についての定義をあげる：——二つのジョルダン曲線 C_j: $w=w_j(t)$ $(0\leqq t\leqq 1;\ j=1,2)$ に対して，フレシェにしたがい

$$[C_1, C_2]=\inf \max_{0\leqq t\leqq 1} |w_1(t)-w_2(t)|$$

のことを C_1, C_2 間の**距離**と呼ぶ；ここに下限は両曲線のおのおのについてすべての可能な媒介変数のえらび方にわたってとる．ジョルダン曲線列 $\{C_n\}$ に対して $[C_n, C]\to 0$ $(n\to\infty)$ となるジョルダン曲線 C が存在するとき，$\{C_n\}$ はフレシェの意味で C に**収束**するという．

そこで，つぎの**クーランの定理**をあげる：

定理 31.3. ジョルダン曲線列 $\{C_n\}$ がフレシェの意味でジョルダン曲線 C に収束し，C_n で囲まれた有限領域 D_n がすべて $w=0$ を含むとき，$|w|<1$ を D_n へ写像する函数 (31.1) から成る列は閉円板 $|w|\leqq 1$ で一様に収束し，極限函数 $z=\varphi(w)$ は $|w|<1$ を C の内部 D へ写像する．

証明. 領域列 $\{D_n\}$ は D を核としてそれに収束するから，定理 31.1 により $\{\varphi_n(w)\}$ は $|w|<1$ で広義の一様にそれを D へ写像する函数 $\varphi(w)$ に収束する．$\varphi_n(w)$ が $|w|\leqq 1$ で連続なことは定理 31.1 でたしかめられている．まず，$\{\varphi_n(w)\}$ が $|w|=1$ で同程度に連続であることを示そう．仮にそうでなかったとすれば，添字をあらかじめつけかえておけば，

$$|w'_n|=|w''_n|=1,\qquad |w'_n-w''_n|\to 0,\qquad |\varphi_n(w'_n)-\varphi_n(w''_n)|\geqq\varepsilon>0$$

であるような点列 $\{w'_n\}$, $\{w''_n\}$ が存在する．一般性を失うことなく，$w'_n\to\omega$, $w''_n\to\omega$ であるとしてよい．さらに，$z'_n=\varphi_n(w'_n)$, $z''_n=\varphi_n(w''_n)$ とおくとき，$\{z'_n\}$, $\{z''_n\}$ もまた収束点列であるとしてよい；$z'_n\to\zeta'$, $z''_n\to\zeta''$ とおけば，$\zeta'\in C$, $\zeta''\in C$, $|\zeta'-\zeta''|\geqq\varepsilon$. これらの条件は，必要に応じて，部分列へうつることによって達せられる．仮定によって，$\{C_n\}$ はフレシェの意味で C に収束するから，適当な媒介変数表示をとって C_n の点と C の点とを対応させるとき，z'_n, $z''_n\in C_n$ にそれぞれ ζ'_n, $\zeta''_n\in C$ が対応するとすれば，

$$|z'_n-\zeta'_n|\to 0,\quad |z''_n-\zeta''_n|\to 0;\qquad \zeta'_n\to\zeta',\qquad \zeta''_n\to\zeta''.$$

$|w|=1$ の劣弧 s_n: $\widehat{w'_n w''_n}$, 優弧 t_n: $\widehat{w''_n w'_n}$ の写像 $z=\varphi_n(w)$ による像がそれ

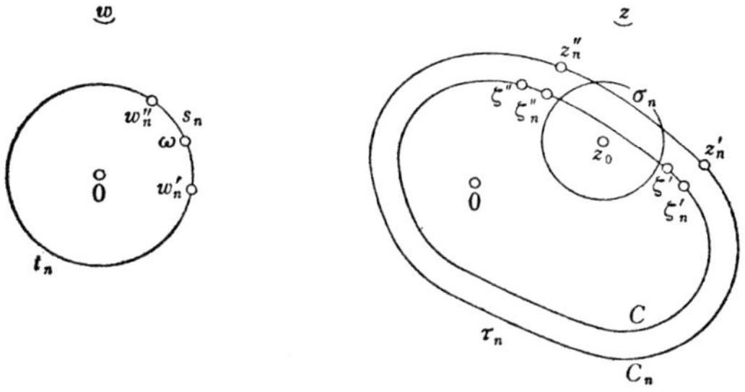

図　25

それ C_n の弧 σ_n: $\widehat{z'_n z''_n}$, τ_n: $\widehat{z''_n z'_n}$ となっているとする. C の弧 $\widehat{\zeta'\zeta''}$ に近い一点 $z_0 \in D$ をとれば, n が十分大きいとき, z_0 を中心とする適当な円板は τ_n と互に素であって, その周上には一定な正数以上の中心角をもつ D_n に含まれない弧がある. $z=\varphi_n(w)$ の逆函数を $w=f_n(z)$ とすれば,

$$(31.2) \qquad |f_n(z)-\omega| \leqq 2 \qquad (z \in D_n \cup C_n).$$

$z \in \sigma_n$ のとき $w=f_n(z) \in s_n$ であって, $n \to \infty$ のとき s_n は一点 ω へ縮むから,

$$\max_{z \in \sigma_n} |f_n(z)-\omega| \to 0 \qquad (n \to \infty).$$

ゆえに, リンデレフの定理23.7によって,

$$(31.3) \qquad f_n(z_0)-\omega \to 0 \qquad (n \to \infty).$$

(31.2)により $\{f_n(z)\}$ は D_n で正規族をなすから, その適当な部分列 $\{f_{\nu_n}(z)\}$ は $\{D_n\}$ の核 D で広義の一様に極限函数 $f(z)$ に収束する. 他方において, (31.3)は z_0 の代りに z_0 の近傍の点をとっても成り立つから, ビタリの定理25.6により $f(z) \equiv \omega$ でなければならない. ところが,

$$0 = \lim_{n \to \infty} f_{\nu_n}(0) = f(0), \qquad |\omega| = 1$$

だから, これは不合理である. これで, $\{\varphi_n(w)\}$ の $|w|=1$ 上での同程度連続性が示された. つぎに, $\{\varphi_n(w)\}$ 自身が $|w| \leqq 1$ で一様に収束することを示すために, 仮にそうでなかったとすれば, あらためて適当な部分列 $\{\varphi_{\nu_n}(w)\}$ をとれば,

$$(31.4) \qquad \max_{|w| \leqq 1} |\varphi_{\nu_n}(w)-\varphi(w)| \geqq \delta > 0 \qquad (n=1, 2, \cdots)$$

となるはずである. $\{\varphi_n(w)\}$ は $|w| \leqq 1$ で正規であるから, $\{\varphi_{\nu_n}(w)\}$ がそこで

一様に収束するようにえらんでおける．ところで，$\varphi_{\nu_n}(w)\to\varphi(w)$ $(|w|<1)$ だから，$\{\varphi_{\nu_n}(w)\}$ の $|w|\leqq 1$ における一様収束の極限函数は $\varphi(w)$ でなければならない．これは (31.4) と矛盾する．以上で定理の証明を終える．

問 1. ジョルダン領域 D の境界が正則な解析曲線弧 γ を含み，γ を正則な解析曲線弧に対応させる D で正則な単葉函数から成る列 $\{f_n(z)\}$ が D で広義の一様に収束するならば，収束は γ の任意な閉部分弧上でも一様である． ［練 5.29］

問 2. $0<\delta<1/2$ とするとき，$|z|<1$ を $|w|<1$ と $\Re w>\cos\delta\pi$ との合併集合へ写像する函数を $w=f(z;\delta)$，$f(0;\delta)=0$，$\arg f'(0;\delta)=0$，とすれば，$|z|<1$ において広義の一様に $f(z;\delta)\to z$ $(\delta\to+0)$． ［例題 2］

§32. 積分定理再論

函数論の基本定理として §16 にあげたコーシーの積分定理を強い形で証明するための準備として，古典的な**ルンゲの定理**から始める：

定理 32.1. 長さの有限な曲線 C で囲まれた有限領域を D とするとき，$D\cup C$ で一価正則な函数 $f(z)$ は，D で広義の一様に有理函数で近似される．

証明. D の任意な一つの部分閉集合 Δ と C との距離を $\delta>0$ で表わす．C の長さを l とし，C 上に正の向きに順次に n 個の分点 $\zeta_0, \zeta_1, \cdots, \zeta_{n-1}$ $(\zeta_n=\zeta_0)$ を弧 C_ν: $\widehat{\zeta_{\nu-1}\zeta_\nu}$ の長さがすべて l/n に等しいようにとる．したがって，特に $\zeta\in C_\nu$ に対して $|\zeta-\zeta_\nu|\leqq l/n$ である．さて，

$$R_n(z)=\frac{1}{2\pi i}\sum_{\nu=1}^{n}\frac{f(\zeta_\nu)}{\zeta_\nu-z}(\zeta_\nu-\zeta_{\nu-1}) \tag{32.1}$$

とおけば，これは z の有理函数である．C 上での $|f(z)|$ の最大値を M で表わせば，$z\in\Delta$ のとき，

$$\begin{aligned}|R_n(z)-f(z)|&=\left|\frac{1}{2\pi i}\sum_{\nu=1}^{n}\frac{f(\zeta_\nu)}{\zeta_\nu-z}(\zeta_\nu-\zeta_{\nu-1})-\frac{1}{2\pi i}\int_C\frac{f(\zeta)}{\zeta-z}d\zeta\right|\\&=\left|\frac{1}{2\pi i}\sum_{\nu=1}^{n}\int_{C_\nu}\left(\frac{f(\zeta_\nu)}{\zeta_\nu-z}-\frac{f(z)}{\zeta-z}\right)d\zeta\right|\\&=\frac{1}{2\pi}\left|\sum_{\nu=1}^{n}\int_{C_\nu}\left(\frac{f(\zeta_\nu)(\zeta-\zeta_\nu)}{(\zeta_\nu-z)(\zeta-z)}+\frac{f(\zeta_\nu)-f(\zeta)}{\zeta-z}\right)d\zeta\right|\\&\leqq\frac{l}{2\pi}\left(\frac{M}{\delta^2}\frac{l}{n}+\frac{1}{\delta}\max_{1\leqq\nu\leqq n}\max_{\zeta\in C_\nu}|f(\zeta_\nu)-f(\zeta)|\right)\end{aligned}$$

となるが，この最後の辺は $n\to\infty$ のとき一様に0に近づく．

この定理で，D は必ずしも単連結でなくてもよい；C がいくつかの成分から成ると考えるだけでよい． ところで，有理函数（32.1）は C 上に極をもっている．しかし，実は定理の仮定のもとに，D で $f(z)$ に広義の一様に収束し，しかも $D\cup C$ に極をもたない有理函数から成る近似列をつくることもできる．簡単のため C を単一閉曲線とし，D の外部にある一点 $\omega\neq\infty$ をえらぶ．このとき，任意に指定された $\varepsilon>0$ に対して，ω にだけ極をもち，Δ で $|R_n(z)-R^*(z)|<\varepsilon$ が成り立つような有理函数 $R^*(z)$ の存在が示される．

そのために，（32.1）の右辺にある代表的な一項

$$\frac{a}{\zeta-z} \qquad (\zeta\in C,\ z\in\Delta) \tag{32.2}$$

をとる．ζ と ω を D の外部にある曲線 Γ で結び，Δ と Γ との距離を d (>0) で表わす．Γ 上に順次に点 $\zeta=\omega_0, \omega_1, \cdots, \omega_{m-1}, \omega_m=\omega$ を $|\omega_\mu-\omega_{\mu-1}|<d$ $(\mu=1, \cdots, m)$ となるようにとる．したがって，二点 $\omega_{\mu\pm1}$ はともに円板 $|z-\omega_\mu|<d$ に含まれる．さて，（32.2）は $|z-\omega_0|>d$ で，したがって特に Δ で，正則である．ところで，$z\in\Delta$ のとき $|\omega_0-\omega_1|<d<|z-\omega_1|$ だから，展開

$$\frac{a}{\zeta-z}=-a\sum_{j=0}^{\infty}\frac{(\omega_0-\omega_1)^j}{(z-\omega_1)^{j+1}}$$

は Δ で一様に収束する．ゆえに，任意な $\eta>0$ に対して適当な自然数 $j_1(\eta)$ をとれば，

$$S_1(z)\equiv-a\sum_{j=0}^{j_1(\eta)}\frac{(\omega_0-\omega_1)^j}{(z-\omega_1)^{j+1}}; \qquad \left|\frac{a}{\zeta-z}-S_1(z)\right|<\eta \qquad (z\in\Delta).$$

まったく同様な論法によって，$S_1(z)$ の代表的な一項 $b/(z-\omega_1)^k$ を ω_2 だけに極をもつ有理函数により Δ で一様に近似できる． この論法をくり返すことにより，上記のような有理函数 $R^*(z)$ の存在がわかる． なお，D が有限な連結度をもつ複連結の場合には，そのおのおのの境界成分についてこの操作をほどこして，$R^*(z)$ として高々連結度だけの個数の極をもつ有理函数を得る． しかし，特に D が単連結の場合には，つぎの定理がある：

定理 32.2. 前定理で D が単連結と仮定されている場合には，$f(z)$ は D で広義の一様に多項式で近似される．

証明. ∞ は D の外点だから，D の有限な外点の一つを c として，置換 $\zeta=1/(z-c)$ をほどこせば，D は ζ 平面の原点と無限遠点を外点とする単連結領域 G へ写される．それによって，$f(z)$ は $G\cup\partial G$ で正則な函数 $g(\zeta)\equiv f(c+1/\zeta)$ にうつる．定理の直前の注意によって，$g(\zeta)$ は G で広義の一様に $\zeta=0$ だけに極をもつ有理函数 $R(\zeta)$ で近似される．ゆえに，$f(z)$ は D で広義の一様に有理函数 $P(z)\equiv R(1/(z-c))$ で近似される．$R(\zeta)$ の極は $\zeta=0$ だけだから，$P(z)$ の極は $z=\infty$ だけである．すなわち，$P(z)$ は z の多項式である．

つぎに，ジョルダン領域に関して**ウォルシュの近似定理**をあげる：

定理 32.3. ジョルダン領域 D で正則，$\overline{D}\equiv D\cup\partial D$ で連続な函数 $f(z)$ は，閉領域 $\overline{D}$ で一様に多項式で近似される．

証明. $C\equiv\partial D$ の外部を $|Z|<1$ へ写像し，$|Z|=r_n<1$, $r_n\to 1\ (n\to\infty)$, の原像を C_n で表わすとき，$Z=r_ne^{i\theta}$ に対応する点 $z_n\in C_n$ と $Z=e^{i\theta}$ に対応する点 $z\in C$ とを対応させれば，カラテオドリの定理 30.1 により，θ について一様に $|z_n-z|\to 0\ (n\to\infty)$．ゆえに，$\{C_n\}$ は C の外側からフレシェの意味で C に収束する．C の内部 D, C_n の内部 D_n を $|w|<1$ へ写像する函数をそれぞれ $w=g(z)$, $w=g_n(z)$ とする．一般性を失うことなく $0\in D$ とし，正規化条件 $g(0)=0$, $g'(0)>0$, $g_n(0)=0$, $g_n'(0)>0$ をおく．これらの逆函数をそれぞれ $z=\psi(w)$, $z=\psi_n(w)$ とおく；$\psi(0)=0$, $\psi'(0)>0$, $\psi_n(0)=0$, $\psi_n'(0)>0$ である．クーランの定理 31.3 によって，閉円板 $|w|\leqq 1$ で一様に

$$\psi_n(w)\to\psi(w)\qquad (n\to\infty). \tag{32.3}$$

$w=g_n(z)$ による C の像曲線 γ_n の内部を G_n とすれば，$\overline{G_n}\equiv G_n\cup\partial G_n$ は $|w|<1$ に含まれ，$\overline{G_n}$ で $\psi_n(w)\to\psi(w)\ (n\to\infty)$．$w\in\overline{G_n}$ のとき，$\psi(w)\in\overline{D}$, $\psi_n(w)\in\overline{D}$ だから，$f(z)$ の連続性に基いて，(32.3) から

$$|f(\psi_n(w))-f(\psi(w))|<\frac{\varepsilon}{2}\qquad (w\in\overline{G_n},\ n\geqq n_0(\varepsilon)),$$

$z\in\overline{D}$ のとき，$g_n(z)\in\overline{G_n}$ だから，

$$|f(z)-f(\psi(g_n(z)))|<\frac{\varepsilon}{2}\qquad (z\in\overline{D},\ n\geqq n_0(\varepsilon)). \tag{32.4}$$

ところで，$z\in\overline{D}$ のとき，$g_n(z)\in\overline{G_n}$ であり，$\overline{G_n}$ は $|w|<1$ に含まれるから，

$\psi(g_n(z))$ は D のある部分閉集合に含まれる．ゆえに，$f(\psi(g_n(z)))$ は $\overline{D}$ で正則である．ルンゲの定理 32.2 によって，適当な多項式 $P(z)$ をとれば，

(32.5) $$|f(\psi(g_n(z)))-P(z)|<\frac{\varepsilon}{2} \qquad (z\in\overline{D}).$$

(32.4) と (32.5) により，$\overline{D}$ で一様近似 $|f(z)-P(z)|<\varepsilon$ が成り立つ．

以上の準備のもとに，**コーシーの積分定理**がつぎの強い形で証明される：

定理 32.4. 長さの有限なジョルダン曲線 C で囲まれた有限領域 D で正則，$\overline{D}\equiv D\cup C$ で連続な函数 $f(z)$ に対しては

(32.6) $$\int_C f(z)\,dz=0.$$

証明. 前定理によって，任意な $\varepsilon>0$ に対して適当な多項式 $P(z)$ をえらべば，$|f(z)-P(z)|<\varepsilon$ $(z\in\overline{D})$．したがって，C の長さを l で表わせば，$P(z)$ は $\overline{D}$ で正則なことに注意して

$$\left|\int_C f(z)\,dz\right|\leqq\left|\int_C P(z)\,dz\right|+\left|\int_C (f(z)-P(z))\,dz\right|$$

$$\leqq\int_C |f(z)-P(z)||dz|<\varepsilon l.$$

$\varepsilon>0$ は任意だから，(32.6) が成り立つ．

コーシーの積分定理が強い形で得られてしまえば，それからみちびき出される諸定理もまた，それに応じて精密化されるわけである．

問 1. 長さの有限な曲線 C_j $(j=1,\cdots,m)$ のおのおのを境界とする互いに素な有限領域 D_j で正則，$\overline{D}_j$ で連続な函数 $f_j(z)$ が与えられたとき，$f_j(z)$ を D_j で同時に広義の一様に近似する有理函数が存在する． [練 5.32]

問 2. 長さの有限なジョルダン曲線 C で囲まれた領域 D で正則，$\overline{D}\equiv D\cup C$ で連続な函数 $f(z)$ に対しては，$f(z)=(1/2\pi i)\int_C f(\zeta)/(\zeta-z)\cdot d\zeta$ $(z\in D)$． [例題 1]

§33. 円内単葉函数

一般性を失うことなく，基礎領域を単位円板 $|z|<1$ とする．そこで正則単葉な函数 $f(z)$ に対して，さらに正規化条件

(33.1) $$f(0)=0, \qquad f'(0)=1$$

をおく．したがって，$f(z)$ の原点のまわりのテイラー展開は

(33.2)
$$f(z)=z+\sum_{n=2}^{\infty}a_n z^n \qquad (|z|<1)$$

という形をもつ．この函数族については，従来多くの結果が得られている．それらは単にそれ自身として興味深いばかりでなく，函数論の他の諸問題への応用という観点からも重要である．その理論について説明するために，まず円外単葉函数についての**ビーベルバッハの面積定理**から始める：

定理 33.1. ローラン級数で定義された函数

(33.3)
$$g(z)=z+\sum_{n=0}^{\infty}\frac{b_n}{z^n}$$

が $1<|z|<\infty$ で正則単葉ならば，

(33.4)
$$\sum_{n=1}^{\infty}n|b_n|^2\leqq 1.$$

証明. $|z|=r>1$ の $w=g(z)$ による像曲線を

$$C_r:\qquad w=g(re^{i\theta})=u(r,\theta)+iv(r,\theta) \qquad (0\leqq\theta\leqq 2\pi$$

で表わせば，C_r で囲まれた有限面分の面積は，

$$J(r)=\frac{1}{2}\int_0^{2\pi}\left(u\frac{\partial v}{\partial\theta}-v\frac{\partial u}{\partial\theta}\right)d\theta=\frac{1}{2}\Im\int_0^{2\pi}\bar{w}\frac{\partial w}{\partial\theta}d\theta$$

で与えられる．ここで，

$$\bar{w}=re^{-i\theta}+\sum_{n=0}^{\infty}\frac{\overline{b_n}}{r^n}e^{in\theta},\qquad \frac{\partial w}{\partial\theta}=i\left(re^{i\theta}-\sum_{n=1}^{\infty}\frac{nb_n}{r^n}e^{-in\theta}\right)$$

を入れて計算すれば，$J(r)>0$ に基いて

$$\pi\left(r^2-\sum_{n=1}^{\infty}\frac{n|b_n|^2}{r^{2n}}\right)>0 \qquad (r>1).$$

これから，$r\to 1+0$ とすることによって，(33.4) がみちびかれる．

定理 33.2. 前定理の仮定のもとで，つねに $|b_1|\leqq 1$ であって，$|b_1|=1$ となるのは像領域が全平面から長さ 4 の線分を除いて得られるものである場合に限る．

証明. $|b_1|\leqq 1$ であることは，(33.4) から明らかである．$|b_1|=1$ ならば，ふたたび (33.4) によって

$$b_1=e^{i\alpha}\quad(\alpha \text{ は実数}),\qquad b_n=0\quad(n\geqq 2);$$

(33.5) $$g(z)=z+b_0+\frac{e^{i\alpha}}{z}$$

となる．この函数は定理にいう性質をもつ写像をなす．

写像函数（33.3）の定数項

(33.6) $$b_0=\frac{1}{2\pi}\int_0^{2\pi} g(re^{i\theta})\,d\theta \qquad (r>1)$$

をそれによる像領域の**等角重心**という．これについては，つぎの定理がある：

定理 33.3.（33.1）による像領域が $w=0$ を含まなければ，等角重心は不等式

(33.7) $$|b_0|\leqq 2$$

をみたす．ここに等号は，像領域が w 平面から $w=0$ を端点とする長さ 4 の線分を除いて得られる領域である場合に限る．

証明. $g(z)\neq 0$ ($|z|>1$) だから，$g(z)$ とともに分枝

(33.8) $$G(z)\equiv g(z^2)^{1/2}=z+\frac{b_0}{2}\frac{1}{z}+\left(\frac{b_1}{2}-\frac{b_0{}^2}{8}\right)\frac{1}{z^3}+\cdots$$

は $1<|z|<\infty$ で正則な奇函数である．さらに，$G(z)$ は単葉である．じっさい，

$$1<|z_1|<\infty,\qquad 1<|z_2|<\infty,\qquad G(z_1)=G(z_2)$$

とすれば，$g(z_1{}^2)=g(z_2{}^2)$ から $g(z)$ の単葉性によって $z_1{}^2=z_2{}^2$ すなわち $z_1=\pm z_2$ となる．ところで，$G(z)$ は奇函数であるから，仮に $z_1=-z_2$ とすれば，$G(z_1)=-G(z_2)=-G(z_1)$ となる．$G(z_1)\neq 0, \infty$ だから，これは不合理である．ゆえに，$z_1=z_2$ となり，$G(z)$ の単葉性が示された．$G(z)$ に対して定理 33.2 を適用すれば，評価（33.7）を得る．そこでの等号は

(33.9) $$G(z)=z+\frac{e^{i\beta}}{z},\qquad g(z)=z+2e^{i\beta}+\frac{e^{2i\beta}}{z} \qquad (\beta \text{ は実数})$$

の場合に限るが，これは定理にいう性質をもつ函数である．

以上の準備のもとに，単位円内単葉函数についての**ビーベルバッハの係数定理**をあげる：

定理 33.4. $|z|<1$ で正則単葉な函数（33.2）に対して

(33.10) $$|a_2|\leqq 2$$

が成り立つ．ここに等号が成り立つのは，

(33.11)
$$f(z)=\frac{z}{(1+\varepsilon z)^2} \qquad (|\varepsilon|=1)$$

のときに限る.

証明. (33.2) をもって定義された函数

$$g(z)=\frac{1}{f(1/z)}=z-a_2+\frac{a_2{}^2-a_3}{z}+\cdots$$

は $1<|z|<\infty$ で正則単葉であって $g(z)\neq 0$. ゆえに, 前定理によって, その等角重心に対して $|-a_2|\leqq 2$ すなわち (33.10) が成り立つ. ここで等号が成り立てば, ふたたび前定理によって $g(z)$ は (33.9) の形をもち, したがって, $f(z)$ は (33.11) ($\varepsilon=e^{i\beta}$) の形でなければならない.

つぎにあげるのは, いわゆる**ケーベの四分の一定理**である:

定理 33.5. $|z|<1$ で正則単葉な函数 (33.2) による像領域は円板 $|w|<1/4$ を含む. しかも, $|w|=1/4$ 上に像領域の境界点が現われるのは, (33.11) の形の函数である場合に限る.

証明. h を像領域の任意な一つの境界点とすれば, $f(z)$ とともに

$$\frac{hf(z)}{h-f(z)}=z+\left(a_2+\frac{1}{h}\right)z^2+\cdots$$

もまた $|z|<1$ で正則単葉であるから, 前定理によって,

$$|a_2|\leqq 2, \quad \left|a_2+\frac{1}{h}\right|\leqq 2; \quad |h|\geqq\frac{1}{2+|a_2|}\geqq\frac{1}{4}.$$

もし $|h|=1/4$ ならば, $|a_2|=2$ となるから, $f(z)$ は (33.11) の形をもつ.

定理 33.4 から簡単な変換によって, つぎのいわゆる**ビーベルバッハの不等式**がみちびかれる:

定理 33.6. 単位円内正則正規化単葉函数 (33.2) に対してつぎの不等式が成り立つ:

(33.12)
$$\left|\frac{1-|z|^2}{2}\frac{f''(z)}{f'(z)}-\bar{z}\right|\leqq 2, \qquad \left|\frac{zf''(z)}{f'(z)}-\frac{2|z|^2}{1-|z|^2}\right|\leqq\frac{4|z|}{1-|z|^2}.$$

ここに等号は (33.11) の形の函数に限って現われる.

証明. 任意に固定された z ($|z|<1$) に対して, ζ の函数

(33.13)
$$F(\zeta)=\frac{1}{f'(z)(1-|z|^2)}\left(f\left(\frac{\zeta+z}{1+\bar{z}\zeta}\right)-f(z)\right)$$

は $|\zeta|<1$ で正則単葉であって，$F(0)=0$, $F'(0)=1$. ゆえに，定理 33.4 によって

$$2\geqq\frac{|F''(0)|}{2}=\left|\frac{f''(z)}{f'(z)}\frac{1-|z|^2}{2}-\bar{z}\right|,$$

すなわち (33.12) が得られる． 等号については， 固定された z ($|z|<1$) に対して，$|\zeta|<1$ の $f((\zeta+z)/(1+\bar{z}\zeta))$ による像が $f(\zeta)$ による像と一致することに注意すれば，ふたたび定理 33.4 からわかる．

なお，定理 33.6 の不等式は，$f(z)$ については $f''(z)/f'(z)$ だけを含むから，$f(z)$ が $z=0$ で (33.1) によって正規化されているを要しない． ただし，そのときには等号が現われるのは，像領域が全平面からある半直線を除いたものである場合に限る．

定理 33.7. すべての単葉函数 (33.2) に対して，$|z|<1$ で

$$|\log f'(z)+\log(1-|z|^2)|\leqq 2\log\frac{1+|z|}{1-|z|}. \tag{33.14}$$

ここに $\log f'(z)$ は $\log f'(0)=0$ なる分枝をとる． 任意な一点 z_0 ($0<|z_0|<1$) で等号が成り立つのは (33.11) で $\varepsilon=\pm|z_0|/z_0=\pm e^{-i\arg z_0}$ となった場合に限る．

証明. 前定理の関係 (33.12) を用いて， 0 から z まで線分に沿い積分することによって，

$$\begin{aligned}|\log f'(z)+\log(1-|z|^2)|&=\left|\int_0^z\left(\frac{f''(z)}{f'(z)}-\frac{2\bar{z}}{1-|z|^2}\right)dz\right|\\&\leqq\int_0^{|z|}\frac{4}{1-|z|^2}d|z|=2\log\frac{1+|z|}{1-|z|};\end{aligned}$$

すなわち，(33.14) を得る．等号に関しては，前定理から明らかであろう．

いま証明した定理の関係 (33.14) をもとにして，$|f'(z)|$, $|f(z)|$ などの限界を与えるいわゆる**歪曲定理**がみちびかれる:

定理 33.8. すべての単葉函数 (33.2) に対して

$$\frac{1-|z|}{(1+|z|)^3}\leqq|f'(z)|\leqq\frac{1+|z|}{(1-|z|)^3}. \tag{33.15}$$

極値函数は前定理にあげたものと同じである．

証明. 前定理の評価 (33.14) において，左辺の絶対値記号下で実部だけをと

ることによって (33.15) を得る. 等号についても明らかであろう.

ちなみに, (33.14)の左辺の絶対値記号の虚部だけを分離することによって, いわゆる**回転定理**を得る:

$$\text{(33.16)} \qquad |\arg f'(z)| \leqq 2\log\frac{1+|z|}{1-|z|} \qquad (\arg f'(0)=0).$$

しかしながら, (33.16) で等号は $0<|z|<1$ に対しては現われ得ない. 実は, 回転定理に対する精確な限界は, ゴルジン (1936) によってはじめて発見された. その結果だけをあげれば,

$$\text{(33.17)} \qquad |\arg f'(z)| \leqq \begin{cases} 4\arcsin|z| & \left(|z| \leqq \dfrac{1}{\sqrt{2}}\right), \\ \pi + \log\dfrac{|z|^2}{1-|z|^2} & \left(\dfrac{1}{\sqrt{2}} < |z| < 1\right). \end{cases}$$

$f(z)$ 自身に対する**歪曲定理**は, つぎの形に与えられる:

定理 33.9. すべての単葉函数 (33.2) に対して

$$\text{(33.18)} \qquad \frac{|z|}{(1+|z|)^2} \leqq |f(z)| \leqq \frac{|z|}{(1-|z|)^2} \qquad (|z|<1).$$

z_0 $(0<|z_0|<1)$ で等号が成り立つのは, 定理 33.7 にあげた極値函数の場合に限る.

証明. $f'(z)$ に対する歪曲公式 (33.15) から, 半径に沿って積分することによって, まず

$$|f(z)| = \left|\int_0^z f'(z)\,dz\right| \leqq \int_0^{|z|} |f'(z)|\,d|z| \leqq \int_0^{|z|} \frac{1+|z|}{(1-|z|)^3}\,d|z| = \frac{|z|}{(1-|z|)^2}.$$

つぎに, $|z|=r$ (<1) の $f(z)$ による像曲線上で原点に最も近い点の一つを w_r とし, 線分 $0w_r$ に対応する z 平面上の曲線を C_r とすれば,

$$|f(z)| \geqq |w_r| = \int_{C_r} |f'(z)|\,|dz| \geqq \int_0^{|z|} |f'(z)|\,d|z|$$
$$\geqq \int_0^{|z|} \frac{1-|z|}{(1+|z|)^3}\,d|z| = \frac{|z|}{(1+|z|)^2}.$$

なお, $|f(z)|$ の下からの評価は, つぎのようにしてもみちびかれる:——点 $|z|$ から 1 にいたる線分を $|Z|<1$ から除いて得られる領域を, $Z=\omega(\zeta)\equiv\zeta+b_2\zeta+\cdots$ によって $|\zeta|<4|z|/(1+|z|)^2$ へ写像する. そのとき,

$$\frac{(1+|z|)^2}{4|z|} f\left(\omega\left(\frac{4|z|}{(1+|z|)^2}\zeta\right)\right) = \zeta + \cdots$$

は $|\zeta|<1$ で正則単葉だから，これによる像領域の境界点 $((1+|z|)^2/4|z|)f(|z|)$ の原点からの距離は，定理 33.5 により 1/4 以上である．したがって，$f(|z|) \geqq |z|/(1+|z|)^2$ が成り立つ．$f(z)$ とともに $\bar{\eta}f(\eta z)$ もまた任意な η $(|\eta|=1)$ に対して正規化された正則単葉函数だから，一般に歪曲定理の下方の限界が得られる．等号については，すべての場合について明らかであろう．

なお，(33.18) の下からの評価において $|z|\to 1-0$ とすれば，ふたたび四分の一定理 33.5 が得られることに注意されたい．

円内単葉函数論における主要な問題として，歪曲定理とならんで，係数問題がある．すでに定理 33.4 でみたように，ビーベルバッハ (1916) は単葉函数 (33.2) の係数 a_2 に対して精確な評価 (33.10) をみちびき，これを彼の流儀による古典的単葉函数論の基礎とした．そして，彼はいわゆる**ビーベルバッハの予想**

$$|a_n| \leqq n \qquad (n=2, 3, \cdots) \tag{33.19}$$

を提出した．その後，この予想をめぐって多くの研究がなされてきた．レブナー (1923)，ギャラベディアン・シッファ (1955) によってそれぞれ $n=3, 4$ の場合が肯定的に解決されているが，まだ完全な解決には達していない．$|a_n|=n$ となる函数が存在することは，(33.11) の例でわかる．しかも，この函数ではすべての n に対して $|a_n|=n$.

問 1. $|z|<1$ で正則な函数 $f(z)=\sum_{n=0}^{\infty} c_n z^n \not\equiv 0$ が $\sum_{n=2}^{\infty} n|c_n| \leqq |c_1|$ をみたすならば，$f(z)$ は $|z|<1$ で単葉である． [練 5.34]

問 2. 有限領域 D で一価正則，二定点 $z_0, z_1 \in D$ で一様に有界な $f(z_0)$, $f'(z_1)$ をもつ単葉函数族 $\{f(z)\}$ は，D で正規である． [練 5.35]

問 3. $f(z)=z+\sum_{n=2}^{\infty} a_n z^n$ が $|z|<1$ で正則単葉，$|f(z)| \leqq M$ ならば，$|a_2| \leqq 2(1-1/M)$. 等号は $f(z)/(1+\varepsilon M^{-1} f(z))^2 = z/(1+\varepsilon z)^2$ $(|\varepsilon|=1)$ のときに限る． [練 5.47]

問 4. 一つの自然数 p に対して $\Phi(e^{2\pi i/p}z) \equiv e^{2\pi i/p}\Phi(z)$ をみたす $\Phi(z)$ は **p 重対称**であるという．——付帯条件 $f_p(0)=0$, $f_p'(0)=1$ をみたす $|z|<1$ で単葉な p 重対称函数 $f_p(z)$ の全体から成る函数族を $\mathfrak{S}_p$ で表わせば，$\mathfrak{S} \equiv \mathfrak{S}_1$ と $\mathfrak{S}_p$ との間には，$f(z^p)=f_p(z)^p$; $f(z) \in \mathfrak{S}$, $f_p(z) \in \mathfrak{S}_p$ という関係によって一対一の対応がつく． [例題 2]

§34. 多角形領域の写像

一つの円板ないしは半平面を多角形の内部あるいは外部へ写像する函数は，初等函数の不定積分の形に表わされる．それを与えるのが，いわゆる**シュワルツ・クリストッフェルの公式**である．まず，半平面から多角形の内部への写像函数を与える公式から始める．

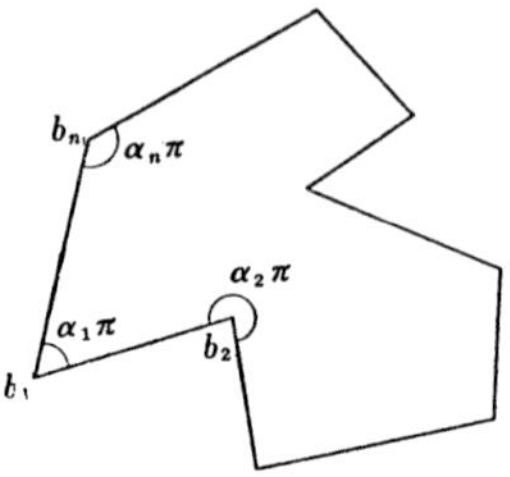

図 26

定理 34.1. w 平面上におかれた n 角形 P の頂点 b_j $(j=1, \cdots, n)$におけるその内角をそれぞれ $\alpha_j\pi$ $(0<\alpha_j<2)$ とする; したがって, 特に

$$(34.1) \qquad \sum_{j=1}^{n} \alpha_j = n-2.$$

$\Im z>0$ を P の内部へ写像する函数 $w=f(z)$ によって b_j に対応する z 実軸上の点をそれぞれ a_j とする: $b_j=f(a_j)$ $(j=1, \cdots, n)$. このとき, $a_j \neq \infty$ $(j=1, \cdots, n)$ ならば,

$$(34.2) \qquad f(z)=C\int^z \prod_{j=1}^{n} (z-a_j)^{\alpha_j-1}dz+C';$$

また, $a_j \neq \infty$ $(j=1, \cdots, n-1)$, $a_n=\infty$ ならば,

$$(34.3) \qquad f(z)=C\int^z \prod_{j=1}^{n-1} (z-a_j)^{\alpha_j-1}dz+C'.$$

ここに C $(\neq 0)$, C' は多角形 P の大きさと位置だけに関係する定数である.

証明. まず, $a_j \neq \infty$ $(j=1, \cdots, n)$ とする. $f(z)$ の任意な一つの一次整式 $f^*(z)=Af(z)+B$ $(A\neq 0$, B は定数) から, A, B を消去することによって,

$$(34.4) \qquad \frac{f^{*\prime\prime}(z)}{f^{*\prime}(z)}=\frac{f''(z)}{f'(z)}.$$

すなわち, w 平面上での P の相似変換に対して $f''(z)/f'(z)$ は不変に保たれるから, これは P の形だけで(P の大きさと位置に無関係に)定まる函数である. 定理 22.8 にあげたシュワルツの鏡像の原理により, 開線分 a_ja_{j+1}(添数はつねに mod n で考える; これらの一つは ∞ を内点とする)をこえて解析接続され, $\Im z<0$ がそれによって辺 b_jb_{j+1} に関する P の鏡像に対応する. さらに鏡像の原理を反復して用いることにより, $f(z)$ は z 上半面および下半面を P からそれの辺に関してそれぞれ偶数回および奇数回鏡像をほどこして得られる多角形内へ写像する無限多価函数へ解析接続される. 線分に関する偶数回の鏡像をほどこすことはある運動と同値であるから, (34.4) について述べた注意により $f''(z)/f'(z)$ は一価解析函数であり, その特異点は高々 a_j $(j=1, \cdots, n)$ だけである. さて,

$$(34.5) \qquad t=(w-b_j)^{1/\alpha_j}$$

の一つの分枝を仲介として考えれば，t は z の函数として a_j の近傍で下半平面へ解析接続でき，a_j に単一零点をもつ正則函数である．したがって，a_j のまわりのその展開を

$$t=c(z-a_j)(1+c_1(z-a_j)+\cdots), \qquad c\neq 0,$$

とおけば，

$$f(z)-b_j=t^{\alpha_j}=c^{\alpha_j}(z-a_j)^{\alpha_j}(1+c_1(z-a_j)+\cdots)^{\alpha_j},$$
$$f'(z)=c^{\alpha_j}\alpha_j(z-a_j)^{\alpha_j-1}(1+\cdots);$$

最後の式の右辺の因子 $1+\cdots$ は a_j の近傍で正則な函数を表わす．ゆえに，$f''(z)/f'(z)$ は a_j に留数が α_j-1 なる単一極をもつ．また，$f(z)$ は ∞ で正則だから，$f''(z)/f'(z)$ もまた ∞ で正則であってその値は0に等しい．したがって，リウビユの定理17.5によって，

$$\frac{f''(z)}{f'(z)}=\sum_{j=1}^{n}\frac{\alpha_j-1}{z-a_j}.$$

これを積分することによって

$$f'(z)=C\prod_{j=1}^{n}(z-a_j)^{\alpha_j-1} \qquad (C\neq 0)$$

となり，さらに積分することにより（34.2）に達する．

つぎに，$a_n=\infty$ とする．このとき，実数 $a\neq a_j$ $(1\leqq j\leqq n-1)$ をもって $Z=1/(a-z)$ とおけば，$\Im z>0$ は $\Im Z>0$ へうつり，a_j には $A_j=1/(a-a_j)$ が対応するから，上の結果によって

$$f(z)=C_1\int_0^Z\prod_{j=1}^{n}(Z-A_j)^{\alpha_j-1}dZ+C_1' \qquad (C_1\neq 0,\ C_1' \text{ は定数})$$

となる．ここで積分変数を $Z=1/(a-z)$ によって置換すれば，

$$Z-A_j=\frac{z-a_j}{(a-a_j)(a-z)} \qquad (j=1,\cdots,n-1),$$

$$Z-A_n=\frac{1}{a-z}; \qquad \frac{dZ}{dz}=\frac{1}{(a-z)^2}$$

となるから，(34.1) の関係に注意すれば，(34.3) に達する．

注意． なお，P が二つの平行半直線の間にある幅 d，方向 $\arg w=\lambda$ の無限帯状突起をもつ場合には，(34.5) の代りに $t=\exp(-\pi z/de^{i\lambda})$ を仲介として考えれば，対応する内角を0として上と同じ結果に達する．

半平面から多角形の外部へ写像する函数については，つぎの定理がある：

定理 34.2. $\Im z>0$ を定理 34.1 における多角形 P の外部へ写像する函数を $w=g(z)$ とし，それによって b_j に対応する z 実軸上の点をあらためて a_j とする：$b_j=g(a_j)$ $(j=1,\cdots,n)$．さらに，∞ に対応する $\Im z>0$ 内の点を p とすれば，

$$g(z)=C\int^z \prod_{j=1}^{n}(z-a_j)^{1-\alpha_j}\cdot\frac{dz}{(z-p)^2(z-\bar{p})^2}+C'; \tag{34.6}$$

ただし，$a_n=\infty$ のときには被積分函数から因子 $(z-a_n)^{1-\alpha_n}$ を取り除く．C $(\neq 0)$，C' は P の大きさと位置だけに関係する定数である．

証明. b_j における P の外側での角は $2\pi-\alpha_j\pi=(2-\alpha_j)\pi$ である．また，$g(z)$ は $\Im z>0$ の点 p で単一極をもつから，$g''(z)/g'(z)$ はそこで留数が -2 なる単一極をもつ．鏡像の原理によって，$g''(z)/g'(z)$ は $z=\bar{p}$ でも留数が -2 なる単一極をもつ．これらの事実に注意すれば，前定理とまったく同様に (34.6) がみちびかれる．

(34.6) の右辺の被積分函数は p で2位の極をもつ．$g(z)$ が p のまわりで一価であるためには，それを $z-p$ についてのローラン級数で表わしたとき，$(z-p)^{-1}$ の係数が0でなければならない．その条件を書きあげると，

$$\sum_{j=1}^{n}\frac{1-\alpha_j}{p-a_j}=\frac{2}{p-\bar{p}}. \tag{34.7}$$

問 1. w 平面上におかれた n 角形 P の頂点 b_j $(j=1,\cdots,n)$ における内角をそれぞれ $\alpha_j\pi$ とするとき，$|z|<1$ を P の内部へ写像する函数 $w=f(z)$ によって b_j に対応する $|z|=1$ 上の点をそれぞれ a_j で表わせば，$f(z)=C\int^z\prod_{j=1}^n(a_j-z)^{\alpha_j-1}dz+C'$．ここに C $(\neq 0)$，C' は P の大きさと位置だけに関係する定数．　［例題1］

問 2. $a_1<\cdots<a_{n-1}$，$0<\alpha_j<2$ $(j=1,\cdots,n-1)$，$\sum_{j=1}^{n-1}\alpha_j<n-2$ であるとき，$w=\int_0^z\prod_{j=1}^{n-1}(z-a_j)^{\alpha_j-1}dz$ によって，実軸 $\Im z=0$ は w 平面上の閉じた屈折線 P にうつされる．特に，P が単一ならば，$\Im z>0$ が P の内部へ写像される．　［例題3］

問 3. $w=\int_0^z dz/\sqrt{z(1-z^2)}$ は $\Im z>0$ を第一象限にあって0から $\Gamma(1/4)^2/2\sqrt{2\pi}$ までの線分を一辺とする正方形の内部へ写像する．　［練5.51］

問 4. $\Im z>0$ を $0<\Im w<\pi$ から半直線 $\Im w=\pi h$ $(0<h<1)$，$\Re w\leqq 0$ を除いて得られる領域へ写像する函数 $f(z)$ は，条件 $f(+\infty)=+\infty$，$f(-1-0)=-\infty+i\pi$，$f(1+0)=-\infty$

の下で，$f(z)=h\log((1-z)/2h)+(1-h)\log((1+z)/(2-2h))+i\pi h$.　［練5.53］

問　題　5

1. $w=\log\coth z$ による半帯状領域 $|\Im z|<\pi/2$, $\Re z>0$ の像を求めよ．

2. $0<a<b$ のとき，月形 $|z-a|>a$, $|z-b|<b$ を $|w|<1$ へ写像する一つの函数を求めよ．

3. $z=x+iy$ 平面上で放物線の外部 $y^2>4c^2(x+c^2)$ $(c>0)$ を $\Im w>0$ へ写像する一つの函数を求めよ．

4. $z=x+iy$ 平面上で放物線の内部 $y^2<4c^2(x+c^2)$ $(c>0)$ を $\Im w>0$ へ写像する一つの函数を求めよ．

5. 全平面から一つの可付番閉集合を除いた領域で単葉な一価解析函数は，実は一次函数である．

6. z 平面上にある二つの共焦楕円（曲線！）E_j $(j=1,2)$ の半軸の長さが a_j, b_j であって，E_1 が E_2 の内側にあるとする．このとき，高々 n (>0) 次の多項式 $P(z)\neq0$ に対して $M_j=\max_{z\in E_j}|P(z)|$ とおけば，$M_1/(a_1+b_1)^n>M_2/(a_2+b_2)^n$.

7. 双曲型の領域 D を $|w|<1$ へ写像する函数 $w=f(z)$ は，指定された二点 $z_0, z_1\in D$ $(z_0\neq z_1)$ と実数 λ とに対して，正規化条件 $f(z_0)=0$, $\arg f(z_1)=\lambda$ のもとで一意的に確定する．

8. $|z|<R$ で正則な $w=f(z)$ による像の（重複度を考慮に入れた）面積を A とすれば，$A\geqq\pi R^2|f'(0)|^2$. 等号は $f(z)=c_0+c_1z$ に限る．

9. $|z|<1$ で正則な $f(z)$ が $|f(z)|<1$ $(|z|<1)$, $f(0)=0$ をみたし，さらに $|z|=1$ 上の長さ l の弧 γ 上で $f(z)$ が絶対値1の境界値をもつならば，像弧 $f(\gamma)$ の長さを L とするとき，$L\geqq l$. 等号は $f(z)=\varepsilon z$ $(|\varepsilon|=1)$ の場合に限る．　**（レプナーの定理）**

10. 領域 D で単葉な連続函数列 $\{f_n(z)\}$ が広義の一様に単葉な函数 $f(z)$ に収束するならば，C を D 内のジョルダン曲線とするとき，曲線列 $\{f_n(C)\}$ はフレシェの意味で $f(C)$ に収束する．

11. 長さの有限なジョルダン曲線 C_j をそれぞれ境界とする互に素な有界領域 D_j $(j=1,2)$ が一つの境界弧 Γ を共有しているとき，D_j で正則であって $D_j\cup C_j$ で連続な函数 $f_j(z)$ $(j=1,2)$ について両者が Γ 上で共通な値をとるならば，これらは互に Γ をこえての他の解析接続となっている．　**（パンルベの定理）**

12. $|z|<1$ で正則な単葉函数 $f(z)$ が正規化条件 $f(0)=0$, $f'(0)=1$ をみたすならば，$(1-|z|)/(1+|z|)\leqq|zf'(z)/f(z)|\leqq(1+|z|)/(1-|z|)$ $(|z|<1)$. ここで z_0 $(0<|z_0|<1)$ において等号が成り立つのは，$f(z)=z/(1+\varepsilon z)$, $\varepsilon=\pm|z_0|/z_0$ のときに限る．

（R. ネバンリンナの定理）

13. $f_p(z)=z+\sum_{n=1}^{\infty}a_{np+1}z^{np+1}$ (p は自然数) が $|z|<1$ で正則単葉ならば，$|z|\leqq r<1$ のとき，$r/(1+r^p)^{2/p}\leqq|f_p(z)|\leqq r/(1-r^p)^{2/p}$, $|\log|zf_p'(z)/f_p(z)||\leqq\log((1+r^p)/(1$

$-r^p))$.

14. $w=(4\sqrt{2\pi}\,\Gamma(1/4)^2)\int_0^z dz/\sqrt{1-z^4}$ は $|z|<1$ を $w=\pm 1$, $\pm i$ に頂点をもつ正方形の内部へ写像する.

15. w 平面上におかれた n 角形 P の頂点 b_j ($j=1, \cdots, n$) における内角をそれぞれ $\alpha_j\pi$ とするとき, $|z|<1$ を P の外部へ, $z=q$ ($|q|<1$) が $w=\infty$ に対応するように, 写像する函数は $g(z)=C\int^z \Pi_{j=1}^n (a_j-z)^{1-\alpha_j}(z-q)^{-2}(1-\bar{q}z)^{-2}dz+C'$.

第6章　有 理 型 函 数

§35. 有理型函数の部分分数表示

有理函数は全複素平面で有理型であり，逆に全複素平面で有理型な函数は有理函数である．いま，有理函数 $f(z)$ の有限にある極を b_μ $(\mu=1,\cdots,m)$，そのまわりでのローラン展開の主要部をそれぞれ $p_\mu(z)$ とすれば，

$$f(z)=\sum_{\mu=1}^{m}p_\mu(z)+g(z) \tag{35.1}$$

とおくとき，$g(z)$ は多項式である．もし ∞ が極ならば，$g(z)-g(0)$ がそこでの展開の主要部にほかならない．(35.1) は有理函数 $f(z)$ に対する部分分数表示である．もっと一般に，$f(z)$ を $|z|<\infty$ で有限個の極をもつ有理型函数としても，$g(z)$ を整函数とするだけで (35.1) と同じ形の表示が成り立つ．

つぎに，$|z|<\infty$ で有理型な函数が無限に多くの極をもつ場合を考える．明らかに極の全体は可付番集合をなし，∞ を唯一の集積点としている．したがって，∞ は函数の真性特異点である．この場合に，極とそのまわりでのローラン展開の主要部が指定されたとき，そのような有理型函数の存在を主張するのが，つぎの**ミッタク-レッフラーの定理**である:

定理 35.1. $\{b_\mu\}_{\mu=0}^{\infty}$ を ∞ にだけ集積する互に相異なる点から成る任意な点列とし，おのおのの b_μ に有理函数

$$p_\mu(z)=\sum_{n=1}^{k_\mu}\frac{c_{-n}{}^{(\mu)}}{(z-b_\mu)^n} \qquad (\mu=0,1,\cdots) \tag{35.2}$$

が所属させられているとき，極の全体が $\{b_\mu\}_{\mu=0}^{\infty}$ であって b_μ のまわりでのローラン展開の主要部が $p_\mu(z)$ と一致するような $|z|<\infty$ で有理型な函数が存在する．

証明. 一般性を失うことなく $|b_0|\leqq|b_1|\leqq\cdots$ とすれば，$|b_\mu|\to+\infty$ $(\mu\to\infty)$．原点が極として指定されていれば，$b_0=0$．いずれにしても，$b_\mu\neq0$ $(\mu\geqq1)$．$p_\mu(z)$ $(\mu\geqq1)$ は $|z|<|b_\mu|$ で正則だから，そのテイラー展開

$$p_\mu(z)=\sum_{j=0}^{\infty}\alpha_j{}^{(\mu)}z^j$$

は $|z|\leqq|b_\mu|/2$ で一様に収束する．ゆえに，収束する任意な正項級数 $\sum\varepsilon_\mu$ が与えられたとき，十分大きい自然数 N_μ をえらんで，

$$(35.3)\qquad h_\mu(z)=\sum_{j=0}^{N_\mu}\alpha_j{}^{(\mu)}z^j;\qquad |p_\mu(z)-h_\mu(z)|\leqq\varepsilon_\mu\qquad \left(|z|\leqq\frac{|b_\mu|}{2}\right)$$

となるようにできる．このとき，

$$(35.4)\qquad f(z)=p_0(z)+\sum_{\mu=1}^{\infty}(p_\mu(z)-h_\mu(z))$$

が求める一つの函数であることを示そう．そのために，$\varDelta$ を任意な一つの有界領域とすれば，適当な M に対して $\varDelta$ は $|z|\leqq|b_M|/2$ に含まれる；したがって，$\varDelta$ はすべての $|z|\leqq|b_\mu|/2$ $(\mu\geqq M)$ にも含まれる．ゆえに，(35.3) の評価に基いて，$\varDelta$ で正則な函数を項とする級数

$$(35.5)\qquad \varphi_M(z)\equiv\sum_{\mu=M}^{\infty}(p_\mu(z)-h_\mu(z))$$

は $\varDelta$ で一様に収束する．ゆえに，定理 25.2 により $\varphi_M(z)$ は $\varDelta$ で正則である．他方で，

$$(35.6)\qquad p_0(z)+\sum_{\mu=1}^{M-1}(p_\mu(z)-h_\mu(z))$$

は有理函数であって，その極は b_μ $(\mu=0,1,\cdots,M-1)$ にあり，主要部はそれぞれ $p_\mu(z)$ である．ゆえに，(35.6) と (35.5) の和としての $f(z)$ は $\varDelta$ で有限個の極 b_μ $(\mu=0,1,\cdots,M'<M)$ をもつ有理型函数であって，極 b_μ における主要部は $p_\mu(z)$ である．与えられた任意な M_0 に対して $\{b_\mu\}_{\mu=0}^{M_0}$ を含むように領域 $\varDelta$ をえらぶことができるから，$f(z)$ は定理にいう性質をそなえている．——なお，定理の条件をみたす任意な函数は，上に求めた $f(z)$ と一つの整函数だけしか異ならないことは明らかであろう．

つぎに，この定理の一つの一般化をあげる：

定理 35.2. 領域 D 内に与えられた点列 $\{b_\mu\}_{\mu=0}^{\infty}$ がその内部に集積しないとし，おのおのの b_μ に対して有理函数 (35.2) が指定されているとする．このとき，D で有理型であって $\{b_\mu\}_{\mu=0}^{\infty}$ を極の全体とし，b_μ のまわりでのローラン展開の主要部が $p_\mu(z)$ と一致する函数が存在する．

証明. 必要に応じて一次変換をほどこせばよいから，∂D を有界とする．b_μ

と ∂D との距離を δ_μ で表わせば，$\delta_\mu \to 0$ $(\mu\to\infty)$．また，∂D は閉集合だから，$|b_\mu-\beta_\mu|=\delta_\mu$ なる点 $\beta_\mu \in \partial D$ が存在する．$p_\mu(z)$ は $|z-\beta_\mu|>\delta_\mu$ で正則だから，その β_μ のまわりのローラン展開

$$p_\mu(z)=\sum_{j=0}^{\infty}\frac{\alpha_{-j}{}^{(\mu)}}{(z-\beta_\mu)^j}$$

は $|z-\beta_\mu|\geqq 2\delta_\mu$ で一様に収束する．したがって，十分大きい自然数 N_μ をえらんで，

$$h_\mu(z)=\sum_{j=0}^{N_\mu}\frac{\alpha_{-j}{}^{(\mu)}}{(z-\beta_\mu)^j};\qquad |p_\mu(z)-h_\mu(z)|\leqq\frac{1}{2^\mu}\quad (|z-\beta_\mu|\geqq 2\delta_\mu)$$

となるようにできる．このとき，$\delta_\mu\to 0$ $(\mu\to\infty)$ に注意すれば，函数

$$f(z)=\sum_{\mu=0}^{\infty}(p_\mu(z)-h_\mu(z))$$

が定理にいう性質をもつことが，前定理におけるとほぼ同様にして示される．——定理の条件をみたすすべての函数は，この $f(z)$ と D 内正則函数だけの差をもつものでつくされる．

ふたたび $|z|<\infty$ で有理型な函数の場合へうつり，今度はかような一つの函数が与えられたとき，その部分分数展開を求めるための**コーシーの方法**について説明しよう．

定理 35.3. $|z|<\infty$ で有理型な函数 $f(z)$ の原点以外の極を $\{b_\mu\}_{\mu=1}^{\infty}$ とし，b_μ のまわりのそのローラン展開の主要部を $p_\mu(z)$ で表わす．さらに $b_0=0$ とおいて，原点が極ならばそこでの主要部を $p_0(z)$ とし，原点が正則点ならば $p_0(z)\equiv 0$ とおく．極を通らない長さの有限な単一閉曲線 C がその内部に含む極が $\{b_\mu\}_{\mu=0}^{m}$ であるとする．このとき，q を一つの自然数として，ζ についての有理型函数

$$-f(\zeta)\sum_{j=0}^{q-1}\frac{z^j}{\zeta^{j+1}} \tag{35.7}$$

の b_μ のまわりのローラン展開における $(\zeta-b_\mu)^{-1}$ の係数を $h_\mu(z)$ で表わせば，C の内部にある点 $z\neq b_\mu$ $(1\leqq\mu\leqq m)$ に対して

$$f(z)=\sum_{\mu=0}^{m}(p_\mu(z)-h_\mu(z))+\frac{z^q}{2\pi i}\int_C\frac{f(\zeta)}{\zeta^q(\zeta-z)}d\zeta. \tag{35.8}$$

証明. (35.8) の右辺の剰余項

$$R(z) \equiv \frac{1}{2\pi i}\int_C \frac{z^q f(\zeta)}{\zeta^q(\zeta - z)}d\zeta \tag{35.9}$$

の被積分函数を ζ の函数とみなせば，その C の内部にある極は高々 z, b_μ ($\mu=0,1,\cdots,m$) である．$\zeta=z$ におけるその留数は $f(z)$ に等しい．また，$\zeta=b_\mu$ のまわりでは

$$\frac{z^q f(\zeta)}{\zeta^q(\zeta-z)} = f(\zeta)\left(\frac{1}{\zeta-z} - \sum_{j=0}^{q-1}\frac{z^j}{\zeta^{j+1}}\right) = f(\zeta)\left(-\sum_{n=0}^{\infty}\frac{(\zeta-b_\mu)^n}{(z-b_\mu)^{n+1}} - \sum_{j=0}^{q-1}\frac{z^j}{\zeta^{j+1}}\right)$$

と書けるから，その $\zeta=b_\mu$ における留数は $-p_\mu(z)+h_\mu(z)$ に等しい．ゆえに，留数定理 26.1 によって，(35.9) に対して

$$R(z) = f(z) + \sum_{\mu=0}^{m}(-p_\mu(z) + h_\mu(z))$$

を得るが，これは (35.8) にほかならない．

この定理によって，C を一様に ∞ に近づく曲線列にわたらせるとき，C に依存する剰余項 (35.9) が 0 に近づくならば，その極限において (35.8) は有理函数を項とする級数による有理型函数 $f(z)$ の表示へうつるわけである．ここでは，特に $f(z)$ の極がことごとく1位である場合に，この極限移行が可能であるための一つの十分条件をあげておこう：

定理 35.4. 原点で正則であって $|z|<\infty$ で有理型な函数 $f(z)$ の極を $\{b_\mu\}_{\mu=0}^{\infty}$ とし，これらがことごとく1位であるとし，b_μ での留数を r_μ で表わす．$\{n_m\}_{m=0}^{\infty}$ を $n_{m+1}-n_m$ が有界であるような自然数の列として，極のうちで $\{b_\mu\}_{\mu=0}^{n_m}$ だけを内部に含む長さの有限な単一閉曲線 C_m から成る列 $\{C_m\}_{m=0}^{\infty}$ があって，C_m の長さを l_m とし，原点と C_m との距離を ρ_m で表わすとき，q を一つの自然数として

$$\rho_m \to \infty \quad (m\to\infty), \qquad l_m = O(\rho_m), \qquad f(z) = o(\rho_m{}^q) \quad (z \in C_m)$$

が成り立つとする．このとき，b_μ と異なるすべての有限点に対して

$$\begin{aligned} f(z) &= \sum_{j=0}^{q-1}\frac{f^{(j)}(0)}{j!}z^j - \sum_{\mu=1}^{\infty}\frac{r_\mu z^q}{b_\mu{}^q(b_\mu - z)} \\ &= \sum_{j=0}^{q-1}\frac{f^{(j)}(0)}{j!}z^j + \sum_{\mu=1}^{\infty} r_\mu\left(\frac{1}{z-b_\mu} + \sum_{j=0}^{q-1}\frac{z^j}{b_\mu{}^{j+1}}\right). \end{aligned} \tag{35.10}$$

証明. 前定理で C の代りに C_m をとれば，一般性を失うことなく原点は C_m の内部にあると仮定して，(35.8) の形の表示を得る；そこで C, m の代りに

それぞれ C_m, n_m とおけばよい．ここで

$$p_0(z)=0, \qquad h_0(z)=-\sum_{j=0}^{q-1}\frac{f^{(j)}(0)}{j!}z^j,$$

$$p_\mu(z)=\frac{r_\mu}{z-b_\mu}, \qquad h_\mu(z)=\frac{r_\mu z^q}{b_\mu{}^q(b_\mu-z)}-\frac{r_\mu}{b_\mu-z} \qquad (\mu\geqq 1)$$

となるから，

$$f(z)=\sum_{j=0}^{q-1}\frac{f^{(j)}(0)}{j!}z^j-\sum_{\mu=1}^{n_m}\frac{r_\mu z^q}{b_\mu{}^q(b_\mu-z)}+\frac{z^q}{2\pi i}\int_{C_m}\frac{f(\zeta)}{\zeta^q(\zeta-z)}d\zeta.$$

仮定にしたがって，剰余項を評価すれば，

$$\left|\frac{z^q}{2\pi i}\int_{C_m}\frac{f(\zeta)}{\zeta^q(\zeta-z)}d\zeta\right|\leqq\frac{|z|^q}{2\pi}\frac{o(\rho_m{}^q)}{\rho_m{}^q(\rho_m-|z|)}O(\rho_m)=o(1) \qquad (m\to\infty).$$

$n_{m+1}-n_m$ が有界だから，$m\to\infty$ として（35.10）の第一の表示を得る．第二の表示は，単にこれを書きかえたものにすぎない．

つぎに，定理 35.4 の具体的な応用について例示する．

a. $$\frac{\pi}{\sin\pi z}=\frac{1}{z}+\sum_{\nu=-\infty}^{\infty}{}'(-1)^\nu\left(\frac{1}{z-\nu}+\frac{1}{\nu}\right)=\frac{1}{z}+2z\sum_{\nu=1}^{\infty}\frac{(-1)^\nu}{z^2-\nu^2};$$

ここに $\sum'$ は総和で $\nu=0$ なる項を除くことを意味する．

$|z|<\infty$ で有理型な函数 $f(z)=\pi/\sin\pi z-1/z$ は原点で除去可能な特異点をもち，$f(0)=0$ とおけばそこで正則となる．$f(z)$ の極は $z=\nu$（$\nu=\pm1,\pm2,\cdots$）であり，これらはすべて 1 位であって $\mathrm{Res}(\nu)=(-1)^\nu$．原点を中心として軸に平行な辺長 $2\nu+1$（>0）の正方形の周を C_ν で表わせば，その原点からの距離は $\rho_\nu=\nu+1/2$，その長さは $l_\nu=8\rho_\nu$．C_ν 上で $f(z)$ は正則であるが，さらに $f(z)=O(1)$．じっさい，まず水平線分 $z=x\pm i(\nu+1/2)$，$-(\nu+1/2)\leqq x\leqq\nu+1/2$ 上では

$$\left|\frac{\pi}{\sin\pi z}\right|=\left|\frac{2i\pi}{e^{i\pi z}-e^{-i\pi z}}\right|\leqq\frac{2\pi}{e^{(\nu+1/2)\pi}-e^{-(\nu+1/2)\pi}}=\frac{\pi}{\sinh(\nu+1/2)\pi}=o(1);$$

鉛直線分 $z=\pm(\nu+1/2)+iy$，$-(\nu+1/2)\leqq y\leqq\nu+1/2$ 上では

$$\left|\frac{\pi}{\sin\pi z}\right|=\left|\frac{2i\pi}{e^{i\pi z}-e^{-i\pi z}}\right|=\frac{2\pi}{e^{-\pi y}+e^{\pi y}}=\frac{\pi}{\cosh\pi y}=O(1).$$

明らかに C_ν 上では $1/z=o(1)$ だから，C_ν 上でいたるところ $f(z)=O(1)=o(\rho_\nu)$．したがって，定理 35.4 の条件が $q=1$ としてみたされているから，$f(0)=0$ に注意して，求める関係を得る．最後の式は同じ $|\nu|$ の値をもつ二項ずつをまとめたものである．

b. $$\pi\cot\pi z=\frac{1}{z}+\sum_{\nu=-\infty}^{\infty}{}'\left(\frac{1}{z-\nu}+\frac{1}{\nu}\right).$$

$|z|<\infty$ で有理型な函数 $f(z)=\pi\cot\pi z-1/z$ は原点で除去可能な特異点をもち，$f(0)=0$ とおけばそこで正則となる．$f(z)$ の極は $z=\nu$（$\nu=\pm1,\pm2,\cdots$）であり，これらはす

べて1位であって $\mathrm{Res}(\nu)=1$. 前例の記号をそのまま用いれば, C_ν の水平線上, 鉛直線上でそれぞれ

$$|\pi\cot\pi z|=\left|\pi i\frac{e^{i\pi z}+e^{-i\pi z}}{e^{i\pi z}-e^{-i\pi z}}\right|\leqq\pi\coth(\nu+1/2)\pi=O(1);$$

$$|\pi\cot\pi z|=\pi|\tanh\pi y|=O(1).$$

したがって, 前例と同様にして, 求める結果に達する.

最後に, 定理 35.1 の具体的な例として, 楕円函数論で基本的なワイエルシュトラスの**ペェ函数**を例示しておこう. $\Im(\omega_3/\omega_1)>0$ なる任意な複素数の組 ω_1, ω_3 が与えられたとし,

$$\Omega_{mn}=2m\omega_1+2n\omega_3 \qquad (m, n=0, \pm1, \cdots) \tag{35.11}$$

とおく. このとき, $|z|<\infty$ で有理型であって, 極の全体が (35.11) であり, Ω_{mn} での主要部が $1/(z-\Omega_{mn})^2$ である一つの函数が

$$\wp(z)=\wp(z\,|\,2\omega_1,\ 2\omega_3)\equiv\frac{1}{z^2}+\sum_{m,n}{}'\left(\frac{1}{(z-\Omega_{mn})^2}-\frac{1}{\Omega_{mn}{}^2}\right) \tag{35.12}$$

で与えられることを示そう; ここに $\sum'$ は (m, n) が $(0, 0)$ を除いてすべての整数の組にわたるときの和を表わす. そのためには, (35.12) の右辺にある二重級数が $\{\Omega_{mn}\}$ のおのおのの点の近傍を除いて広義の一様に絶対収束することを示せば十分である.

さて, 任意な $K>1$ に対して $|z|\leqq K$ とすれば, $|\Omega|>2K$ のとき,

$$\left|\frac{1}{(z-\Omega)^2}-\frac{1}{\Omega^2}\right|=\left|\frac{z(2\Omega-z)}{(z-\Omega)^2\Omega^2}\right|\leqq\frac{K(2|\Omega|+K)}{(|\Omega|-K)^2|\Omega|^2}<\frac{20K}{|\Omega|^3}.$$

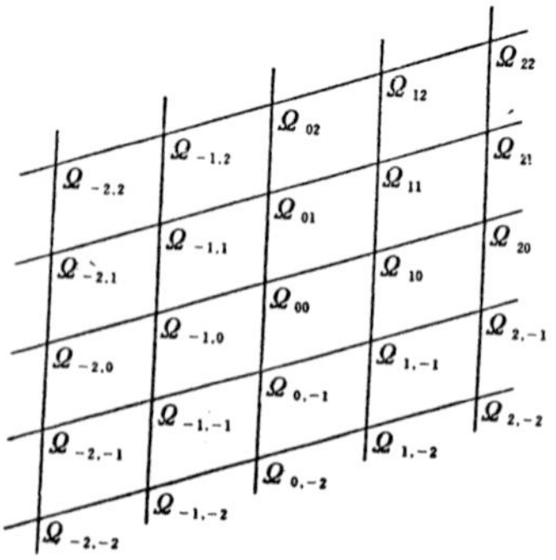

図　27

したがって, $\{\Omega_{mn}\}$ が有限に集積しないことに注意すれば, $\sum'|\Omega_{mn}|^{-3}$ が収束することを示せばよい. さらに一般に, 級数

$$\sum_{m,n}{}'\frac{1}{\Omega_{mn}{}^k} \qquad (k>2) \tag{35.13}$$

の絶対収束性が, つぎのようにして証明される. 原点 Ω_{00} から四点 $\Omega_{1,\pm1}$, $\Omega_{\pm1,1}$ を頂点とする平行四辺形の周にいたる最短距離を $\delta>0$ で表わす. このとき, 任意な自然数 ν に対して, 原点から四点

$\Omega_{\nu,\pm\nu}$, $\Omega_{\pm\nu,\nu}$ を頂点とする平行四辺形の周にいたる最短距離は $\nu\delta$ に等しく，この平行四辺形の周上には $\{\Omega_{mn}\}$ のうちの 8ν 個の点がのっている．ゆえに，(35.13) の絶対値級数において，第 μ 段階までの平行四辺形の周上にのっている項から成る部分和を S_μ で表わせば，

$$S_\mu < \sum_{\nu=1}^{\mu} \frac{8\nu}{(\nu\delta)^k} = \frac{8}{\delta^k} \sum_{\nu=1}^{\mu} \frac{1}{\nu^{k-1}}.$$

ところで，$k>2$ ならば，$\sum_{\nu=1}^{\infty}(1/\nu^{k-1})$ は収束する．したがって，(35.13) は絶対収束する．

さて，$\wp(z)$ はいちじるしい周期性をもっている．まず (35.12) から

$$\wp(-z) = \frac{1}{z^2} + {\sum_{m,n}}' \left(\frac{1}{(z+\Omega_{mn})^2} - \frac{1}{(-\Omega_{mn})^2} \right).$$

$\{-\Omega_{mn}\}$ は集合として $\{\Omega_{mn}\}$ と一致するから，

$$\wp(-z) = \wp(z),$$

すなわち，$\wp(z)$ は偶函数である．他方において，二重級数定理 25.2 に基いて (35.12) から項別微分により

$$\wp'(z) = -2 \sum_{m,n} \frac{1}{(z-\Omega_{mn})^3}. \tag{35.14}$$

ここで $\{\Omega_{mn} - 2\omega_1\}$ および $\{\Omega_{mn} - 2\omega_3\}$ は集合として $\{\Omega_{mn}\}$ と一致することに注意すれば，$\wp'(z)$ は $2\omega_1$ および $2\omega_3$ を周期としてもつことがわかる：

$$\wp'(z+2\omega_j) = \wp'(z) \qquad (j=1,3). \tag{35.15}$$

この式を積分することによって $\wp(z+2\omega_j) = \wp(z) + C$ (C は定数) を得るが，ここで $z=-\omega_j$ とおいて $\wp(z)$ が偶函数であることに注意すれば，$C=\wp(\omega_j) - \wp(-\omega_j) = 0$. したがって，$\wp(z)$ もまた $2\omega_j$ ($j=1,3$) を周期としている：

$$\wp(z+2\omega_j) = \wp(z) \qquad (j=1,3). \tag{35.16}$$

一般に，独立な(比が実数でない)二つの周期をもつ函数を**二重周期函数**という．特に，周期 ω, ω' をもってすべての周期 Ω が $\Omega = m\omega + n\omega'$ ($m, n = 0, \pm 1, \cdots$) という形に表わされるならば，(ω, ω') を一組の**基本周期**という．そして，(ω, ω') を一組の基本周期とするとき，

$$z = \lambda\omega + \lambda'\omega' \qquad (0 \leqq \lambda < 1,\ 0 \leqq \lambda' < 1)$$

なる点 z の全体から成る集合を**基本周期平行四辺形**といい，これから平行移動

によって生ずるものを一般に**周期平行四辺形**という．

一般に，$|z|<\infty$ で定数でない有理型な二重周期函数を**楕円函数**という．上記の $\wp(z)$, $\wp'(z)$ はいずれも楕円函数であって，$2\omega_j$ $(j=1,3)$ が一組の基本周期となっている．

問 1. $$\frac{\pi}{\cos\pi z}=\pi+\sum_{\nu=-\infty}^{\infty}(-1)^\nu\left(\frac{1}{z-(2\nu-1)/2}+\frac{1}{(2\nu-1)/2}\right).$$ ［例題 2］

問 2. $$\cot z=\frac{1}{z}+\sum_{\nu=1}^{\infty}\left(\frac{1}{z-\nu\pi}+\frac{1}{z+\nu\pi}\right).$$

問 3. $$\cot(z+a)=\cot a+\sum_{\nu=-\infty}^{\infty}\left(\frac{1}{z+a-\nu\pi}-\frac{1}{a-\nu\pi}\right).$$

問 4. $$\sum_{m=-\infty}^{\infty}\sum_{n=-\infty}^{\infty}\frac{1}{(m^2+u^2)(n^2+v^2)}=\frac{\pi^2}{uv}\coth\pi u\coth\pi v.$$

問 5. $$\frac{e^{az}}{e^z-1}=\frac{1}{z}+\sum_{\nu=1}^{\infty}\frac{2z\cos 2\nu\pi a-4\nu\pi\sin 2\nu\pi a}{z^2+4\nu^2\pi^2}\qquad(0<a<1).$$

問 6. $$\frac{1}{4\pi z^2(\cosh z-\cos z)}=\frac{1}{4\pi z^4}+\sum_{\nu=1}^{\infty}\frac{(-1)^\nu\nu\,\mathrm{cosech}\,\nu\pi}{z^4+4\nu^4\pi^4}.$$

問 7. 有理型函数 $f(z)$ が周期 Ω をもつ奇函数ならば，$\Omega/2$ は奇数位の零点または奇数位の極である．

問 8. 楕円函数の基本周期平行四辺形に含まれる極の留数の総和は 0 に等しい．［例題 7］

§36. 整函数の乗積表示

前節では有理型函数の部分分数表示について説明した．それに対応して，本節では整函数の乗積表示に関する結果をあげよう．

まず，$f(z)$ が位数に応じて書きあげられた有限個の零点 $\{a_\nu\}_{\nu=1}^{n}$ をもつ整函数ならば，

$$\psi(z)=f(z)\Big/\prod_{\nu=1}^{n}(z-a_\nu)$$

は a_ν を除去可能な特異点とするにすぎず，したがって零点をもたない整函数である．ゆえに，$|z|<\infty$ で正則な函数 $g(z)=\log\psi(z)$ は，一価性の定理 22.6 によりさらに整函数である．したがって，このとき $f(z)$ に対して

$$f(z)=e^{g(z)}\prod_{\nu=1}^{n}(z-a_\nu)\tag{36.1}$$

という表示が成り立つ. 特に, $f(z)$ が有理整函数(多項式)ならば, $g(z)\equiv\mathrm{const}$ となる. しかし, $f(z)$ が無限に多くの零点をもつ場合には, (36.1) の右辺の乗積を単に形式的に相当する無限乗積でおきかえたのでは, それは必ずしも収束しない. そこで, まず定理 35.1 に対応して, 指定された点列を零点の全体から成る集合としてもつ整函数の存在を示すために, ワイエルシュトラスにしたがって, 拡張された意味のいわゆる**素因子**

$$E(u;\ n)=\begin{cases}1-u & (n=0),\\ (1-u)\exp\sum_{\kappa=1}^{n}\dfrac{u^\kappa}{\kappa} & (n=1,2,\cdots)\end{cases}\tag{36.2}$$

を導入する. $n\geqq 1$ に対して $|u|<1$ のとき, $u=0$ で 0 となる対数分枝について

$$|\log E(u;\ n)|=\left|\log(1-u)+\sum_{\kappa=1}^{n}\frac{u^\kappa}{\kappa}\right|=\left|-\sum_{\kappa=n+1}^{\infty}\frac{u^\kappa}{\kappa}\right|\leqq\sum_{\kappa=n+1}^{\infty}|u|^\kappa=\frac{|u|^{n+1}}{1-|u|}$$

となるから, つぎの評価を得る:

$$|\log E(u;\ n)|\leqq\frac{1}{1-k}|u|^{n+1}\qquad(|u|\leqq k<1);\tag{36.3}$$

これは $n=0$ でも成り立つ. この準備のもとで, **ワイエルシュトラスの因数分解定理**をあげる:

定理 36.1. $\{a_\nu\}_{\nu=1}^{\infty}$ を ∞ に発散する(有限個ずつの重複を許す) 0 を含まない任意な点列とし, さらに自然数から成る列 $\{n_\nu\}_{\nu=1}^{\infty}$ に対して無限級数

$$\sum_{\nu=1}^{\infty}\left(\frac{R}{|a_\nu|}\right)^{n_\nu}\qquad(0<R<\infty)\tag{36.4}$$

が収束すると仮定する. このとき, 原点 $a_0\equiv 0$ で $h\,(\geqq 0)$ 位の零点をもち, $\{a_\nu\}_{\nu=1}^{\infty}$ を重複度に応じて書きあげられたそれ以外の零点の全体としてもつ整函数 $f(z)$ が存在し, しかも,

$$f(z)=z^h\prod_{\nu=1}^{\infty}E\left(\frac{z}{a_\nu};\ n_\nu-1\right)\tag{36.5}$$

がかような一つの函数である.

証明. 素因子に対する評価 (36.3) に基いて, 任意な $R>0$ に対して $|z|\leqq R\leqq|a_\nu|/2$ とすれば,

$$\left|\log E\left(\frac{z}{a_\nu};\ n_\nu-1\right)\right|\leqq 2\left|\frac{z}{a_\nu}\right|^{n_\nu}\leqq 2\left(\frac{R}{|a_\nu|}\right)^{n_\nu}.$$

ゆえに，(36.4) の収束の仮定から定理 9.3 によって，$|z|\leqq R$ において

$$(36.6)\qquad \prod_{|a_\nu|\geqq 2R} E\left(\frac{z}{a_\nu};\ n_\nu-1\right)=\exp\sum_{|a_\nu|\geqq 2R}\log E\left(\frac{z}{a_\nu};\ n_\nu-1\right)$$

は一様に収束し，したがって $|z|<R$ で正則な函数を表わす．ゆえに，(36.5) で与えられる $f(z)$ は $|z|<R$ で正則となるが，R は任意に大きくとれるから，$f(z)$ はさらに整函数である．ふたたび任意な $R>0$ を固定するとき，(36.6) は $|z|<R$ で零点をもたない．したがって，$f(z)$ は指定された零点をもち，それ以外には零点をもたない．——任意な $R>0$ に対して殆んどすべての a_ν が $R/|a_\nu|<1/2$ をみたすから，(36.4) が収束するような列 $\{n_\nu\}$ はつねに存在する；例えば $n_\nu=\nu$.

ワイエルシュトラスの定理 36.1 はミッタク-レッフラーの定理 35.1 を利用することによって，つぎのようにしても証明される:

$\{a_\nu\}_{\nu=1}^{\infty}$ のうちで相異なるものの全体を $\{b_\mu\}_{\mu=1}^{\infty}$ で表わしたとき，b_μ の重複度を r_μ とする．原点で留数 h ($\geqq 0$) の(高々) 1 位の極をもち，おのおのの b_μ で留数 r_μ の 1 位の極をもつ有理型函数を定理 35.1 の証明における方法でつくる．それには，b_μ での主要部 $p_\mu(z)\equiv r_\mu/(z-b_\mu)$ に対して

$$(36.7)\qquad h_\mu(z)=-r_\mu\sum_{j=1}^{N_\mu}\frac{z^{j-1}}{b_\mu{}^j}$$

を適当にえらんで

$$(36.8)\qquad \varphi(z)=\frac{h}{z}+\sum_{\mu=1}^{\infty}r_\mu\left(\frac{1}{z-b_\mu}+\sum_{j=1}^{N_\mu}\frac{z^{j-1}}{b_\mu{}^j}\right)=\frac{h}{z}+\sum_{\nu=1}^{\infty}\left(\frac{1}{z-a_\nu}+\sum_{j=1}^{P_\nu}\frac{z^{j-1}}{a_\nu{}^j}\right)$$

とおけばよい；ここに $a_\nu=b_\mu$ なる ν に対して $P_\nu=N_\mu$ とおく．ところで，(36.7) における N_μ は任意な一つの正項収束級数 $\sum\varepsilon_\mu$ に対して

$$|p_\mu(z)-h_\mu(z)|=\left|r_\mu\sum_{j=N_\mu+1}^{\infty}\frac{z^{j-1}}{b_\mu{}^j}\right|=\left|\frac{r_\mu}{b_\mu}\left(\frac{z}{b_\mu}\right)^{N_\mu}\Big/\left(1-\frac{z}{b_\mu}\right)\right|<\varepsilon_\mu\quad\left(|z|\leqq\frac{|b_\mu|}{2}\right)$$

が成り立つようにえらばれていればよい．したがって，任意な $R>0$ に対して

$$\sum_{|b_\mu|\geqq 2R}r_\mu\left(\frac{R}{|b_\mu|}\right)^{N_\mu}=\sum_{|a_\nu|\geqq 2R}\left(\frac{R}{|a_\nu|}\right)^{P_\nu}$$

が収束すれば十分である．ゆえに，(36.4) の収束の仮定によって，重複する a_ν に所属のすべての n_ν のうちで最大なものを P_ν ととることができる．とこ

ろで，$|z| \leqq R$ のとき，

$$\left|\sum_{|a_\nu| \geqq 2R} \sum_{j=n_\nu}^{P_\nu} \frac{z^{j-1}}{a_\nu{}^j}\right| \leqq \sum_{|a_\nu| \geqq 2R} \sum_{j=n_\nu}^{\infty} \frac{R^{j-1}}{|a_\nu|^j}$$

$$= \sum_{|a_\nu| \geqq 2R} \frac{|a_\nu|}{R(|a_\nu|-R)}\left(\frac{R}{|a_\nu|}\right)^{n_\nu} \leqq \frac{2}{R}\sum_{\nu=1}^{\infty}\left(\frac{R}{|a_\nu|}\right)^{n_\nu} < \infty$$

となるから，$|z|<R$ で函数

$$\varphi^*(z) \equiv \sum_{\nu=1}^{\infty} \sum_{j=n_\nu}^{P_\nu} \frac{z^{j-1}}{a_\nu{}^j}$$

は正則である．R は任意に大きくとれるから，$\varphi^*(z)$ は整函数である．ゆえに，極に関する限り

$$\Phi(z) = \varphi(z) - \varphi^*(z) = \frac{h}{z} + \sum_{\nu=1}^{\infty}\left(\frac{1}{z-a_\nu} + \sum_{j=1}^{n_\nu-1} \frac{z^{j-1}}{a_\nu{}^j}\right)$$

は $\varphi(z)$ 自身と同じ性状をそなえている．そこで，原点から $\{a_\nu\}_{\nu=1}^{\infty}$ を通らない路に沿って積分すれば，右辺の和の一様収束性によって

$$\int_0^z \left(\Phi(z) - \frac{h}{z}\right)dz = \sum_{\nu=1}^{\infty}\left(\log\frac{z-a_\nu}{-a_\nu} + \sum_{j=1}^{n_\nu-1} \frac{1}{j}\left(\frac{z}{a_\nu}\right)^j\right) = \sum_{\nu=1}^{\infty} \log E\left(\frac{z}{a_\nu};\ n_\nu-1\right).$$

積分路をかえると対数函数の多価性により右辺のおのおのの項は $2\pi i$ の整数倍だけ変化するであろうが，右辺の級数が収束するから，かような変化は有限項で現われるにすぎない．したがって，その指数函数へうつることによって得られる函数

$$f(z) \equiv z^h \exp\int_0^z \left(\Phi(z) - \frac{h}{z}\right)dz = z^h \prod_{\nu=1}^{\infty} E\left(\frac{z}{a_\nu};\ n_\nu-1\right)$$

は一価である．明らかに，これは問題の性質をもつ整函数である．——この方法では，定理 35.2 に相当する拡張も可能である．

定理 36.1 の要求をみたす任意な整函数を $F(z)$ とすれば，$\psi(z)=F(z)/f(z)$ は零点をもたない整函数だから，$g(z)$ を一つの整函数として $\psi(z)=e^{g(z)}$ という形に表わされる．ゆえに，

$$F(z) = e^{g(z)} f(z) \tag{36.9}$$

となるが，逆に，この形の函数は明らかに定理の条件をみたす．なお，定理 36.1 で特に

(36.10)
$$\sum_{\nu=1}^{\infty}\frac{1}{|a_\nu|^\rho}$$

が収束するような正数 ρ が存在する場合には，すべての n_ν として $\rho+1$ をこえない最大整数をえらぶことができる: $n_\nu=[\rho]+1$．もし ρ が自然数ならば，さらに $n_\nu=\rho$ とおくことができる．

つぎに，定理 36.1 の簡単な応用として，つぎの結果をあげる:

定理 36.2. 与えられた有理型函数 $f(z)$ に対して，その零点だけを零点とする整函数 $\varphi(z)$ とその極だけを零点とする整函数 $\psi(z)$ をえらんで

(36.11)
$$f(z)=\frac{\varphi(z)}{\psi(z)}$$

という形の表示が成り立つようにできる．

証明. 定理 36.1 によって，$f(z)$ のすべての極だけを位数に応じた零点とする一つの整函数 $\psi(z)$ をとれば，$\varphi(z)\equiv f(z)\psi(z)$ は極をもたない有理型函数として一つの整函数である．しかも，$\psi(z)$ は $f(z)$ の極以外に零点をもたないから，$\varphi(z)$ は $f(z)$ の零点だけを零点としている．

与えられた整函数 $f(z)$ の乗積表示を求めるには，定理 36.1 と (36.9) について述べた注意から

(36.12)
$$f(z)=e^{g(z)}z^h\prod_{\nu=1}^{\infty}E\left(\frac{z}{a_\nu};\ n_\nu-1\right)$$

とおいて整函数 $g(z)$ を定めるか，あるいは定理 36.1 の証明の直後にあげたその別証に応じて有理型函数 $f'(z)/f(z)$ の部分分数表示の式を積分してその積分定数を適当に定めればよい．前者の方法では，例えば (36.12) の対数導函数をつくり，それに対する部分分数表示の式とくらべることによって，$g'(z)$ に対する一つの条件式が得られるであろう．

この操作を整函数 $\sin\pi z$ について例示しよう．この函数は $0, \pm1, \pm2, \cdots$ を 1 位の零点としてもつ．したがって，(36.10) について述べた注意から，それはとにかく

(36.13)
$$\sin\pi z=e^{g(z)}z\prod_{\nu=-\infty}^{\infty}{}'\left(1-\frac{z}{\nu}\right)e^{z/\nu}$$

という形をもつ; ここに，Π' は $\nu=0$ なる項を除くことを意味する．整函数 $g(z)$ を定めるために，両辺の対数導函数をつくり，それを前節の b で求めた $\pi\cot\pi z$ の部分分数表示の公式と比較すれば，$g'(z)\equiv0$ したがって $g(z)\equiv c$ (=const) を得る．(36.13) を z で割って $z\to0$ とすることによって $c=\pi$ を得る．ゆえに，

$$(36.14)\qquad \sin\pi z=\pi z\prod_{\nu=-\infty}^{\infty}{}'\left(1-\frac{z}{\nu}\right)e^{z/\nu}=\pi z\prod_{\nu=1}^{\infty}\left(1-\frac{z^2}{\nu^2}\right).$$

あるいは，前節の b における $\pi\cot\pi z$ に対する公式

$$\frac{d}{dz}\log\sin\pi z=\pi\cot\pi z=\frac{1}{z}+\sum_{\nu=-\infty}^{\infty}{}'\left(\frac{1}{z-\nu}+\frac{1}{\nu}\right)$$

から出発すれば，

$$\log\sin\pi z=\log\pi z+\int_0^z\left(\pi\cot\pi z-\frac{1}{z}\right)dz$$

$$=\log\pi z+\sum_{\nu=-\infty}^{\infty}{}'\left(\log\left(1-\frac{z}{\nu}\right)+\frac{z}{\nu}\right);$$

したがって，ふたたび (36.14) を得る． ここでは，おのおのの z に対して定積分の形の式を利用したから，積分定数を決定する手続が省かれている．

問 1.
$$\cosh z=\prod_{\nu=1}^{\infty}\left(1+\frac{4z^2}{(2\nu-1)^2\pi^2}\right).$$

問 2.
$$\tan z=z\prod_{\nu=1}^{\infty}\left(1-\frac{z^2}{\nu^2\pi^2}\right)\Big/\prod_{\nu=1}^{\infty}\left(1-\frac{4z^2}{(2\nu-1)^2\pi^2}\right).$$

問 3.
$$\sin(z+a)=\sin a\cdot e^{z\cot a}\prod_{\nu=-\infty}^{\infty}\left(1+\frac{z}{a+\nu\pi}\right)e^{-z/(a+\nu\pi)}.$$

問 4.
$$\frac{\cosh u-\cos v}{1-\cos v}=\left(1+\frac{u^2}{v^2}\right)\prod_{\nu=1}^{\infty}\left(1+\frac{u^2}{(2\nu\pi-v)^2}\right)\left(1+\frac{u^2}{(2\nu\pi+v)^2}\right).$$

問 5. 与えられた整函数 $f(z)=\sum_{n=0}^{\infty}a_nz^n$ に対して，$g(n)=a_n$ $(n=0,1,\cdots)$ となるような整函数 $g(z)$ が存在する． ［例題 2］

§37. ピカールの定理

古典的な解析函数論の動向に大きな転回を与え，近代的な理論の発展にとって決定的な役割を果したのは，真性特異点の近傍における有理型函数の値分布に関するピカールの定理である．ピカール(1879)自身は楕円函数論からの母数函数を利用してそれを発見したのであるが，ブロック(1925)に至って初めてその簡明な証明が得られた． それにしたがってピカールの定理を証明するために，まずそれ自身としても重要な**ブロックの定理**からはじめる:

定理 37.1. $|z|<1$ で正則な函数 $f(z)$ が $|f'(0)|=1$ をみたすならば，$|z|<1$ 内に $f(z)$ が単葉であるような一つの領域が存在して， $w=f(z)$ によるその像が半径 P の円板となる．ここに，P は個々の $f(z)$ に無関係な正の定数である．いいかえれば，$w=f(z)$ による $|z|<1$ の像を w リーマン面上で考えれば，そ

れは半径 P の単葉円板を含む.

証明. 一般性を失うことなく，$f(0)=0$, $f'(0)=1$ と仮定することができる．まず，$f(z)$ が $|z|\leqq 1$ で正則な場合を考える．このとき，$|z|\leqq 1$ で連続な函数 $(1-|z|^2)|f'(z)|$ は $z=0$ のとき 1 となり，$|z|=1$ のとき 0 となるから，

$$N\equiv\max_{|z|\leqq 1}(1-|z|^2)|f'(z)|$$

とおけば，最大値を与える点 z_0 が存在して

$$(37.1)\qquad N=(1-|z_0|^2)|f'(z_0)|\geqq 1,\qquad |z_0|<1.$$

$|z|<1$ から $|\zeta|<1$ への一次変換を仲介として

$$\zeta=\frac{z-z_0}{1-\bar{z}_0 z},\qquad g(\zeta)=\frac{f(z)}{N}$$

とおけば，$g(\zeta)$ は $|\zeta|\leqq 1$ で正則であって，ポアンカレの微分式の不変性 (28.2) により

$$(37.2)\qquad |g'(\zeta)|=\frac{|f'(z)|}{N}\left|\frac{dz}{d\zeta}\right|=\frac{|f'(z)|}{N}\frac{1-|z|^2}{1-|\zeta|^2}\leqq\frac{1}{1-|\zeta|^2}.$$

特に $\zeta=0$ は $z=z_0$ に対応するから，

$$|g'(0)|=\frac{|f'(z_0)|}{N}(1-|z_0|^2)=1.$$

(37.2) から $|\zeta|\leqq 1/2$ のとき，半径に沿う積分を考えて

$$|g(\zeta)-g(0)|\leqq\int_0^{|\zeta|}|g'(\zeta)|d|\zeta|\leqq\int_0^{1/2}\frac{d|\zeta|}{1-|\zeta|^2}=\frac{1}{2}\log 3.$$

したがって，定理 25.10 によって，$\omega=g(\zeta)-g(0)$ による円板

$$|\zeta|<\frac{|g'(0)|(1/2)^2}{4\cdot(\log 3)/2}=\frac{1}{8\log 3}\ (<1)$$

の ω リーマン面上における像は，単葉円板

$$|\omega|<\frac{|g'(0)|^2(1/2)^2}{6\cdot(\log 3)/2}=\frac{1}{12\log 3}\equiv\rho$$

を含んでいる．ゆえに，$w=f(z)$ $(=Ng(z))$ による $|z|<1$ の w リーマン面上での像は単葉円板 $|w-f(z_0)|<N\rho$ を含むが，(37.1) によりこの半径は ρ 以上である．つぎに，$f(z)$ が単に $|z|<1$ で正則と仮定されているときには，$2f(z/2)$ を考えると，これは $|z|\leqq 1$ で正則であって $z=0$ でのその微分係数は $f'(0)$ に等しい．したがって，$w=2f(z/2)$ による $|z|<1$ の像は半径 ρ の円板

を含む．ゆえに， $w=f(z)$ による $|z|<1$ の像は半径 $\rho/2$ の単葉円板を含む．いずれにしても，$P=1/(24\log 3)$ ととることができる．

この定理における定数 P の上限 $\mathfrak{B}$ を**ブロックの定数**という．その精確な値はなお未知であって，その決定は函数論での興味深い懸問の一つである．これに対しては種々な評価が試みられたが，現在までに得られている最良の結果は

$$0.433<\frac{\sqrt{3}}{4}\leqq\mathfrak{B}\leqq\sqrt{\pi}\,2^{1/4}\frac{\Gamma(1/3)}{\Gamma(1/4)}\left(\frac{\Gamma(11/12)}{\Gamma(1/12)}\right)^{1/2}=0.4719\cdots.$$

下からの限界はアールフォルス（1938）により，上からの限界はアールフォルス・グルンスキ(1937)による．彼らも述べているように，種々な理由から上記の上からの限界が $\mathfrak{B}$ の真の値であろうかと予想される．

つぎに，ブロックの定理 37.1 を利用することによって，**ショットキの定理**を証明する:

定理 37.2. 複素数 α が与えられたとき，$|z|<R$（$<\infty$）で正則な $f(z)$ が $f(0)=\alpha$ をみたし，しかもそこで 0 および 1 なる値をとらなければ，$0\leqq\theta<1$ のとき，

$$|f(z)|<S(\alpha,\theta) \qquad (|z|\leqq\theta R). \tag{37.3}$$

ここに $S(\alpha,\theta)$ は α と θ とにだけ依存して定まり，個々の $f(z)$ と R には無関係である．

証明. $|z|<R$ で正則な $f(z)$ がそこで零点をもたないから，等式

$$h(z)=\frac{1}{2\pi i}\log f(z), \qquad f(z)=e^{2\pi i h(z)} \tag{37.4}$$

によって $h(z)$ のおのおのの分枝が $|z|<R$ で一価正則な函数として定義される; その一つの分枝をあらためて $h(z)$ で表わすことにする．$|z|<R$ で $f(z)\neq 1$ だから，$h(z)\not\equiv 0 \pmod 1$，特に $h(z)\neq 0, 1$．したがって，等式

$$\varphi(z)=h(z)^{1/2}, \quad \psi(z)=(h(z)-1)^{1/2}; \quad h(z)=\varphi(z)^2=\psi(z)^2+1 \tag{37.5}$$

によって $\varphi(z)$, $\psi(z)$ のおのおのの分枝もまた $|z|<R$ で一価正則な函数として定義される; それらの一つずつの分枝をとって固定する．$\varphi(z)^2-\psi(z)^2=1$ だから，$\varphi(z)-\psi(z)$ は零点をもたない．したがって，$|z|<R$ で正則な函数(の分枝) $F(z)$ が

$$F(z)=\log(\varphi(z)-\psi(z)), \qquad \varphi(z)-\psi(z)=e^{F(z)} \tag{37.6}$$

によって定義される．定義の関係（37.4, 5, 6）によって，順次に

$$\varphi(z)+\psi(z)=\frac{1}{\varphi(z)-\psi(z)}=e^{-F(z)},\qquad 2\varphi(z)=e^{F(z)}+e^{-F(z)},$$

$$2\pi i h(z)=\frac{\pi i}{2}(2\varphi(z))^2=\frac{\pi i}{2}(e^{2F(z)}+e^{-2F(z)})+\pi i,$$

(37.7)
$$f(z)=-\exp\left(\frac{\pi i}{2}(e^{2F(z)}+e^{-2F(z)})\right).$$

また，$f(0)=\alpha$ の値によって $h(0)$, $\varphi(0)$, $\psi(0)$ が，したがってまた $F(0)$ も，確定するようにおのおのの分枝を定めておくことができる．さて，m $(\geqq 1)$ および n を整数とするとき，$F(z)$ は $|z|<R$ で

(37.8)
$$\pm\log(\sqrt{m}+\sqrt{m-1})+\frac{n\pi i}{2}$$

という値をとらない．それを示すために，$\gamma=\pm\log(\sqrt{m}+\sqrt{m-1})+n\pi i/2$ とおけば，順次に

$$e^{\gamma}=(\sqrt{m}+\sqrt{m-1})^{\pm 1}i^n,$$

$$e^{2\gamma}+e^{-2\gamma}=(-1)^n((\sqrt{m}+\sqrt{m-1})^{\pm 2}+(\sqrt{m}+\sqrt{m+1})^{\mp 2})=2(-1)^n(2m-1),$$

$$-\exp\left(\frac{\pi i}{2}(e^{2\gamma}+e^{-2\gamma})\right)=-\exp(\pi i(-1)^n(2m-1))=1.$$

仮定により $f(z)\neq 1$ だから，$F(z)\neq\gamma$．ところで，（37.8）の隣接する二数の実部および虚部の差について

$$\log(\sqrt{m+1}+\sqrt{m})-\log(\sqrt{m}+\sqrt{m-1})$$
$$\begin{cases}=\log(\sqrt{2}+1)<1 & (m=1),\\ <\log\sqrt{\dfrac{m+1}{m-1}}\leqq\log\sqrt{3}<1 & (m>1);\end{cases}$$

$$\left|\frac{(n+1)\pi i}{2}-\frac{n\pi i}{2}\right|=\frac{\pi}{2}<\sqrt{3}$$

となり，しかも（37.8）は $m=1, n=0$ に対して 0 となる．以上の評価に基いて，平面上の任意な点のまわりの半径 $\sqrt{(1/2)^2+(\sqrt{3}/2)^2}=1$ の円は必ず（37.8）の形の点，すなわち $F(z)$ が $|z|<R$ でとらない点を含む．いま，$|z|\leqq\theta R$ とし，しばらく $F'(z)\neq 0$ とする．このとき，固定されたおのおのの z に対して，ζ の函数

$$\frac{F(z+(1-\theta)R\zeta)}{(1-\theta)RF'(z)}$$

は $|\zeta|<1$ で正則であって，$\zeta=0$ での微分係数は1に等しい．ゆえに，ブロックの定理37.1によりこの函数の値域は半径 P の単葉円板を含む; P は一つの正の絶対定数である．ところで，すぐ上に示したことから，この値域は半径 $1/((1-\theta)R|F'(z)|)$ の円板を決して含まないから，

$$P<\frac{1}{(1-\theta)R|F'(z)|}, \qquad |F'(z)|<\frac{1}{(1-\theta)RP};$$

この最後の不等式は $F'(z)=0$ のときにも成り立つ．ゆえに，$|z|\leqq\theta R$ のとき，評価

$$|F(z)|=\left|F(0)+\int_0^z F'(z)\,dz\right|\leqq|F(0)|+\frac{\theta}{(1-\theta)P}<s(\alpha,\theta)$$

を得る．ここに，$s(\alpha,\theta)$ は $\alpha=f(0)$ と θ にだけ関する量である．したがって，(37.7) から

$$|f(z)|<\exp\left(\frac{\pi}{2}(e^{2s(\alpha,\theta)}+e^{-2s(\alpha,\theta)})\right)\equiv S(\alpha,\theta) \qquad (|z|\leqq\theta R).$$

ついでながら，この定理を用いると，整函数に関する**ピカールの定理**がきわめて簡単に証明される:

定理 37.3. $f(z)$ を定数でない整函数とすれば，$|z|<\infty$ でそれがとらない有限な値は高々一つである．

証明. 仮に $f(z)$ が二つの有限な値 a, b をとらなかったとすれば，$g(z)=(f(z)-a)/(b-a)$ は, 0, 1 なる値をとらない整函数である．ゆえに，ショットキの定理37.2によって，任意な $R>0$ に対して $|z|\leqq R/2$ で $|g(z)|<S(g(0), 1/2)$．R は任意だから，リウビユの定理17.5により，$g(z)\equiv\text{const}$ すなわち $f(z)\equiv\text{const}$ となってしまう．

一つの除外値は現われ得る．例えば $e^z\neq0$ $(|z|<\infty)$.

すぐ上の定理を精密にしたのが，つぎの**ランダウの定理**である:

定理 37.4. α と β $(\neq0)$ とを任意に与えられた複素数とするとき，$|z|<R$ で正則で $f(0)=\alpha$, $f'(0)=\beta$ なる函数 $f(z)$ がそこで 0 および 1 なる値をとらなければ，

(37.9) $$R<L(\alpha,\beta)$$

なる個々の $f(z)$ に無関係な限界 $L(\alpha,\beta)$ が存在する.

証明. ショットキの定理 37.2 によって $|f(z)|<S(\alpha,1/2)$ ($|z|\leqq R/2$) が成り立つから，コーシーの係数評価 (23.8) に基いて

$$|\beta|=|f'(0)|<S\left(\alpha,\frac{1}{2}\right)\Big/\frac{R}{2}.$$

したがって，$L(\alpha,\beta)=2S(\alpha,1/2)/|\beta|$ とおけば (37.9) が成り立つ.

この定理によって，$g(z)\not\equiv\mathrm{const}$ を整函数とすれば，$g'(z_0)\neq 0$ とするとき，$g(z+z_0)$ は $|z|<L(g(z_0),\ g'(z_0))$ で必ず 0 または 1 という値をとる．ゆえに，$g(z)$ 自身は $|z|<L(g(z_0),\ g'(z_0))+|z_0|$ で必ず 0 または 1 という値をとる．この意味で，ランダウの定理 37.4 はピカールの定理 37.3 を含んでいる.

定理 37.4 で特に $f(z)$ が多項式の場合を考えれば，多項式 $f(z)=\sum_{\nu=0}^{n}c_\nu z^\nu$ ($c_1\neq 0$) は $|z|<L(c_0,\ c_1)$ で必ず 0 または 1 という値をとる．この見掛けははなはだ簡単な事実に対して，その代数的な証明はまだ知られていない; **ランダウの問題!**

本論へもどり，まず準備としてワイエルシュトラスの定理 21.5 をつぎの形に精密化する:

定理 37.5. $0<|z-z_0|<R$ で有理型な函数 $f(z)$ が z_0 を真性特異点とするならば，w 平面上の任意な点 ω_0 の任意な近傍 U 内に $w=f(z)$ によって無限回とられる点 ω が存在する.

証明. $0<\varepsilon_\nu<R$, $\varepsilon_\nu\to 0$ ($\nu\to\infty$) なる一つの数列 $\{\varepsilon_\nu\}_{\nu=1}^{\infty}$ をとる．ワイエルシュトラスの定理 21.5 によって ω_0 は z_0 における $f(z)$ の集積値だから，$0<|\zeta_1-z_0|<\varepsilon_1$, $f(\zeta_1)\in U$ なる点 ζ_1 が存在する．領域保存の定理 26.7 によって $0<|z-z_0|<\varepsilon_1$ における $w=f(z)$ の値域は U に含まれる一つの閉円板 $\overline{K}_1$ を含む．帰納的に $\overline{K}_{\nu-1}$ が得られたならば，$0<|\zeta_\nu-z_0|<\varepsilon_\nu$, $f(\zeta_\nu)\in K_{\nu-1}$ なる点 ζ_ν が存在するから，$0<|z-z_0|<\varepsilon_\nu$ における $w=f(z)$ の値域は $K_{\nu-1}$ に含まれる一つの閉円板 $\overline{K}_\nu$ を含む．これによって，閉円板の減少列 $\{\overline{K}_\nu\}_{\nu=1}^{\infty}$ が得られる．$K=\bigcap_{\nu=1}^{\infty}\overline{K}_\nu$ は空でない閉集合であって U に含まれている．任意な $\omega\in\overline{K}$ はすべての $\overline{K}_\nu$ に含まれるから，上記のつくり方によって

$$(37.10)\qquad 0<|z_\nu-z_0|<\varepsilon_\nu,\qquad f(z_\nu)=\omega\qquad (\nu=1,2,\cdots)$$

なる点列 $\{z_\nu\}_{\nu=1}^{\infty}$ が存在する．$\varepsilon_\nu\to 0$ ($\nu\to\infty$) だから，この点列は相異なる点を無限に多く含んでいる.

さて，いよいよ目標であるいわゆる**ピカールの大定理**をあげる:

定理 37.6. $0<|z-z_0|<R$ で有理型であって z_0 を真性特異点としてもつ函数 $f(z)$ は，高々二つの値(有限値または ∞)を除いた残りのすべての値を無限回とる.

証明. 仮に $f(z)$ が三つの値 a, b, c を有限回しかとらなかったとすれば，ある正数 $R_0<R$ に対して $f(z)$ は $0<|z-z_0|<R_0$ でこれらの値を全然とらない. a, b, c がともに有限であるか，それらの一つ例えば c が ∞ であるかに応じて，

$$g(z)=\frac{f(z_0+R_0z)-a}{f(z_0+R_0z)-b}\Big/\frac{c-a}{c-b},\qquad g(z)=\frac{f(z_0+R_0z)-a}{b-a}$$

とおけば，$g(z)$ は $0<|z|\leqq 1$ で一価正則であって $z=0$ を真性特異点としてもち，しかも $0<|z|<1$ で 0 および 1 なる値をとらない. 前定理に基いて，$0<|z|<e^{-2\pi}$ で $g(z)$ が無限回とる一つの値を ω とする. 定理 20.3 によってあるいは前定理の証明でみたように((37.10) 参照)，$g(z)$ の ω 点の集合 $\{z_\nu\}_{\nu=1}^{\infty}$ は 0 をただ一つの集積点としている. したがって，

$$g(z_\nu)=\omega,\ 0<|z_\nu|<e^{-2\pi}\ (\nu=1,2,\cdots);\quad z_\nu\to 0\ (\nu\to\infty)$$

である. そこでさらに

$$g_\nu(z)=g(z_\nu e^{2\pi iz})\qquad(\nu=1,2,\cdots)\tag{37.11}$$

とおけば，$g_\nu(z)$ は $0<|z_\nu e^{2\pi iz}|<1$ で，したがって特に $|z|<1$ で正則であって，しかもそこで 0 および 1 なる値をとらない; さらに $g_\nu(0)=g(z_\nu)=\omega$ である. ゆえに，ショットキの定理 37.2 によって，

$$|g_\nu(z)|<S\left(\omega,\frac{1}{2}\right)\qquad\left(|z|\leqq\frac{1}{2};\ \nu=1,2,\cdots\right)\tag{37.12}$$

が成り立つ. z が実軸上の $\pm 1/2$ を端点とする線分にわたるとき，$z_\nu e^{2\pi iz}$ は原点を中心とする半径 $|z_\nu|$ の円周にわたる. ゆえに，(37.11) と (37.12) を比較すると，円周列 $|z|=|z_\nu|$ $(\nu=1,2,\cdots)$ 上で $g(z)$ は一様に有界である: $|g(z)|<S(w,1/2)$. したがって，除去可能な特異点に関するリーマンの定理 21.3 (その証明直後の注意参照)によって，原点が $g(z)$ の真性特異点ではあり得ないことになり，仮定に反する.

この定理によって，孤立真性特異点 z_0 のまわりで $f(z)$ が有限回しかとらない値は高々二つである. かような値を**ピカールの意味の除外値**という. 例え

ば $z_0=0$, $f(z)=e^{1/z}$ とすれば, 0 および ∞ が除外値である. ちなみに, 孤立真性特異点のまわりで一価正則な函数に対しては, ∞ が除外値となっているから, 有限な除外値は高々一つに過ぎない. なお, ∞ が真性特異点の場合には, 簡単な一次変換で原点へ特異点をうつせばわかるように, 全く同様な定理が成り立つ. そして, さきに述べたピカールの定理 37.3 は, その特別な場合にあたっている.

問 1. $\Re z>0$ で正則な $f(z)$ が擬周期性 $f(z+2\pi i)=f(z)+2k\pi i$ (k は一つの整数) をもち, $f(z)\neq 2n\pi i$ ($n=0,\pm1,\cdots$) ならば, $\Re z>0$ 内でシュトルツの路に沿って $z\to\infty$ のとき, $f(z)/z\to k$, $f'(z)\to k$. [練 6.14]

問 2. $|z|<1$ で正則な単葉函数 $f(z)=z+\cdots$ ($|z|<1$) の像に含まれる最大な円板の半径を $P[f]$ で表わし, f がこの性質をもつすべての函数にわたるときの $P[f]$ の下限を $\mathfrak{A}$ とおけば, $1/4\leqq\mathfrak{A}\leqq\pi/4$. [例題 1]

問 3. 超越整函数 $f(z)$ が, ∞ に終る連続曲線に沿って $z\to\infty$ のとき, 極限値 a をもつならば, a を $f(z)$ の一つの**漸近値**という. ——超越整函数は ∞ を漸近値としてもつ. [練 6.17]

§38. イェンゼン・ネバンリンナの公式

定理 19.2 で示したように, $|z|\leqq R$ で調和な函数に対しては, $|z|<R$ でポアッソン表示 (19.6) がきく. $|z|\leqq R$ で正則な $f(z)$ がそこで零点をもたなければ, $\log|f(z)|$ はそこで調和となるから, それに対するポアッソン表示を書きあげれば,

$$\log|f(re^{i\theta})|=\frac{1}{2\pi}\int_0^{2\pi}\log|f(Re^{it})|\frac{R^2-r^2}{R^2-2Rr\cos(t-\theta)+r^2}dt \quad (r<R). \tag{38.1}$$

これを一般化したものが, つぎの**ネバンリンナ兄弟の定理**である:

定理 38.1. $|z|\leqq R$ で有理型な函数 $f(z)$ のそこでの零点, 極の全体を重複度に応じてそれぞれ $\{\zeta_j\}_{j=1}^n$, $\{\omega_k\}_{k=1}^p$ とすれば,

$$\begin{aligned}&\log|f(z)|-\sum_{j=1}^n\log\left|\frac{R(z-\zeta_j)}{R^2-\bar{\zeta}_jz}\right|+\sum_{k=1}^p\log\left|\frac{R(z-\omega_k)}{R^2-\bar{\omega}_kz}\right|\\&=\frac{1}{2\pi}\int_0^{2\pi}\log|f(Re^{it})|\frac{R^2-r^2}{R^2-2Rr\cos(t-\theta)+r^2}dt\end{aligned} \tag{38.2}$$

$$(z=re^{i\theta},\ r<R).$$

証明. まず，$|z|=R$ 上に $f(z)$ の零点も極も存在しない場合を考える．そのとき，簡単のため

$$\psi(z)=\prod_{j=1}^{n}\frac{R(z-\zeta_j)}{R^2-\bar{\zeta}_j z}\Big/\prod_{k=1}^{p}\frac{R(z-\omega_k)}{R^2-\bar{\omega}_k z} \tag{38.3}$$

とおけば，$f(z)/\psi(z)$ は $|z|\leqq R$ で零点をもたない正則函数である．ゆえに，定理の直前に述べたことによって，

$$\log\left|\frac{f(z)}{\psi(z)}\right|=\frac{1}{2\pi}\int_0^{2\pi}\log\left|\frac{f(Re^{it})}{\psi(Re^{it})}\right|\cdot\frac{R^2-r^2}{R^2-2Rr\cos(t-\theta)+r^2}dt \quad (r<R).$$

$|\psi(Re^{it})|=1$ だから，これを書きなおして (38.2) を得る．つぎに，$|z|=R$ 上に $f(z)$ の零点または極がある場合について示すための準備として，$|z|=R$ 上にただ一つの零点 $\zeta=Re^{i\tau}$ をもつ特殊な函数 $z-\zeta$ を考える．$R'>R$ とするとき，これは $|z|\leqq R'$ で正則であってそこでのただ一つの零点が ζ だから，上記の結果によって

$$\begin{aligned}&\log|z-\zeta|-\log\left|\frac{R'(z-\zeta)}{R'^2-\bar{\zeta}z}\right|\\ &=\frac{1}{2\pi}\int_0^{2\pi}\log|R'e^{it}-\zeta|\cdot\frac{R'^2-r^2}{R'^2-2R'r\cos(t-\theta)+r^2}dt \qquad (r<R).\end{aligned} \tag{38.4}$$

この左辺は $R\leqq R'$ のとき，R' について連続である．右辺も同じ性質をもつことを示すために，$0<\delta<\pi$ とし，さらに周期性に注意して，

$$\begin{aligned}&\frac{1}{2\pi}\int_0^{2\pi}\log|R'e^{it}-\zeta|\cdot\frac{R'^2-r^2}{R'^2-2R'r\cos(t-\theta)+r^2}dt\\ &=\frac{1}{2\pi}\left(\int_{\tau-\pi}^{\tau-\delta}+\int_{\tau-\delta}^{\tau+\delta}+\int_{\tau+\delta}^{\tau+\pi}\right)\log|R'e^{it}-\zeta|\cdot\frac{R'^2-r^2}{R'^2-2R'r\cos(t-\theta)+r^2}dt\\ &\equiv I_1(R',\delta)+I_2(R',\delta)+I_3(R',\delta)\end{aligned}$$

とおく．固定されたおのおのの δ に対し，$\delta\leqq|t-\tau|\leqq\pi$ では，$R'\to R$ のとき t について一様に $\log|R'e^{it}-Re^{i\tau}|\to\log|Re^{it}-Re^{i\tau}|$ となるから，

$$I_1(R',\delta)\to I_1(R,\delta), \qquad I_3(R',\delta)\to I_3(R,\delta) \qquad (R'\to R).$$

つぎに，ポアッソン核に対しては評価

$$0<\frac{R'^2-r^2}{R'^2-2R'r\cos(\theta-t)+r^2}\leqq\frac{R'+r}{R'-r}\leqq\frac{R+r}{R-r}$$

が成り立つ．他方で，$|t-\tau|\leqq\delta$ のとき，

$$|R'e^{it}-Re^{i\tau}|\geqq R|e^{it}-e^{i\tau}|=2R\sin\frac{|t-\tau|}{2}\geqq\frac{2R}{\pi}|t-\tau|,$$

$$|R'e^{it}-Re^{i\tau}|\leqq|R'e^{i\delta}-R|=\left((R'-R)^2+4R'R\sin^2\frac{\delta}{2}\right)^{1/2}$$

となるから，$R'-R$ および δ が 0 に近い限り，適当な正数 K をもって

$$0<\log\frac{1}{|R'e^{it}-Re^{i\tau}|}\leqq K\log\frac{1}{|t-\tau|}$$

なる評価が成り立つ．したがって，

$$|I_2(R',\delta)|\leqq\frac{K}{2\pi}\frac{R+r}{R-r}\int_{\tau-\delta}^{\tau+\delta}\log\frac{1}{|t-\tau|}dt$$

$$=\frac{K}{\pi}\frac{R+r}{R-r}\int_0^{\delta}\log\frac{1}{t}dt=\frac{K}{\pi}\frac{R+r}{R-r}\left(\delta+\delta\log\frac{1}{\delta}\right).$$

ゆえに，R に近い R' について一様に

$$I_2(R',\delta)=O\left(\delta\log\frac{1}{\delta}\right)=o(1)\qquad(\delta\to 0).$$

ゆえに，(38.4) の両辺で $R'\to R$ とするとき，

$$\log|z-\zeta|=I_1(R,\delta)+I_3(R,\delta)+o(1)$$

$$=\frac{1}{2\pi}\left(\int_{\tau-\pi}^{\tau-\delta}+\int_{\tau+\delta}^{\tau+\pi}\right)\log|Re^{it}-\zeta|\cdot\frac{R^2-r^2}{R^2-2Rr\cos(t-\theta)+r^2}dt+o(1)$$

となるが，ここでさらに $\delta\to 0$ とすることによって，

$$\log|z-\zeta|=\frac{1}{2\pi}\int_0^{2\pi}\log|Re^{it}-\zeta|\cdot\frac{R^2-r^2}{R^2-2Rr\cos(t-\theta)+r^2}dt \tag{38.5}$$

$$(|\zeta|=R).$$

これは (38.4) の右辺もまた $R\leqq R'$ に対して R' について連続なことを示している．さて，以上の準備のもとで，$f(z)$ の零点，極のうちで $|z|<R$ に属するものをそれぞれ $\{\zeta_j\}_{j=1}^{n'}$，$\{\omega_k\}_{k=1}^{p'}$ とすれば，空な積は 1 を表わすものと規約して，簡単のため

$$\varphi(z)=\prod_{j=n'+1}^{n}(z-\zeta_j)\Big/\prod_{k=p'+1}^{p}(z-\omega_k) \tag{38.6}$$

とおけば，$f(z)/\varphi(z)$ は $|z|=R$ 上に零点も極ももたない有理型函数であって，$|z|<R$ では零点および極を $f(z)$ と共有する．ゆえに，

$$\log\left|\frac{f(z)}{\varphi(z)}\right|-\sum_{j=1}^{n'}\log\left|\frac{R(z-\zeta_j)}{R^2-\bar{\zeta}_j z}\right|+\sum_{k=1}^{p'}\log\left|\frac{R(z-\omega_k)}{R^2-\bar{\omega}_k z}\right|$$

(38.7)

$$=\frac{1}{2\pi}\int_0^{2\pi}\log\left|\frac{f(Re^{it})}{\varphi(Re^{it})}\right|\cdot\frac{R^2-r^2}{R^2-2Rr\cos(t-\theta)+r^2}dt \qquad (r<R).$$

他方で，(38.5) に基いて，(38.6) に対しては

$$\log|\varphi(z)|=\frac{1}{2\pi}\int_0^{2\pi}\log|\varphi(Re^{it})|\cdot\frac{R^2-r^2}{R^2-2Rr\cos(t-\theta)+r^2}dt \qquad (r<R). \tag{38.8}$$

ところで，一般に $|\chi|=R$, $|z|<R$ のとき，$\log|R(z-\chi)/(R^2-\bar{\chi}z)|=0$ であることに注意すれば，両式 (38.7) と (38.8) を加えることによって，定理の関係 (38.2) を得る.

なお，証明の最後に述べたことから，(38.2) で $\{\zeta_j\}$, $\{\omega_k\}$ が $|z|<R$ に属するそれぞれ零点，極の全体であると解してもよい．この定理を特殊化することにより，つぎの**イェンゼンの定理**がみちびかれる:

定理 38.2. $|z|\leqq R$ で有理型な函数 $f(z)$ の $0<|z|\leqq R$ ($0<|z|<R$ としてもよい) に含まれる零点，極の全体を重複度に応じてそれぞれ $\{\zeta_j\}_{j=1}^n$, $\{\omega_k\}_{k=1}^p$ とする．さらに，$f(z)$ の原点のまわりでのローラン展開の最低冪の項(初項)を $\alpha_m z^m$ とすれば，

$$\log|\alpha_m|+m\log R-\sum_{j=1}^{n}\log\frac{|\zeta_j|}{R}+\sum_{k=1}^{p}\log\frac{|\omega_k|}{R}$$

(38.9)

$$=\frac{1}{2\pi}\int_0^{2\pi}\log|f(Re^{it})|dt.$$

証明. 原点で 0, ∞ とならない函数 $F(z)=f(z)/z^m$ へ定理 38.1 の公式を適用して $z=0$ とおけば，$F(0)=\alpha_m$ に注意することにより，ただちに (38.9) を得る.

定理 38.1 からさらに，つぎの定理がみちびかれる:

定理 38.3. 定理 38.1 の仮定をみたす $f(z)$ に対して $|z|=R$ 上で $|f(z)|\leqq M$ ならば，

$$|f(z)|\leqq M\prod_{j=1}^{n}\left|\frac{R(z-\zeta_j)}{R^2-\bar{\zeta}_j z}\right|\Big/\prod_{k=1}^{p}\left|\frac{R(z-\omega_k)}{R^2-\bar{\omega}_k z}\right| \qquad (|z|<R). \tag{38.10}$$

ここで $\{\zeta_j\}$, $\{\omega_k\}$ 以外の一点で等号が現われるのは，つぎの形の有理函数の場

合に限る:

$$(38.11)\qquad f(z)=\varepsilon M\prod_{j=1}^{n}\frac{R(z-\zeta_j)}{R^2-\bar\zeta_j z}\Big/\prod_{k=1}^{p}\frac{R(z-\omega_k)}{R^2-\bar\omega_k z}\qquad(|\varepsilon|=1).$$

証明. ポアッソン核は問題の範囲でつねに正の値をとり，等式 (19.10) をみたすことに注意すれば，仮定 $|f(Re^{it})|\leqq M$ によって

$$\frac{1}{2\pi}\int_0^{2\pi}\log|f(Re^{it})|\cdot\frac{R^2-r^2}{R^2-2Rr\cos(t-\theta)+r^2}dt\leqq\log M.$$

この評価を (38.2) へ用いれば，ただちに (38.10) を得る. ——しかし，この関係はむしろ直接に，つぎのようにもみちびかれる. (38.3) で導入された $\psi(z)$ をもって，$|z|\leqq R$ で正則な函数 $f(z)/\psi(z)$ を考えれば，$|z|=R$ 上で $|f(z)/\psi(z)|=|f(z)|\leqq M$. ゆえに，$|z|<R$ でも $|f(z)/\psi(z)|\leqq M$ すなわち (38.10) が成り立つ. しかも，$\{\zeta_j\}$，$\{\omega_k\}$ 以外において等号が現われるのは，$f(z)/\psi(z)=\varepsilon M$ $(|\varepsilon|=1)$ すなわち (38.11) の場合に限る.

定理 38.3 では，$f(z)$ が閉円板 $|z|\leqq R$ で有理型なことを仮定しているが，この仮定はつぎのようにゆるめられる: ——$f(z)$ は $|z|<R$ で有理型であって，そこで零点 $\{\zeta_j\}$ をもつとする; これは必ずしも零点の全体でなくてもよく，これに含まれるおのおのの零点の重複度が位数をこえない個数であればよい. また，$|z|<R$ に含まれる $f(z)$ の極の全体を $\{\omega_k\}$ とする. このとき，$|z_\nu|\to R-0$ $(\nu\to\infty)$ なるいかなる点列 $\{z_\nu\}$ に対しても $\overline{\lim}_{\nu\to\infty}|f(z_\nu)|\leqq M$ ならば，

$$(38.12)\qquad |f(z)|\leqq M\prod_j\left|\frac{R(z-\zeta_j)}{R^2-\bar\zeta_j z}\right|\Big/\prod_k\left|\frac{R(z-\omega_k)}{R^2-\bar\omega_k z}\right|\qquad(|z|<R).$$

じっさい，仮定により $f(z)$ の $|z|<R$ 内の極は $|z|=R$ 上に集積しないから，その個数は有限であり，したがって，適当な正数 R_0 をとれば，$R_0<|z|<R$ は $f(z)$ の極を含まない. $|z|<R$ (したがって $|z|\leqq R_0$) に含まれる $f(z)$ の極の全体をあらためて $\{\omega_k\}_{k=1}^{p}$ とし，$\max_{|z|=\rho}|f(z)|=M_\rho$ $(R_0<\rho<R)$ とおけば，零点の総数をこえない任意な自然数 N に対して

$$|f(z)|\leqq M_\rho\prod_{j=1}^{N}\left|\frac{\rho(z-\zeta_j)}{\rho^2-\bar\zeta_j z}\right|\Big/\prod_{k=1}^{p}\left|\frac{\rho(z-\omega_k)}{\rho^2-\bar\omega_k z}\right|\qquad(|z|\leqq\rho).$$

ここで $\rho\to R$ とすれば，

$$|f(z)|\leqq M\prod_{j=1}^{N}\left|\frac{R(z-\zeta_j)}{R^2-\bar\zeta_j z}\right|\Big/\prod_{k=1}^{p}\left|\frac{R(z-\omega_k)}{R^2-\bar\omega_k z}\right|\qquad(|z|<R)$$

を得るが，ここに N は任意だから，さらに (38.12) が成り立つ.

なお，上記の結果 (38.12) はシュワルツの定理 24.1 の評価 (24.1) の一般化となっている. じっさい，$f(z)$ が $|z|<R$ で正則ならば，$\{\omega_k\}$ は空となり，

$f(0)=0$ に応じて $\{\zeta_j\}$ として特に $\zeta_1=0$ だけから成るものをとれる．

つぎに，$|z|<R$ で正則な $f(z)$ がそこで $|f(z)|\leqq M$ をみたし，零点 $\{\zeta_j\}$ をもつならば，原点を m ($\geqq 0$) 位の零点とするとき，(38.12) から

$$\left|\frac{f(z)}{z^m}\right|\leqq\frac{M}{R^m}\prod_{j>m}\left|\frac{R(z-\zeta_j)}{R^2-\bar{\zeta}_j z}\right| \qquad (|z|<R) \tag{38.13}$$

を得る．この評価を利用すると，つぎの**ブラシュケの定理**がみちびかれる:

定理 38.4. $f(z)\not\equiv 0$ が $|z|<R$ で有界な正則函数ならば，$\{\zeta_j\}$ をその $|z|<R$ における零点(の全部または一部)から成る集合とし，$\zeta_j\neq 0$ ($j>m$) とするとき，乗積

$$\prod_{j>m}\frac{|\zeta_j|}{R} \tag{38.14}$$

は収束し，したがって――それと同値なことだが――級数

$$\sum_j (R-|\zeta_j|) \tag{38.15}$$

は収束する．

証明. $\{\zeta_j\}$ が無限集合の場合だけが本質的である．$|f(z)|\leqq M$ ($|z|<R$) とし，一般性を失うことなく原点が m 位の零点であるとすれば，(38.13) で $z=0$ とおくことによって

$$0<\frac{|f^{(m)}(0)|}{m!}\leqq\frac{M}{R^m}\prod_{j>m}\frac{|\zeta_j|}{R} \tag{38.16}$$

となるから，(38.14) は収束する．したがってまた，定理 7.4 によって級数

$$\sum_{j>m}\left(1-\frac{|\zeta_j|}{R}\right)=\frac{1}{R}\sum_{j>m}(R-|\zeta_j|)$$

が収束し，(38.15) もまた収束する．

このブラシュケの定理は，円内で有界な正則函数の零点の分布に対する一種の制限を与えている．$f(z)$ と同時に任意な a ($\neq\infty$) に対して $f(z)-a$ もまた有界正則だから，$f(z)\not\equiv a$ の a 点の分布に対しても同じ型の制限がつく．また，この定理によって，$|z|<R$ で有界正則な $f(z)$ が $\{\zeta_j\}$ で 0 となり．それからつくった級数 (38.15) が発散すれば，$f(z)\equiv 0$ が結論される．

さて，定理 38.4 は $|z|<R$ で有界な正則函数 $f(z)\not\equiv 0$ の零点の分布に対する一つの必要条件を述べている．それでは，この条件が果して十分でもあろう

か．すなわち，その条件のもとで，無限列（この場合だけが本質的である）$\{\zeta_j\}$ を零点とする $|z|<R$ で有界な正則函数 $f(z)\not\equiv 0$ が存在するであろうか．結果は肯定的である！

定理 38.5. $|z|<R$ に含まれる点列 $\{\zeta_j\}_{j=1}^{\infty}$ に対して級数（38.15）が収束するならば，

$$f(z)=\prod_{j=1}^{\infty}\eta_j\frac{R(z-\zeta_j)}{R^2-\overline{\zeta}_jz}\qquad\left(\eta_j=-\frac{\overline{\zeta}_j}{|\zeta_j|}=-\frac{|\zeta_j|}{\zeta_j}\right)\tag{38.17}$$

は $|z|<R$ で正則であって $|f(z)|<1$ をみたし，しかも $\{\zeta_j\}$ を零点の全体としてもっている．ただし，$\zeta_j=0$ のときには，例えば $\eta_j=-1$ とおく．

証明. 仮定によって殆んどすべての ζ_j が 0 でないから，一般性を失うことなく $\zeta_j\neq 0$ $(j=1,2,\cdots)$ とする．このとき，$\{\zeta_j\}$ は 0 に集積しないから，ある $\delta>0$ に対して $|\zeta_j|\geqq\delta$ となる．さて，

$$\eta_j\frac{R(z-\zeta_j)}{R^2-\overline{\zeta}_jz}=\frac{|\zeta_j|}{R}\,\frac{R^2(z/\zeta_j-1)}{\overline{\zeta}_jz-R^2}=\frac{|\zeta_j|}{R}\left(1+\frac{z(R^2-|\zeta_j|^2)}{\zeta_j(\overline{\zeta}_jz-R^2)}\right)$$

において，任意な正数 $\rho<R$ に対して $|z|\leqq\rho$ のとき

$$\left|\frac{z(R^2-|\zeta_j|^2)}{\zeta_j(\overline{\zeta}_jz-R^2)}\right|\leqq\frac{|z|(R+|\zeta_j|)(R-|\zeta_j|)}{|\zeta_j|(R^2-|\zeta_j||z|)}\leqq\frac{2\rho}{\delta(R-\rho)}(R-|\zeta_j|)$$

となるから，$|z|\leqq\rho$ で一様に，したがって $|z|<R$ で広義の一様に，無限級数

$$\sum_j\frac{z(R^2-|\zeta_j|^2)}{\zeta_j(\overline{\zeta}_jz-R^2)}$$

は絶対収束する．ゆえに，無限乗積

$$\prod_j\left(1+\frac{z(R^2-|\zeta_j|^2)}{\zeta_j(\overline{\zeta}_jz-R^2)}\right)$$

もまた $|z|<R$ で広義の一様に収束する．他方で，（38.15）の収束の仮定から無限乗積 $\prod(|\zeta_j|/R)$ も収束する．したがって，（38.17）の右辺にある無限乗積は $|z|<R$ で広義の一様に収束する．ゆえに，$f(z)$ はそこで正則な函数を表わす．$|z|<R$ のとき，乗積の各項の絶対値は 1 より小さいから，$|f(z)|<1$．また，$f(z)$ が $\{\zeta_j\}$ を零点としてもつことは，その形から明らかである．さらに，$f(z)$ が $\{\zeta_j\}$ 以外で 0 とならないことは，つぎのようにしてわかる．まず，$f(0)=\prod_{j=1}^{\infty}(|\zeta_j|/R)\neq 0$（一般に $\zeta_j=0$ $(j\leqq m)$，$\zeta_j\neq 0$ $(j>m)$ ならば $f^{(m)}(0)\neq 0$）；特に $f(z)\not\equiv 0$．いま，z_0 $(|z_0|<R)$ をすべての ζ_j と異なる任意な一点とする．

(38.15) の収束から $|\zeta_j|\to R$ $(j\to\infty)$ となるから，z_0 は $\{\zeta_j\}$ の集積点ではない．したがって，$f(z)$ は $\{\zeta_j\}_{j=1}^{N}$ を零点の全体としてもつ広義の一様収束する $|z|<R$ で正則な有理函数列 $\{f_N(z)\}_{N=1}^{\infty}$ の極限函数とみなされるから，フルウィッツの定理 27.4 によって $f(z_0)\neq 0$ である．

なお，(38.17) の右辺で $\zeta_j\neq 0$ である限り，$\eta_j=-\zeta_j/|\zeta_j|$ とする代りに，$\eta_j=-\bar{\zeta}_j/R$ とおくこともできたであろう．証明ではむしろこの方が簡単であるかも知れない．

問 1. $\Re z>0$ で正則な函数 $f(z)\not\equiv 0$ がそこで有界ならば，$\Re z>0$ に属するその零点から成る集合 $\{\zeta_j\}$ に対して $\sum \Re\zeta_j/(1+|\zeta_j|^2)$ は収束する．　［例題 1］

問 2. 原点で 0 とならない整函数 $f(z)$ の $|z|\leqq r$ に含まれる(重複度に応じて数えられた)零点の個数を $n(r)$ で表わせば，

$$\int_0^R \frac{n(r)}{r}dr\leqq \log M(R)-\log|f(0)|.$$

［例題 3］

§39. ネバンリンナの第一主要定理

有理型函数の値分布の理論を組織的に打ち樹てるための出発点として，R. ネバンリンナ (1925) は定理 38.2 にあげたイェンゼンの定理を応用上便利な形に書きかえることによって，いわゆる第一主要定理を発見した．それを説明するために，まず任意な $\alpha\geqq 0$ に対して記号

$$\overset{+}{\log}\,\alpha=\max(\log\alpha,\ 0)\equiv\frac{1}{2}(\log\alpha+|\log\alpha|) \tag{39.1}$$

を導入する；ただし，$\overset{+}{\log}\,0=0$ とする．容易にたしかめられるように，

$$\begin{aligned}&\log\alpha=\overset{+}{\log}\,\alpha-\overset{+}{\log}\frac{1}{\alpha}, \qquad |\log\alpha|=\overset{+}{\log}\,\alpha+\overset{+}{\log}\frac{1}{\alpha},\\ &\overset{+}{\log}\prod_{\nu=1}^{p}\alpha_\nu\leqq\sum_{\nu=1}^{p}\overset{+}{\log}\,\alpha_\nu, \qquad \overset{+}{\log}\sum_{\nu=1}^{p}\alpha_\nu\leqq\sum_{\nu=1}^{p}\overset{+}{\log}\,\alpha_\nu+\log p.\end{aligned} \tag{39.2}$$

一般に，a を複素数または ∞ とするとき，$|z|<R$ $(\leqq+\infty)$ で有理型な函数 $f(z)\not\equiv\text{const}$ の $|z|\leqq r$ $(<R)$ に含まれる a 点の(重複度に応じて数えた)個数を $n(r,a)$ で表わす．

そこで，つぎのいわゆる**個数函数** $N(r,a)$ と**近接函数** $m(r,a)$ を定義する．まず，$a\neq\infty$ のとき，

$$N(r,a)=N\left(r,\frac{1}{f-a}\right)=\int_0^r\frac{n(t,a)-n(0,a)}{t}dt+n(0,a)\log r, \tag{39.3}$$

(39.4) $$m(r,a)=m\left(r,\frac{1}{f-a}\right)=\frac{1}{2\pi}\int_0^{2\pi}\overset{+}{\log}\left|\frac{1}{f(re^{i\theta})-a}\right|d\theta;$$

また，$a=\infty$ のときには，

(39.5) $$N(r,\infty)=N(r,f)=\int_0^r\frac{n(t,\infty)-n(0,\infty)}{t}dt+n(0,\infty)\log r,$$

(39.6) $$m(r,\infty)=m(r,f)=\frac{1}{2\pi}\int_0^{2\pi}\overset{+}{\log}|f(re^{i\theta})|d\theta.$$

ついで，これらを用いて，**特性函数** $T(r)$ を

(39.7) $$T(r)=T(r,f)=m(r,f)+N(r,f)$$

によって定義する．このとき，$m(r,a)+N(r,a)$ が有界な量を無視すれば個個の a の値に関しないことを主張するのが，つぎの**ネバンリンナの第一主要定理**の内容である:

定理 39.1. $f(z)\not\equiv\text{const}$ を $|z|<R$ $(\leqq+\infty)$ で有理型とすれば，任意な複素数 a に対して

(39.8) $$m(r,a)+N(r,a)=T(r)+\varphi(r) \qquad (0<r<R),$$

(39.9) $$|\varphi(r)|\leqq\overset{+}{\log}|a|+|\log|c||+\log 2;$$

ここに，c は $f(z)-a$ の原点のまわりのローラン展開の初めて 0 でない項の係数を表わす.

証明. イェンゼンの定理 38.2 によって，$0<|z|<R$ における $f(z)-a$ の零点，極をそれぞれ $\{\alpha_j\}$，$\{\beta_k\}$ とすれば，そのローラン展開の初項が cz^h だから，$h=n(0,a)-n(0,\infty)$ であることに注意して，

(39.10) $$\begin{aligned}&\log|c|+(n(0,a)-n(0,\infty))\log r\\&-\sum_{0<|\alpha_j|\leqq r}\log\frac{|\alpha_j|}{r}+\sum_{0<|\beta_k|\leqq r}\log\frac{|\beta_k|}{r}=\frac{1}{2\pi}\int_0^{2\pi}\log|f(re^{i\theta})-a|d\theta.\end{aligned}$$

ところで，部分積分法によって，

$$\begin{aligned}-\sum_{0<|\alpha_j|\leqq r}\log\frac{|\alpha_j|}{r}&=\int_0^r\log\frac{r}{t}\,d(n(t,a)-n(0,a))\\&=\int_0^r\frac{n(t,a)-n(0,a)}{t}dt=N(r,a)-n(0,a)\log r,\end{aligned}$$

$$-\sum_{0<|\beta_k|\leqq r}\log\frac{|\beta_k|}{r}=\int_0^r\log\frac{r}{t}\,d(n(t,\infty)-n(0,\infty))$$

$$=\int_0^r \frac{n(t,\infty)-n(0,\infty)}{t}dt=N(r,\infty)-n(0,\infty)\log r.$$

ゆえに，(39.2) の第一の関係に注意して (39.10) から

(39.11)　$$m(r,a)+N(r,a)=m(r,f-a)+N(r,\infty)-\log|c|.$$

(39.2) の最後の不等式を利用することによって $|\overset{+}{\log}|f-a|-\overset{+}{\log}|f||\leqq\overset{+}{\log}|a|+\log 2$ となるから，

(39.12)　$$|m(r,f-a)-m(r,f)|\leqq\overset{+}{\log}|a|+\log 2\quad(m(r,f)\equiv m(r,\infty)).$$

したがって，(39.8) とおけば，(39.11) によって (39.9) が成り立つ.

特性函数は有理型函数論を通じて重要な役割を演ずる. $|z|\leqq r$ における $f(z)$ の a 点の分布に関する個数函数 $N(r,a)$ と $|z|=r$ 上における $f(z)$ の a への接近の度合に関する近接函数 $m(r,a)$ との和が，有界な量を除いて，a についての一様性を示すというのが，第一主要定理の内容である.

つぎに，清水，アールフォルスにしたがって特性函数の幾何学的意味を説明するために，函数の値域を平面上でなくて数球面上で考える. w 平面上の原点でこれに接する半径 1/2 の数球面をとれば，その上の二点 w，a の弦距離は，(4.4, 5) にあげた公式により

(39.13)　$$[w,a]=\frac{|w-a|}{\sqrt{1+|a|^2}\sqrt{1+|w|^2}},\qquad [w,\infty]=\frac{1}{\sqrt{1+|w|^2}}$$

で与えられる. そこで，**近接函数**を (39.4, 6) で定義する代りにあらためて，$h=n(0,a)-n(0,\infty)$ として，

(39.14)　$$m(r,a)=\frac{1}{2\pi}\int_0^{2\pi}\log\frac{1}{[f(re^{i\theta}),a]}d\theta-\lim_{z\to 0}\log\frac{|z|^h}{[f(z),a]}$$

によって定義する. つねに $[f,a]\leqq 1$ だから，右辺の第一項の被積分函数は負でない. $r\to R-0$ のとき，$a\neq\infty$ ならば，

$$\frac{1}{[f(re^{i\theta}),a]}=\begin{cases}O(1) & (|f(re^{i\theta})-a|\geqq 1),\\ \dfrac{1}{|f(re^{i\theta})-a|}+O(1) & (|f(re^{i\theta})-a|<1),\end{cases}$$

$a=\infty$ ならば，

$$\frac{1}{[f(re^{i\theta}),\infty]}=\begin{cases}O(1) & (|f(re^{i\theta})|\leqq 1),\\ |f(re^{i\theta})|+O(1) & (|f(re^{i\theta})|>1).\end{cases}$$

したがって,

$$\log\frac{1}{[f(re^{i\theta}),a]}=\overset{+}{\log}\frac{1}{|f(re^{i\theta})-a|}+O(1)\qquad(a\neq\infty),$$

$$\log\frac{1}{[f(re^{i\theta}),\infty]}=\overset{+}{\log}|f(re^{i\theta})|+O(1).$$

この評価からわかるように,あらたに定義された函数 (39.14) は,もとの近接函数 (39.4, 6) と本質的には――a だけに関する有界な量の範囲で――同じものである.これを用いると,**第一主要定理**は,清水・アールフォルスの形に述べられる:

定理 39.2. $|z|<R$ で有理型な函数 $f(z)\neq\mathrm{const}$ に対して, 和 $m(r,a)+N(r,a)$ は個々の a に無関係である.さらに,$f(z)$ の**特性函数**を

$$T(r)=m(r,a)+N(r,a)\qquad(0<r<R)\tag{39.15}$$

によって導入すれば,$|z|\leqq t\ (<R)$ の $w=f(z)$ による値域の数球面上での(重複度に応じてはかられた)面積を $\pi A(t)$ で表わすとき,

$$T(r)=\int_0^r\frac{A(t)}{t}dt.\tag{39.16}$$

証明. a,b を任意な二つの値とするとき,近接函数の定義 (39.14) から

$$\frac{d}{dr}(m(r,a)-m(r,b))=\frac{1}{2\pi}\int_0^{2\pi}\frac{\partial}{\partial r}\log\left|\frac{f(re^{i\theta})-b}{f(re^{i\theta})-a}\right|d\theta.$$

$\log z=\log r+i\theta$ の函数としての $\log((f(z)-b)/(f(z)-a))$ に対するコーシー・リーマンの関係と定理 27.2 にあげた偏角の原理によって,

$$\frac{d}{dr}(m(r,a)-m(r,b))=\frac{1}{2\pi r}\int_0^{2\pi}d\arg\frac{f(re^{i\theta})-b}{f(re^{i\theta})-a}=\frac{n(r,b)-n(r,a)}{r}.$$

他方において,個数函数の定義 (39.3, 5) から

$$\frac{d}{dr}(N(r,a)-N(r,b))=\frac{n(r,a)-n(r,b)}{r}.$$

これをすぐ上の式と比較して

$$\frac{d}{dr}(m(r,a)+N(r,a))=\frac{d}{dr}(m(r,b)+N(r,b)).$$

ところで,定義の式からたしかめられるように,一般に $m(r,a)+N(r,a)\to 0$ $(r\to 0)$ が成り立つ.ゆえに, $m(r,a)+N(r,a)$ は個々の a に無関係な r だ

けの函数とみなされる

つぎに，数球面 Σ 上で $\boldsymbol{a}$ に対応する点の面積要素を $d\Omega(\boldsymbol{a})$ とすれば，

$$\int_{\Sigma} d\Omega(a)=\pi.$$

また，球面の回転対称性によって

$$\int_{\Sigma}\log\frac{1}{[w,a]}d\Omega(a)$$

は個々の w に無関係な値をもつから，

$$\int_{\Sigma} m(r,a)\,d\Omega(a)$$

は $\boldsymbol{r}$ に関しない定数である．したがって，(39.15) から $\boldsymbol{k}$ を一つの定数として

$$\begin{aligned}T(r)&=k+\frac{1}{\pi}\int_{\Sigma}N(r,a)\,d\Omega(a)\\&=k+\frac{1}{\pi}\int_0^r\frac{dt}{t}\int_{\Sigma}n(t,a)\,d\Omega(a)=k+\int_0^r\frac{A(t)}{t}dt.\end{aligned}$$

$T(r)\to 0$ $(r\to 0)$ だから，$k=0$ となり，(39.16) を得る．

Σ の全面積は π だから，$A(r)$ は $w=f(z)$ による $|z|\leqq r$ の像による Σ の平均被覆度数を表わしている．

問 1. α,β を同時には 0 とならない定数とするとき，

$$\frac{1}{2\pi}\int_0^{2\pi}\log|\alpha-\beta e^{i\theta}|d\theta=\max(\log|\alpha|,\ \log|\beta|)=\log|\alpha|+\overset{+}{\log}\left|\frac{\beta}{\alpha}\right|.$$

問 2. $f_j(z)$ $(j=1,\cdots,n)$ を $|z|<R$ $(\leqq+\infty)$ で有理型な函数とするとき，(39.7) で定義された特性函数に対して

$$\text{(i)}\quad T\left(r,\ \sum_{j=1}^{n}f_j\right)\leqq\sum_{j=1}^{n}T(r,f_j)+\log n;\quad\text{(ii)}\quad T\left(r,\ \prod_{j=1}^{n}f_j\right)\leqq\sum_{j=1}^{n}T(r,f_j).$$

［練 6.21］

問 3. n 次の有理函数 $R(z)$ に対しては，$T(r,R)=n\log r+O(1)$.　［練 6.24］

問 4. e^z に対して，$a=0,\ \infty$ のとき，$m(r,a)=r/\pi$，$N(r,a)=0$; $a\neq 0,\ \infty$ のとき，$m(r,a)=O(1)$，$N(r,a)=r/\pi+O(1)$.　［練 6.25］

§40. 有理型函数の位数

歴史的な順序にしたがって，まず整函数

$$f(z)=\sum_{n=0}^{\infty}c_nz^n\neq c_0\qquad(|z|<\infty)\tag{40.1}$$

の位数 ρ をつぎの式で定義する:

$$\rho=\varlimsup_{r\to\infty}\frac{\log\log M(r)}{\log r}; \tag{40.2}$$

ここに，$M(r)$ は $|z|=r$ 上での $|f(z)|$ の最大値を表わす．明らかに，$M(r)\to\infty$ $(r\to\infty)$，$c_n\to 0$ $(n\to\infty)$．$f(z)$ の位数は，そのテイラー係数をもって，つぎの定理にあげる公式で与えられる:

定理 40.1. 整函数 (40.1) の位数を ρ とすれば，

$$\rho=\varlimsup_{n\to\infty}\frac{n\log n}{\log(1/|c_n|)}. \tag{40.3}$$

証明. (40.3) の右辺を P で表わす．まず，$\rho<\infty$ とするとき，コーシーの係数評価 (23.6) と ρ の定義 (40.2) により任意な $\varepsilon>0$ に対して適当な $r_0(\varepsilon)$ をとれば，

$$|c_n|\leqq\frac{M(r)}{r^n}<\frac{1}{r^n}\exp r^{\rho+\varepsilon}\qquad(r>r_0(\varepsilon)).$$

したがって，十分大きい n に対して特に $r=(n/(\rho+\varepsilon))^{1/(\rho+\varepsilon)}$ とおけば，

$$\frac{1}{n\log n}\log\frac{1}{|c_n|}>\frac{1}{\rho+\varepsilon}\left(1-\frac{\log(e(\rho+\varepsilon))}{\log n}\right).$$

ここで $\varepsilon>0$ が任意であることに注意すれば，$1/P\geqq 1/\rho$ すなわち $P\leqq\rho$．最後の不等式は，$\rho=\infty$ のときにはもちろん成り立つ．

つぎに，$P<\infty$ とするとき，P の定義の式から任意な $\varepsilon>0$ に対して適当な $n_0(\varepsilon)$ をえらべば，

$$|c_n|r^n<\left(\frac{r}{n^{1/(P+\varepsilon)}}\right)^n\qquad(n\geqq n_0(\varepsilon)). \tag{40.4}$$

したがって，十分大きい r に対して $h(r)=(2r)^{P+\varepsilon}$ とおけば，$|c_n|r^n\leqq(1/2)^n$ $(n\geqq h(r))$ となるから，記号

$$\mu(r)=\sup_{n\geqq 0}|c_n|r^n=\max_{n\geqq 0}|c_n|r^n \tag{40.5}$$

を導入すれば，

$$M(r)\leqq\left(\sum_{0\leqq n<h(r)}+\sum_{n\geqq h(r)}\right)|c_n|r^n\leqq h(r)\mu(r)+1=(2r)^{P+\varepsilon}\mu(r)+1. \tag{40.6}$$

他方において，(40.4) の右辺の式を連続的な変数 $n>0$ の函数とみなせば，それは $n=r^{P+\varepsilon}/e$ のとき最大値 $\exp(r^{P+\varepsilon}/(e(P+\varepsilon)))$ をとる．ゆえに，r が十

分大きいとき，

$$\mu(r)<\exp\frac{r^{P+\varepsilon}}{e(P+\varepsilon)}.$$

したがって，これを（40.6）の右辺へ用いることによって，$\rho\leqq P$ がみちびかれる．$P=\infty$ のときは，$\rho\leqq P$ は明らかである．

つぎに，有理型函数の位数を説明する．有限に極をもつ有理型函数に対しては，（40.2）の定義は明らかに適切でない．そこで，前節にあげた特性函数を用いて，$|z|<R$（$\leqq\infty$）で有理型な函数 $f(z)\not\equiv\text{const}$ の**位数**を

$$\rho=\varlimsup_{r\to\infty}\frac{\log T(r)}{\log r}\qquad(R=\infty),\tag{40.7}$$

$$\rho=\varlimsup_{r\to R-0}\frac{\log T(r)}{\log\dfrac{1}{R-r}}\qquad(R<\infty)\tag{40.8}$$

によって定義する．まず，（40.7）が整函数に対する定義（40.2）の一般化になっていることを示そう．

定理 40.2. $f(z)\not\equiv\text{const}$ を整函数とすれば，

$$\varlimsup_{r\to\infty}\frac{\log T(r)}{\log r}=\varlimsup_{r\to\infty}\frac{\log\log M(r)}{\log r}.\tag{40.9}$$

証明. 極が存在しないから，個数函数 $N(r,\infty)$ は 0 に等しい．ゆえに，（40.6）の近接函数をもって

$$T(r)=m(r,\infty)=\frac{1}{2\pi}\int_0^{2\pi}\overset{+}{\log}|f(re^{i\theta})|d\theta\leqq\overset{+}{\log}M(r).\tag{40.10}$$

つぎに，定理 38.1 の等式を利用して，

$$\log|f(re^{i\theta})|\leqq\frac{1}{2\pi}\int_0^{2\pi}\log|f(Re^{it})|\frac{R^2-r^2}{R^2-2Rr\cos(t-\theta)+r^2}dt$$

$$\leqq\frac{R+r}{R-r}\frac{1}{2\pi}\int_0^{2\pi}\overset{+}{\log}|f(Re^{it})|dt.$$

ここで特に $R=2r$ とおくことによって，

$$\log M(r)\leqq 3\,m(2r,\infty)=3\,T(2r).\tag{40.11}$$

（40.10）と（40.11）から極限等式（40.9）を得る．

$|z|<\infty$ で有理型な函数の値の分布とその位数との関係について示すために，つぎの定理を準備する：

定理 40.3. $|z|<\infty$ で有理型な函数 $f(z)\not\equiv\mathrm{const}$ の原点以外の a 点の全体から成る集合を $\{z_\nu(a)\}$ で表わせば,

$$\text{(i)}\quad \int^{\infty}\frac{N(r,a)}{r^{\lambda+1}}dr,\quad \text{(ii)}\quad \int^{\infty}\frac{n(r,a)}{r^{\lambda+1}}dr,\quad \text{(iii)}\quad \sum_{\nu}\frac{1}{|z_\nu(a)|^{\lambda}}\qquad(\lambda>0)$$

は同時に収束または同時に発散する.

証明. まず, (i) が収束すれば,

$$\int_0^{2r}\frac{N(r,a)}{r^{\lambda+1}}dr\geqq N(r,a)\int_0^{2r}\frac{dr}{r^{\lambda+1}}=\frac{1}{\lambda}\left(1-\frac{1}{2^{\lambda}}\right)\frac{N(r,a)}{r^{\lambda}}\tag{40.12}$$

によって, $N(r,a)/r^{\lambda}\to 0$ $(r\to\infty)$. ゆえに, $r>r_0>0$ のとき,

$$\begin{aligned}\int_{r_0+0}^{r}\frac{n(r,a)}{r^{\lambda+1}}dr&=\int_{r_0+0}^{r}\frac{dN(r,a)}{dr}\frac{dr}{r^{\lambda}}\\&=\frac{N(r,a)}{r^{\lambda}}-\frac{N(r_0,a)}{r_0{}^{\lambda}}+\lambda\int_{r_0+0}^{r}\frac{N(r,a)}{r^{\lambda+1}}dr\end{aligned}\tag{40.13}$$

となって, (ii) が収束する. 逆に, (ii) が収束すれば, ふたたび (40.13) によって, (i) が収束する.

つぎに, (ii) が収束すれば, (40.12) と同様にして, $n(r,a)/r^{\lambda}\to 0$ $(r\to\infty)$. ゆえに, $r>r_0>0$ のとき,

$$\begin{aligned}\sum_{r_0<|z_\nu(a)|\leqq r}\frac{1}{|z_\nu(a)|^{\lambda}}&=\int_{r_0+0}^{r}\frac{dn(r,a)}{r^{\lambda}}\\&=\frac{n(r,a)}{r^{\lambda}}-\frac{n(r_0,a)}{r_0{}^{\lambda}}+\lambda\int_{r_0+0}^{r}\frac{n(r,a)}{r^{\lambda+1}}dr\end{aligned}\tag{40.14}$$

となって, (iii) が収束する. 逆に, (iii) が収束すれば, ふたたび (40.14) によって (ii) が収束する.

そこで, 位数 $\rho<\infty$ が指定されたとき, a 点の分布の程度が制限されることを示す定理をあげる:

定理 40.4. 前定理の仮定のもとに, $f(z)$ の位数が $\rho<\infty$ ならば, (i), (ii), (iii) は $\lambda>\rho$ に対して収束する.

証明. 仮定によって, 任意な $\varepsilon>0$ に対して

$$N(r,a)\leqq T(r)=O(r^{\rho+\varepsilon})\qquad(r\to\infty).$$

特に $\varepsilon=(\lambda-\rho)/2$ とすれば,

$$\frac{N(r,a)}{r^{\lambda+1}}=O(r^{-1-\varepsilon}).$$

ゆえに，（i）が収束する．したがって，前定理によって，(ii) および (iii) も収束する．

一般に，正数列 $\{r_\nu\}$ に対して，$\sum(1/r_\nu^{\lambda})$ が収束するような $\lambda>0$ の下限をこの列の**収束指数**という．定理 40.4 の (iii) の部分は，$\{|z_\nu(a)|\}$ の収束指数が位数 ρ をこえないことを示している．

問 1. 整函数 $f(z)\not\equiv 0$ の位数 ρ は，$\overline{\lim}_{r\to\infty}(\log|f(re^{i\theta})|)/r^{\tau}=0$ $(0\leqq\theta<2\pi)$ が θ について一様に成り立つような $\tau\geqq 0$ の下限に等しい．　［例題 1］

問 2. つぎのおのおのの函数の位数を定めよ：

(i) $P(z)$（多項式）; (ii) e^z; (iii) e^{z^3}; (iv) e^{e^z}; (v) $\cos\sqrt{z}$.　［練 6.27］

問 3. 整函数 $f(z)$ の位数が ρ ならば，$f'(z)$ の位数もまた ρ に等しい．　［例題 4］

問 4. $p>0$ のとき，位数 ρ の整函数 $f(z)=\sum_{n=0}^{\infty}c_nz^n$ からつくられた函数 $F(z)=\sum_{n=0}^{\infty}|c_n|^pz^n$ は，位数 ρ/p の整函数である．

問 5. $|z|<R<\infty$ で有理型な函数に関して，定理 40.3 と同様な命題が成り立つ．

問 6. 自然数を十進記法で表わしたとき，数字 9 を含まない数から成る列を $\{a_n\}_{n=1}^{\infty}$ とすれば，$\sum_{n=1}^{\infty}1/a_n$ は収束する．　［練 6.38］

問　題　6

1.
$$\pi\tan\pi z=-\sum_{\nu=-\infty}^{\infty}\left(\frac{1}{z-(2\nu-1)/2}+\frac{1}{(2\nu-1)/2}\right);$$

$$\pi^2\sec^2\pi z=\sum_{\nu=-\infty}^{\infty}\frac{1}{(z-(2\nu-1)/2)^2},\qquad \pi^2\operatorname{cosec}^2\pi z=\sum_{\nu=-\infty}^{\infty}\frac{1}{(z-\nu)^2}.$$

2. 点 $z=\nu\ (\nu=0,1,\cdots)$ で主要部がそれぞれ $\sum_{n=1}^{\infty}1/(n!(z-\nu)^n)$ なる特異点をもつ以外は $|z|<\infty$ で正則な函数をつくれ．

3. $f(z)$ が基本周期の組 ω,ω' をもつ楕円函数ならば，$\varphi(\zeta)\equiv f((\omega/2\pi i)\log\zeta)$ は $0<|\zeta|<\infty$ で ζ の一価函数であって，乗法的周期 $e^{2\pi i\omega'/\omega}$ をもつ：$\varphi(\zeta e^{2\pi i\omega'/\omega})=\varphi(\zeta)$.

4. 楕円函数は基本周期平行四辺形において，任意な値を同じ回数ずつとる．

5. 楕円函数 $f(z)$ の基本周期平行四辺形に含まれる零点を $\{a_j\}_{j=1}^{n}$，極を $\{b_j\}_{j=1}^{n}$ とすれば，$a_1+\cdots+a_n-(b_1+\cdots+b_n)$ は一つの周期に等しい．

6. 領域 D 内の相異なる点から成る列 $\{z_\nu\}_{\nu=1}^{\infty}$ が D 内に集積しないならば，与えられた複素数列 $\{w_\nu\}_{\nu=1}^{\infty}$ に対して $f(z_\nu)=w_\nu\ (\nu=1,2,\cdots)$ となるような D 内正則函数 $f(z)$ が存在する．

7. 正数 ω が与えられたとき，$|z|<R\ (<\infty)$ で正則な $f(z)$ が $|f(z)|\leqq\omega$ をみたし，しかもそこで 0 および 1 なる値をとらないならば，$0\leqq\theta<1$ のとき，

$$|f(z)|<S^*(\omega,\theta)\qquad(|z|\leqq\theta R).$$
（ショットキの定理の拡張）

8. 領域 D で 0 および 1 をとらない正則函数族 $\mathfrak{S}=\{f(z)\}$ は，極限函数として ∞ をも許容した意味で，D で正規である．

9. 超越整函数のピカールの意味の除外値(有限回しかとらない値)は，漸近値である．

10. $f(z)$ が $|z|<R\ (\leqq+\infty)$ で有理型ならば，$a, b, c, d\ (ad\neq bc)$ を定数とするとき，$T(r,(af+b)/(cf+d))=T(r,f)+O(1)\ (r\to\infty)$．

11. (i) $f(z)$ が $|z|<R$ で有界な正則函数ならば，$T(r)=O(1)$．(ii) $f(z)$ が $|z|<R$ で有界な正則函数の商として表わされるときにも，$T(r)=O(1)$．

12. 整函数 $f(z)=\sum_{n=0}^{\infty} c_n z^n$ の $|z|=r$ 上でのいわゆる最大項 ((40.5) 参照)を $\mu(r)=\max_{n\geqq 0}|c_n|r^n$ で表わせば，$f(z)$ の位数は $\rho=\overline{\lim}_{r\to\infty}(\log\log\mu(r))/\log r$．

13. $f(z)=\sum_{n=0}^{\infty} c_n z^n$ において，$\rho\equiv\overline{\lim}_{n\to\infty} n\log n/\log(1/|c_n|)<\infty$ ならば，$f(z)$ は位数 ρ の整函数である．

14. 位数 ρ の整函数 $f(z)$ が $|z|<\infty$ に n 個の零点しかもたないならば，その形は $f(z)=P(z)e^{Q(z)}$; ここに $P(z)$，$Q(z)$ は多項式であって，$\deg P=n$，$\deg Q=\rho$．

15. $\lambda\neq 0$ のとき，$e^{\lambda z}-p(z)$ は任意な多項式 $p(z)\not\equiv 0$ に対して無限に多くの零点をもつ．

16. 位数 ρ の整函数 $f(z)$ の $|z|\leqq r$ に含まれる零点の個数を $n(r)$ で表わせば，任意な $\varepsilon>0$ に対して $n(r)=O(r^{\rho+\varepsilon})\ (r\to\infty)$．

17. 発散する増加正数列 $\{r_\nu\}_{\nu=1}^{\infty}$ の収束指数は $\overline{\lim}_{\nu\to\infty}\log\nu/\log r_\nu$．

問 題 の 答*

1. (pp. 26 - 27)

1. [§1 例題2] **2.** $\pm(\sqrt{(\sqrt{a^2+b^2}+a)/2}+i\varepsilon\sqrt{(\sqrt{a^2+b^2}-a)/2})$, $\varepsilon=\operatorname{sgn} b$. [§2 例題1] **3.** [§2 例題2] **4.** (i) $\pm(1/\sqrt{2}+i/\sqrt{2})$; (ii) $\pm(\sqrt{(\sqrt{2}+1)/2}-i\sqrt{(\sqrt{2}-1)/2})$. [§2 例題3] **5.** -3 または $7/3$. [問7] **6.** [問12] **7.** [§3 例題11] **8.** [問13] **9.** [問14] **10.** [問16] **11.** $x^2-x+1=0$, $x^4-x^2+1=0$. [問19] **12.** [問21] **13.** [問23] **14.** [§4 例題3] **15.** [問31] **16.** [問32]

2. (p. 62)

1. $u=-2y/((1-x)^2+y^2)$, $v=(1-x^2-y^2)/((1-x)^2+y^2)$. [§6 例題3] **2.** [問2] **3.** $|a|\geqq 2$. [§6 例題4] **4.** [問4] **5.** [問8] **6.** [§7 例題1] **7.** [§8 例題1] **8.** (i) ∞; (ii) 1; (iii) 0. [問13] **9.** [問15] **10.** [問18] **11.** [§11 例題4] **12.** [問19] **13.** [§11 例題5] **14.** [§12 例題1] **15.** [§12 例題4] **16.** [§12 例題6] **17.** [§12 例題9]

3. (pp. 104 - 106)

1. [問1] **2.** [問3] **3.** [§13 例題4] **4.** (i) $\Delta|f(z)|^2=4|f'(z)|^2$. (ii) $\Delta\log(1+|f(z)|^2)=4|f'(z)|^2/(1+|f(z)|^2)^2$. [§13 例題5] **5.** $f(z)=ze^z+c$ (c は純虚の定数). [§13 例題6; 問4] **6.** $f(z)=\cot(z/2)-1$. [問5] **7.** [問6] **8.** [§14 例題5] **9.** [問11] **10.** [§15 例題9] **11.** $\sqrt{2}+\log(1+\sqrt{2})$. [問14] **12.** $(\pi/16)\sinh 4-1/2$. [問15] **13.** [§15 例題10] **14.** [§18 例題3] **15.** [問22] **16.** [問24] **17.** [§18 例題7] **18.** [問26] **19.** [問31] **20.** [§19 例題4]

4. (pp. 162 - 164)

1. [§20 例題1] **2.** (i) $(2/\sqrt{3})\sum_{n=0}^{\infty} z^n\sin(2(n+1)\pi/3)$ $(|z|<1)$; (ii) $(4/3)\cdot\sum_{n=0}^{\infty}z^n((1/\sqrt{3})\sin(2(n+1)\pi/3)-((n+1)/2)\cos(2(n+2)\pi/3))$ $(|z|<1)$. [問2] **3.** [問4] **4.** [§20 例題11] **5.** $\pm i+z\mp(i/2)z^2\mp\sum_{n=2}^{\infty} i((2n-2)!/(n-1)!\,n!\,2^{2n-1})z^{2n}$ $(|z|<1)$, $(z\mp z)\pm(1/2)z^{-1}\pm\sum_{n=2}^{\infty}((2n-2)!/(n-1)!\,n!\,2^{2n-1})z^{-(2n-1)}$ $(|z|>1)$. [§21 例題1] **6.** [問17] **7.** $c(z-a_1)(z-a_2)/((z-b_1)(z-b_2))$. [問20] **8.** [§21 例題7] **9.** [問21] **10.** [§22 例題1] **11.** [問30] **12.** $c=0$. [§22 例題2] **13.** [§22 例題5] **14.** [問43] **15.** [問47] **16.** [§23 例題2] **17.** [§24 例題2] **18.** [§24

---

* 角括弧内に第12巻 函数論演習でその問題が採録されている個所を示してある; 特に [問 n] とあるのは, 同じ章の練習問題における問 n の意.

例題３］ **19.** ［§24 例題10］ **20.** ［問70］ **21.** ［問74］ **22.** ［問75］ **23.** ［§25 例題11］ **24.** ［問78］ **25.** $\mathrm{Res}(0)=-\mathrm{Res}(1)=\sin 1+2\cos 1$. ［問89］ **26.** $\mathrm{Res}(0)=(-1)^n(\sum_{\nu=0}^{n}(-1)^\nu/\nu!-1/e)$, $\mathrm{Res}(\infty)=(-1)^{n+1}\sum_{\nu=0}^{\infty}(-1)^\nu/\nu!$ $(n\geqq 0)$; $\mathrm{Res}(0)=(-1)^{n+1}/e$, $\mathrm{Res}(\infty)=0$ $(n<0)$; $\mathrm{Res}(-1)=(-1)^n/e$. ［§26 例題３］ **27.** ［§26 例題５］ **28.** (i) $\sqrt{\pi}/2\sqrt{2}$; (ii) $(\pi/4)(1-a)\sec(\pi a/2)$; (iii) $\pi e^{-ma}/2a$; (iv) $\pi(ae^{-mb}-be^{-ma})/(2ab(a^2-b^2))$. ［§26 例題7; 問102; §26 例題10; §26 例題11］ **29.** ［問107］ **30.** ［問110］ **31.** ［§27 例題３］ **32.** ［§27 例題８］

5. (pp. 195 - 196)

1. $|\Im z|<\pi/2$, $|\arg z|<\pi$（帯状領域 $|\Im z|<\pi/2$ を負の実軸に沿って切ったもの）. ［§28 例題２］ **2.** $\tan(\pi(2ab-(a+b)z)/(4(b-a)z))$. ［問４］ **3.** $w=\sqrt{z}-ic$. ［§28 例題６］ **4.** $i\sec(\pi\sqrt{z}/2ic)$. ［§28 例題７］ **5.** ［§28 例題９］ **6.** ［§28 例題10］ **7.** ［§29 例題２］ **8.** ［問18］ **9.** ［問24］ **10.** ［問30］ **11.** ［§32 例題２］ **12.** ［§33 例題１］ **13.** ［問45］ **14.** ［問52］ **15.** ［§34 例題２］

6. (pp. 231 - 232)

1. ［§35 例題３］ **2.** $\sum_{\nu=0}^{\infty}(e^{1/(z-\nu)}-e^{-1/\nu})+g(z)$（$g(z)$ は任意な整函数）. ［§35 例題４］ **3.** ［問２］ **4.** ［§35 例題８］ **5.** ［§35 例題９］ **6.** ［問９］ **7.** ［§37 例題２］ **8.** ［問15］ **9.** ［問18］ **10.** ［問22］ **11.** ［問23］ **12.** ［§40 例題２］ **13.** ［問28］ **14.** ［問31］ **15.** ［問32］ **16.** ［§40 例題３］ **17.** ［§40 例題５］

人 名 索 引

アスコリ　Ascoli, G.　45
アダマール　Hadamard, Jacques (1865-　　)　49,141,149
アーベル　Abel, Niels Henrik (1802-1829)　113
アルガン　Argand, Jean Robert (1768-1822)　7,10
アルゼラ　Arzelà, C.　45
アールフォルス　Ahlfors, Lars Valerian (1907-　　)　211,226
イェンゼン　Jensen, J. L. W. V. (1859-1925)　219
ウェッセル　Wessel, Caspar (1745-1818)　7
ウォルシュ　Walsh, J. L.　184
オイレル　Euler, Leonhard (1707-1783)　11,52
オストロフスキ　Ostrowski, Alexandre (1893-　　)　147,148

ガウス　Gauss, Carl Friedrich (1777-1855)　7,9,10,101
カソラチ　Casorati　120
カラテオドリ　Carathéodory, Constantin (1873-1950)　173,178
カルダノ　Cardano, Hieronimo (1501-1576)　7
カントル　Cantor, Georg (1845-1918)　2,23
ギャラベディアン　Garabedian, P. R.　191
グッツメル　Gutzmer, A.　133
クーラン　Courant, Richard (1888-　　)　180
クリストッフェル　Christoffel, Erwin Bruno (1829-1900)　191
グールサ　Goursat, Édouard Jean Baptiste (1858-1937)　89
グルンスキ　Grunsky, Helmut　211
ケーベ　Koebe, Paul (1882-　　)　167,169,188
コーシー　Cauchy, Augustin Louis (1789-1857)　32,33,35,49,66,67,82,86,107,134,151,185,199
ゴルジン　Goluzin, Gennadij Michailowitsch (1906-1952)　190
コワレフスキ　Kowalewski, Gerhard　24

シッファ　Schiffer, Menahem　191
シミズ　清水辰次郎 (1897-　　)　226
シュトルツ　Stolz, O.　65,112
シュワルツ　Schwarz, Hermann Amandus (1843-1921)　102,131,140,141,191
ショットキ　Schottky, Friedrich　211,231
ジョルダン　Jordan, Camille (1838-1922)　21,152
スティルチェス　Stieltjes, Th. J. (1856-1894)　77

タウベル　Tauber, A. (1884-　　) 114
ダランベル　d'Alembert, Jean le Rond (1717-1783) 50
ダルブー　Darboux, Jean Gaston (1842-1917) 159
テイラー　Taylor, Brook (1685-1731) 109
ディリクレ　Dirichlet, Peter Gustav Lejeune (1805-1859) 168
デッチ　Doetsch, Gustav 163
デデキント　Dedekind, Julius Wilhelm Richard (1831-1916) 2,4
ドゥモアブル　de Moivre, Abraham (1667-1754) 11

ネバンリンナ　Nevanlinna, Frithiof 216
ネバンリンナ　Nevanlinna, Rolf 195,216,224

ハイネ　Heine, Heinrich Eduard (1821-1881) 23
ハイルブロン　Heilbronn, Hans 84
バッハマン　Bachmann, Paul (1837-?) 2
ハーディ　Hardy, Godfrey Harold (1877-1947) 134
バリロン　Valiron, Georges (1884-1957) 163
ハルトクス　Hartogs, Friedrich (1874-1943) 130
ハルナック　Harnack, A. (1885-　　) 104
パンルベ　Painlevé, Paul (1863-1933) 195
ピカール　Picard, Charles Émile (1856-1941) 209,213,215
ビタリ　Vitali, G. (1875-　　) 146
ビーベルバッハ　Bieberbach, Ludwig (1886-　　) 186,187,188,191
ピュイズー　Puiseux, A. (1823-1883) 160
ファイエ　Fejér, Leopold (1880-　　) 169
ブラシュケ　Blaschke, Wilhelm (1885-　　) 221
プリンクスハイム　Pringsheim, Alfred (1855-?) 111
フルウィッツ　Hurwitz, Adolf (1859-1919) 157
フレシェ　Fréchet, Maurice (1878-　　) 180
ブロック　Bloch, André 209,211
ポアッソン　Poisson, Siméon Denis (1781-1840) 100,101
ポアンカレ　Poincaré, Henri (1854-1912) 128,165,169
ポーター　Porter, M. B. 147
ボレル　Borel, Emile (1871-1956) 23
ボルツァノ　Bolzano, N. (1781-1848) 22
ボルテラ　Volterra, Vito (1860-1940) 128

ミッタクーレッフラー　Mittag-Leffler, Gosta Magnus (1846-1927) 197

メービウス　Möbius, Augustus Ferdinand (1790-1868)　56
メルテンス　Mertens, F.　34
メレー　Méray, Ch.　2
モレラ　Morera, G.　91
モンテル　Montel, Paul (1876-　　) 146,163

ラド　Radó, Tibor (1895-　　) 169
ラプラス　Laplace, Pierre Simon (1749-1827)　69
ランダウ　Landau, Edmund (1877-1938)　163,213,214
リウビユ　Liouville, Joseph (1809-1882)　90,139
リース　Riesz, Frédéric (1880-　　) 169
リーマン　Riemann, Georg Friedrich Bernhard (1826-1866)　15,56,66,67,107, 119,168,170
リンデレフ　Lindelöf, Ernst (1870-1946)　136,137,163
ルーシェ　Rouché, E.　156
ルンゲ　Runge, C. (1856-1927)　182
レブナー　Löwner, Karl　191,195
ロバチェフスキ　Lobatchevski (Lobatschewski), Nicolai Ivanovitch (1793-1856)　166
ローラン　Laurent, P. A. (1813-1854)　116

ワイエルシュトラス　Weierstrass, Karl Theodor Wilhelm (1815-1897)　22,47, 107,120,122,143,168,202,205

事 項 索 引*

値　28,35,127
アダマールの空隙　149
位数 (order) 118,119,228,229
一意化媒介変数 (uniformizing parameter, uniformizer) 161
一次函数 (linear function) 56
一次変換　56,165
一様収束　44
一様に連続　41
一価 (one-valued, single-valued) 127
一価性の定理 (monodromy theorem) 129
一致の定理 (unicity theorem) 110
因数分解定理 (factorization theorem) 205
上に有界　4
M 判定法　47
円々対応 (Kreisverwandtschaft [独]) 58
オイレルの関係　52

*固有名詞を冠した定理については，人名索引を参照されたい．

事項名には対応する英語(または独語)を添えた．しかし，微積分で慣用の術語ないしは特につける必要がないと思われるものについては省略した．

オイレルの等式 11

開曲線 19
開集合 19
解析函数 (analytic function) 122,127
解析曲線 176
解析接続 (analytic prolongation, analytic continuation) 122,131
解析接続可能 (analytically prolongable, analytically continuable) 124
解析連鎖 (analytic chain) 125
外点 18
回転数 (Umlaufszahl [独]) 95,156
回転定理 (rotation theorem) 190
外部 19,21
ガウス・アルガンの平面 10
ガウス平面 (Gaussian plane) 10
下界 4
核 (kernel) 100,178
下限 5
可付番; 可付番無限 24
加法公式 (addition formula) 52
函数 28
函数関係不変の原理 (principle of the permanence of functional relation) 130
函数族 (family of functions) 44
函数要素 (function-element) 122,123
函数列 43
函数論的平面 16
函数論の基本定理 82
間接接続 (indirect prolongation) 123
完全帰納法 4
基本周期 (primitive period) 53,203
基本周期平行四辺形 203
基本列 (fundamental sequence) 32
逆函数 159
逆三角函数 96
逆数 8
境界 19
境界値 (boundary value) 42
境界点 19
境界の対応 173
鏡像 (reflexion, reflection, inversion; reflected figure, inverse figure) 58,176
鏡像の原理 59,131,176,177
共役 (conjugate) 9,69
極 (pole) 118
極形式 (polar form) 10
極限函数 43
極限値 31,38
極限点 31
曲線 19
曲線積分 (curvilinear integral) 76
虚軸 (imaginary axis) 10
虚数 (imaginary number) 8
虚数単位 (imaginary unit) 8
虚部 (imaginary part) 9
距離 (distance; écart [仏]) 24,180
近似定理 80,184
近接函数 (Schmiegungsfunktion [独]) 223,225
近傍 18,19
空隙定理 (gap theorem) 149
空集合 18
グッツメルの不等式 133
形式不易の原理 6
係数定理 187,191
係数評価 134,187,191
係数列 48
ケーベの函数 169
ケーベの四分の一定理 188
原始函数 93
原像 (inverse image; Urbild [独]) 30
項 30
広義の一様収束 (uniform convergence in the wider sense) 44

項別微分　69
コーシー・アダマールの公式　49
コーシーの係数評価　134
コーシーの乗積級数　34
コーシーの積分公式　86
コーシーの積分定理　82,185
コーシーの方法(部分分数展開)　199
コーシーの留数公式　151
コーシー・リーマンの関係(微分方程式)　66,67,71,104
弧状連結　21
個数函数 (Anzahlfunktion [独])　223
孤立集合　18
孤立点　18
孤立特異点 (isolated singular point)　117

差(集合の)　18
最大値の原理 (maximum principle, principle of maximum modulus)　135
三円定理 (three circle theorem)　141
三角函数　53
三線定理 (three line theorem)　163
指数函数　52,167
自然境界 (natural boundary)　124
下に有界　4
実軸 (real axis)　10
実数　2
実数の公理　4
実部 (real part)　8
始点　19
四分の一定理 (one quarter theorem)　188
斜航的 (loxodromic)　60
写像 (mapping)　30,72
写像定理 (mapping theorem)　170
周期　53
周期平行四辺形 (period parallelogram)　204
周期母数 (periodicity modulus)　94
集合　17
集積原理 (principle of accumulation)　45
集積値集合 (cluster set)　120
集積点　18
収束　31,33,35,38,178,180
収束円 (convergence circle)　49
収束指数 (convergence index)　231
収束半径 (convergence radius)　49
従属変数　28
終点　19
主値 (principal value)　11,87,94
シュトルツの路 (Stolz's path)　112
主要部 (principal part)　118
シュワルツ・クリストッフェルの公式　191
シュワルツの鏡像の原理　131
シュワルツの補助定理　140
純虚数　8
上界　4
上限　5
乗数 (multiplier)　60
乗積級数　34
除外値 (exceptional value)　215
除去可能特異点 (removable singular point)　118
初等函数 (elementary function)　97, 165
初等超越函数 (elementary transcendental function)　97
ジョルダン曲線　19
ジョルダン弧　19
ジョルダンの曲線定理　21
ジョルダンの不等式　152
ジョルダン閉領域　22
ジョルダン領域 (Jordan domain)　22
真性特異点 (essential singular point)

119,120
数球面 (number-sphere; Zahlenkugel [独]) 15,16
数列 30
整函数 (integral function, entire function) 90
正規; 正規族 (normal; normal family) 146
正弦函数 52
正則(函数) (regular, holomorphic) 63
正則(曲線) (regular) 176
正則点 (regular point) 111
積(共通集合) 18
積分 77
積分公式 (integral formula) 86
積分定理 (integral theorem) 82,185
積分表示 (integral representation) 86,100
截線平面 (cut plane) 55
絶対収束 33,36
絶対値 10
切断 (cut) 4
漸近値 (asymptotic value) 216
線積分 (curvilinear integral) 76
選択定理 (selection theorem) 45,146
全微分可能 65
線分比が一定 (streckentreu [独]) 75
全変動 20
素因子 (prime factor) 205
像 (image) 30
双曲型 (of hyperbolic type) 170
双曲線函数 53
双曲的 (hyperbolic) 60
存在領域 (domain of existence) 95

第一主要定理 224,226
対称単葉函数 191
対数函数 94,167
代数函数 96,163
対数的留数 (logarithmic residue) 156
代数方程式論の基本定理 90,162
タウベル型の問題 (Tauberian problems) 114
楕円型 (of elliptic type) 170
楕円函数 (elliptic function) 204
楕円的 (elliptic) 60
多価 (many-valued) 127
多角形領域の写像 191
ダランベルの公式 50
単一な(曲線) (simple) 19
単周期函数 (simply periodic function) 53
端点 19
単連結 (simply connected) 22
単葉 (univalent, schlicht, simple) 30
単葉函数 185
値域 (range) 28
中心 48
超越整函数 90
超収束 (overconvergence) 147
調和 (harmonic) 69
直接接続 (direct prolongation) 123
定発散 (definite divergence) 31,38
テイラー展開 109
点列 31
等角 72
等角写像 (conformal mapping, conformal representation) 165
等角重心 (conformal center of gravity) 187
導函数 63
導集合 18
同程度連続 (equicontinuous) 45
ドゥモアブルの公式 11
特異点 (singular point, singularity) 111,127
特性函数 (charakteristische Funktion [独]) 224,226

独立変数　28
凸函数　(convex function)　141

内境界点　21
内点　18
内部　19,21
長さ　20,78,105
長さの有限な　(rectifiable)　20
滑らか　(smooth)　65
二重級数定理　(double series theorem)　143
二重周期函数　(doubly periodic function)　203
ネバンリンナの第一主要定理　224

発散　31,33,35
ハルナックの不等式　104
反数　8
ピカールの意味の除外値　215
ピカールの大定理　215
非調和比　(anharmonic ratio, cross ratio)　57
非調和比の不変性　57
被覆定理　(covering theorem)　23
微分　63
微分可能　63,130
微分係数　63
ビーベルバッハの係数定理　187
ビーベルバッハの不等式　188
ビーベルバッハの面積定理　186
ビーベルバッハの予想　191
ピュイズー級数　160
複素函数　28
複素数　(complex number)　7
複素数列　30
複素平面　10,16
複素変数　28
複連結　(multiply connected)　22
不定積分　93
不定発散　(indefinite divergence)　31
不動点　(fixed point)　60
部分集合　18
部分積　35
部分分数展開　199
部分和　33
ブロックの定数　211
分岐点　(branch point)　56
分枝　(branch)　127
閉曲線　19
平均値の定理　101
閉集合　18
閉被；閉苞　18
閉領域　(closed domain)　21
ペェ函数　202
冪函数　95
冪級数　(power series)　48,69,71
変域　28
偏角　(argument)　10
偏角の原理　(argument principle)　156
ポアッソン核　100
ポアッソンの積分表示　100,101
ポアンカレの微分不変式　(Poincaré's differential invariant)　165
方向因子　(direction factor)　11
放物型　(of parabolic type)　170
放物的　(parabolic)　60
補集合　17
殆んどすべて　24

路　(path)　77
無限遠点　(point at infinity)　16
無限級数　33
無限乗積　34,97,98
無限連結　(of infinite connectivity)　22
メービウスの変換　56
面積　105
面積定理　(area theorem)　186

有界 4,18
有界変動 (of bounded variation) 20
優級数 (majorant, majorant series) 47
有理函数 162,166
有理型 (meromorphic) 120
葉 (leaf, sheet) 55
余弦函数 52
余集合 17

ラプラスの微分方程式 69
ランダウの問題 214
立体射影 (stereographic projection) 15
リーマン球面 (Riemann's sphere) 15
リーマンの写像定理 170
リーマン面 (Riemann surface) 56,95
留数 (residue) 150
留数公式, 留数定理 151
領域 (domain; Gebiet [独]) 21
領域保存の原理 (Prinzip von der Gebietstreue [独]) 72,158
リンデレフの原理 163
零点 (zero point, zero) 109,119
連結 (connected) 21
連結度 (connectivity) 22
連続 41
連続性(実数の) 4
連続体 (continuum) 21
連続定理 (continuity theorem) 113
ローラン展開 116,117

和(合併集合) 18
和 33,47
ワイエルシュトラスの因数分解定理 205
ワイエルシュトラスの二重級数定理 143
歪曲定理 (distortion theorem) 189,190

著者略歴

小 松 勇 作

1914 年　金沢市に生れる

1942 年　東京大学理学部大学院修了

1949 年　東京工業大学教授

現　在　東京工業大学名誉教授・理学博士

朝倉数学講座 6

函 数 論

定価はカバーに表示

1960 年 10 月 15 日　初版第 1 刷

2004 年 3 月 30 日　復刊第 1 刷

2012 年 12 月 25 日　　　第 2 刷

著　者　こ　まつ　ゆう　さく
小　松　勇　作

発行者　朝　倉　邦　造

発行所　株式会社　朝　倉　書　店

東京都新宿区新小川町 6-29

郵便番号　162-8707

電　話　03(3260)0141

FAX　03(3260)0180

http://www.asakura.co.jp

〈検印省略〉

新日本印刷・渡辺製本

ISBN 978-4-254-11676-2　C 3341

Printed in Japan